Andrea Ender
Dialekt-Standard-Variation im ungesteuerten Zweitspracherwerb des Deutschen

DaZ-Forschung

—
Deutsch als Zweitsprache, Mehrsprachigkeit und Migration

Herausgegeben von
Christine Czinglar
Christine Dimroth
Beate Lütke
Martina Rost-Roth

Mitbegründet von
Bernt Ahrenholz

Band 27

Andrea Ender

Dialekt-Standard-Variation im ungesteuerten Zweitspracherwerb des Deutschen

---

Eine soziolinguistische Analyse zum Erwerb von Variation bei erwachsenen Lernenden

DE GRUYTER

Die freie Verfügbarkeit der E-Book-Ausgabe dieser Publikation wurde durch
35 wissenschaftliche Bibliotheken und Initiativen ermöglicht, die die Open-Access-
Transformation in der Germanistischen Linguistik fördern.

ISBN 978-3-11-163115-8
e-ISBN (PDF) 978-3-11-078191-5
e-ISBN (EPUB) 978-3-11-078197-7
DOI https://doi.org/10.1515/9783110781915

Dieses Werk ist lizenziert unter einer Creative Commons Namensnennung – Keine Bearbeitung
4.0 International Lizenz. Weitere Informationen finden Sie unter
http://creativecommons.org/licenses/by-nd/4.0/

Library of Congress Control Number: 2022943009

Bibliografische Information der Deutschen Nationalbibliothek
Die Deutsche Nationalbibliothek verzeichnet diese Publikation in der Deutschen
Nationalbibliografie; detaillierte bibliografische Daten sind im Internet über
http://dnb.dnb.de abrufbar.

© 2024 bei den Autorinnen und Autoren, publiziert von Walter de Gruyter GmbH, Berlin/Boston
Dieser Band ist text- und seitenidentisch mit der 2022 erschienenen gebundenen Ausgabe.
Dieses Buch ist als Open-Access-Publikation verfügbar über www.degruyter.com.

www.degruyter.com

Open-Access-Transformation in der Linguistik

Open Access für exzellente Publikationen aus der Germanistischen Linguistik: Dank der Unterstützung von 35 wissenschaftlichen Bibliotheken und Initiativen können 2022 insgesamt neun sprachwissenschaftliche Neuerscheinungen transformiert und unmittelbar im Open Access veröffentlicht werden, ohne dass für Autorinnen und Autoren Publikationskosten entstehen.

Folgende Einrichtungen und Initiativen haben durch ihren Beitrag die Open-Access-Veröffentlichung dieses Titels ermöglicht:

Dachinitiative „Hochschule.digital Niedersachsen" des Landes Niedersachsen
Universitätsbibliothek Bayreuth
Staatsbibliothek zu Berlin – Preußischer Kulturbesitz
Universitätsbibliothek der Humboldt-Universität zu Berlin
Universitätsbibliothek Bochum
Universitäts- und Landesbibliothek Bonn
Staats- und Universitätsbibliothek Bremen
Universitätsbibliothek Chemnitz
Universitäts- und Landesbibliothek Darmstadt
Technische Universität Dortmund, Universitätsbibliothek / Universitätsbibliothek Dortmund
Sächsische Landesbibliothek – Staats- und Universitätsbibliothek Dresden
Universitätsbibliothek Duisburg-Essen
Universitäts- und Landesbibliothek Düsseldorf
Universitätsbibliothek Johann Christian Senckenberg, Frankfurt a. M.
Albert-Ludwigs-Universität Freiburg – Universitätsbibliothek
Bibliothek der Pädagogischen Hochschule Freiburg
Niedersächsische Staats- und Universitätsbibliothek Göttingen
Universitätsbibliothek Greifswald
Staats- und Universitätsbibliothek Hamburg Carl von Ossietzky
Gottfried Wilhelm Leibniz Bibliothek – Niedersächsische Landesbibliothek, Hannover
Technische Informationsbibliothek (TIB) Hannover
Universitätsbibliothek Kassel – Landesbibliothek und Murhardsche Bibliothek der Stadt Kassel
Universitäts- und Stadtbibliothek Köln
Universitätsbibliothek der Universität Koblenz-Landau
Zentral- und Hochschulbibliothek Luzern
Universitätsbibliothek Magdeburg
Bibliothek des Leibniz-Instituts für Deutsche Sprache, Mannheim
Universitätsbibliothek Marburg
Universitätsbibliothek der Ludwig-Maximilians-Universität München
Universitäts- und Landesbibliothek Münster
Universitätsbibliothek Osnabrück
Universitätsbibliothek Vechta
Universitätsbibliothek Wuppertal
ZHAW Zürcher Hochschule für Angewandte Wissenschaften, Hochschulbibliothek
Zentralbibliothek Zürich

Michael, Leonhard & Valentin

Vorwort

Bei diesem Buch handelt es sich um die überarbeitete Version meiner 2019 von der Philosophischen Fakultät der Universität Freiburg (Schweiz) angenommenen Habilitationsschrift. In meinem Anliegen, sie zu verfassen, wurde ich viele Jahre lang von meiner Faszination gegenüber Sprache, ihrem Aufbau und den Fragen, was Menschen bei ihrem Erwerb und Gebrauch tagtäglich gedanklich und sozial leisten, angetrieben. Da diese Arbeit das Produkt eines zwar erkenntnisreichen, aber auch nicht stolperfreien Weges ist, möchte ich zunächst vielen Personen danken, die mich begleitet, mir die Richtung gewiesen, mich verweilen lassen oder auch angetrieben haben.

Auf wissenschaftlicher Seite bin ich verschiedenen Personen besonders zu Dank verpflichtet. Ich hatte in den verschiedenen Phasen meiner fachlichen Entwicklung immer wieder das große Glück, auf außergewöhnliche Personen und ein inspirierendes Umfeld zu treffen: Nachdem besonders Lorelies Ortner zu Studienzeiten meine Begeisterung für germanistische Sprachwissenschaft angefeuert hat, haben mir Ivo Hajnal, Manfred Kienpointner, Peter Anreiter und nicht zuletzt Elisabeth Mairhofer eine schöne und lehrreiche Zeit als Doktorandin und wissenschaftliche Mitarbeiterin an der Sprachwissenschaft der Universität Innsbruck ermöglicht. Iwar Werlen und Raphael Berthele danke ich dafür, dass sie mich an Schnittstellen meiner Laufbahn eingesammelt und weiterbegleitet haben. Es war ein Privileg, in einem auf persönlicher wie fachlicher Ebene großartigen Umfeld eingebettet zu sein und mit vielen anregenden Personen arbeiten zu können: Brigitte Huber, Adrian Leemann, Marc Matter, Bernhard Wälchli und Iwar Werlen haben meine Berner Zeit geprägt, Raphael Berthele, Alexandre Duchêne, Peter Lenz, Thomas Studer, Susanne Obermayer und Jan Vanhove meine Freiburger Zeit, wo mich Helen Christen und Regula Schmidlin sehr wertschätzend und freundlich in die germanistischen Kreise (re)integriert haben. Auf der Basis eines SNF-Stipendiums haben Carla Hudson Kam und Peter Auer mir durch ihre Unterstützung jeweils ein sehr schönes und ertragreiches Jahr an der UBC, Vancouver, und am FRIAS der Universität Freiburg i. Br. ermöglicht.

Meinen Kolleginnen und Kollegen, die in Salzburg allesamt für eine sehr positive, dynamische und herzliche Arbeitsatmosphäre sorgen, bin ich zu großem Dank verpflichtet: allen voran Irmi Kaiser für ihren langjährigen Beistand in sämtlichen wissenschaftlichen und freundschaftlichen Angelegenheiten, daneben Stephan Elspaß, aber ebenso Lars Bülow, Peter Mauser, Simon Pickl, Katharina Siedschlag und Franz Unterholzner – und meinen derzeit überaus aktiven Doktorand/-innen Johanna Wittner, Eugen Unterberger und Mason Wirtz. Die Zusammenarbeit und der Austausch mit all ihnen regt immer wieder zum Überdenken und Weiterentwickeln der eigenen Vorstellungen an. Schließlich bin ich überaus froh, kluge Linguistinnen und kritische Denkerinnen wie Gudrun Kasberger, Karin Madlener-Charpentier und Christine Tavernier-Gutleben zu meinen Freundinnen zählen zu dürfen. Im Gespräch und Austausch mit ihnen dürfen sich meine Gedanken immer wieder schärfen oder auch einmal abschweifen.

Nicht zuletzt danke ich im fachlichen Kontext natürlich allen Teilnehmerinnen und Teilnehmern, ohne die die vorliegende Untersuchung nicht möglich gewesen wäre, dafür, dass sie so bereitwillig und freundlich am Gespräch und den damit verbundenen Aufgaben und Mühen teilgenommen haben – und allen Personen, die mir geholfen haben, Teilnehmer/-innen zu finden und zu treffen. Jessica Wyler und Lucy Zuberbühler danke ich für ihre Unterstützung bei der Datenerhebung, Kevin Liebing, Sarah Voglstätter und Claudia M. Kraml als Studienassistent/-innen der vergangenen Semester für ihre wertvolle Unterstützung bei verschiedenen mit diesem Projekt verbundenen Arbeiten und Eva Valentina Gatterbauer schließlich für ihre Unterstützung in der Überarbeitungsphase. Den Gutachter/-innen der Habilitation verdanke ich einige Hinweise für Verbesserungen. Julie Miess und Charlotte Webster danke ich für ihre Geduld und Unterstützung bei der Manuskripterstellung.

Meinen Eltern danke ich dafür, dass sie die Grundlagen für meine Neugier, Begeisterungsfähigkeit und Hartnäckigkeit gelegt haben, dass sie für meine nicht immer konventionellen Lebensentscheidungen Verständnis aufgebracht und mich jederzeit unterstützt haben.

Michael zu danken, kommt einer Untertreibung gleich. Diese Arbeit ist nicht das erste größere Projekt zusammen mit allen Zweifeln, Rückschlägen und Erfolgen meinerseits, das er von Anfang an und immer mit viel Herz und Verstand begleitet hat. Zusammen mit ihm sorgen auch Leonhard und Valentin zu meinem großen Glück dafür, dass mir immer wieder vor Augen geführt wird, was mir im Leben sonst noch wichtig ist.

Alle Schwächen und Unzulänglichkeiten der vorliegenden Arbeit sollen keine der oben genannten Personen in ein schlechtes Licht rücken, sondern sind natürlich zur Gänze mir anzulasten.

Inhalt

Vorwort —— IX

1	**Einleitung** —— 1	
1.1	Thematische Einordnung —— 1	
1.2	Ziel der Arbeit —— 3	
1.3	Aufbau der Arbeit —— 5	
2	**Variation im Kontext des ungesteuerten Spracherwerbs** —— 7	
2.1	Variabilität als inhärentes Merkmal des Spracherwerbs —— 9	
2.1.1	Spracherwerb als kognitive und soziale Aufgabe —— 9	
2.1.2	Erwerb im ungesteuerten Kontext —— 14	
2.1.3	Bedingungen des Spracherwerbs —— 27	
2.2	Der Sprachlern- und Sprachgebrauchskontext —— 41	
2.2.1	Die soziodialektale Situation —— 41	
2.2.2	Unterschiede zwischen den Codes —— 46	
2.3	Vom Umgang mit Variation im Zweitspracherwerb —— 51	
2.3.1	Die Dimensionen von Variation in der Zweitsprachforschung —— 52	
2.3.2	Prozesse und Produkte im Umgang mit Variation —— 58	
3	**Material und Methoden** —— 69	
3.1	Teilnehmerinnen und Teilnehmer —— 70	
3.2	Datenerhebung —— 76	
3.2.1	Strukturierte Interviews —— 76	
3.2.2	Übersetzungsaufgabe —— 79	
3.2.3	Entscheidungsaufgabe —— 81	
3.3	Transkription —— 84	
3.3.1	Allgemeine Vorbemerkungen zum Transkribieren —— 84	
3.3.2	Eigene Transkriptionsweise —— 87	
4	**Gebrauch von Dialekt und Standard** —— 92	
4.1	Ein Entweder-Oder? Die Analyse —— 94	
4.2	Das Dialekt-Standard-Repertoire: Quantitative Analyse —— 98	
4.3	Mischen ist nicht gleich Mischen: Qualitative Analyse —— 103	
4.4	Zusammenfassung zu den beobachteten Dialekt-Standard-Repertoires —— 114	

5	**Übersetzungs- und Entscheidungsaufgabe —— 121**	
5.1	Übersetzungsaufgabe —— 121	
5.2	Entscheidungsaufgabe —— 130	
5.3	Methodische Überlegungen und Schlussfolgerungen —— 136	
5.4	Sprachgebrauchsmuster in Gespräch und Elizitierung —— 139	
6	**Konkurrierende Konstruktionen: Relativsätze —— 147**	
6.1	Variation in dialektalen und standardsprachlichen Relativsätzen —— 147	
6.2	Relativsätze im spontanen Gebrauch —— 152	
6.3	Relativsätze in der Elizitierung —— 159	
6.4	Das Gesamtbild vom Umgang mit Relativsätzen —— 164	
7	**Dialekt und Standard aus der Perspektive der Lernenden —— 171**	
7.1	Dialekt und Standard als Objekte der Bewertung —— 172	
7.2	Dialekt und Standard im Gefüge verschiedener Sprachideologien —— 183	
7.3	Einstellungen und Ideologien als Richtungsweiser für Sprachgebrauch —— 192	
8	**Zusammenfassung und Ausblick —— 196**	

Literatur —— 203

Anhang —— 217

1 Einleitung

1.1 Thematische Einordnung

Diese Arbeit setzt sich mit dem Zweitspracherwerb von erwachsenen Migrantinnen und Migranten in der deutschsprachigen Schweiz auseinander. Im Zentrum der Aufmerksamkeit steht dabei die Frage, wie die Zweitsprachlernenden und -gebrauchenden mit der Dialekt-Standard-Variation umgehen, der sie in ihrem Alltag ständig ausgesetzt sind. In der vorliegenden Untersuchung wird Spracherwerb und Sprachgebrauch aus einer Perspektive betrachtet, bei der die sozialen und die kognitiven Faktoren als zentral gelten. Demnach wird Sprache simultan und interaktiv durch unseren Verstand, unser Denken und durch das gesellschaftliche Wahrnehmen und Handeln konstruiert (Atkinson 2010; Hulstijn et al. 2014; Ellis 2015).

Kaum ein anderer Aspekt unseres Verhaltens ist so menschlich wie unsere Fähigkeit, zu sprechen und mit Sprache den sozialen Raum zu erfassen und mitzugestalten. Ein Alltag ohne Verstehen und Sich-Mitteilen erweckt eine sehr befremdliche Vorstellung und ist fast undenkbar. Dass eine solche Sprachlosigkeit auch Angst machen kann, beschreibt ein Zweitsprachbenutzer im Rahmen eines Gesprächs sehr eindrücklich:

Ausschnitt 1: „Sprachlos" Arbid (04:06)
(Arb = Arbid, Erstsprache: Albanisch)

```
01   Arb:   und morn am MORge wann ich ufgstande bin,::
            und am morgen als ich aufgestanden bin,
02          bin ich also USsegange;|
            bin ich also hinausgegangen;
03          denn han i (.) würkli chli ANGST gha und weh gha;|
            dann habe ich wirklich ein bisschen angst gehabt und weh gehabt;
04          ich ha NÜEmand kännt.|
            ich habe niemanden gekannt.
05          es isch (-) SPRACHlos gsi.|
            es ist sprachlos gewesen.
06          ich ha NÜT verstande.|
            ich habe nichts verstanden.
07          ich ha scho e chli ÄNGlisch könne.|
            ich habe schon ein bisschen englisch gekonnt.
```

```
08            aber do (.) aso (-) es isch ned e so GUET gsi.|
              aber da also es ist nicht so gut gewesen.
09            es isch ned AIfach gsi.|
              es ist nicht einfach gewesen.
```

Arbid beschreibt hier seine Erinnerungen an die Anfänge im neuen Deutschschweizer Umfeld und wie schwierig es war, ohne Sprache die komplexe soziale Realität zu bewältigen. Mit Sprache kann hingegen die soziale Interaktion (mit-)gestaltet werden. Diese Arbeit ist nun der Frage gewidmet, welche Sprache(n) sich erwachsene Migrantinnen und Migranten im Deutschschweizer Umfeld aneignen, um ihren sprachlichen Alltag effizient und ihren Zielen, Einstellungen und Werten entsprechend zu bewältigen. Damit ist die Einbettung in Fragen nach den Bedingungen des Zweitspracherwerbs (von Spolsky (1989) über Klein & Dimroth (2003) bis Ellis (2015)) und insbesondere des Erwerbs von Variation (Regan 2010; Howard et al. 2013; De Vogelaer & Katerbow 2017) gegeben. Insgesamt erfahren die sozialen Faktoren beim Spracherwerb eine starke Gewichtung, wie dies in den letzten Jahren in der Spracherwerbsforschung intensiver gefordert und praktiziert wird (Atkinson 2011; Hulstijn et al. 2014; Ghimenton et al. 2021). Konkret werden dadurch soziolinguistische Fragen der sprachlichen Anpassung, der Sozioindexikalität von Sprachen und Varietäten und ihre Konsequenzen für den Zweitspracherwerb beleuchtet.

Als ob es nicht schwierig genug wäre, im Erwachsenenalter noch eine neue Sprache zu lernen, sehen sich Personen mit ebendieser Absicht in der deutschsprachigen Schweiz mit einer zusätzlichen Herausforderung in der Form des Nebeneinanders von Dialekten und Schweizer Standardsprache konfrontiert. Wenn Sprachlernende einen Deutschkurs besuchen, fokussiert dieser in der Regel auf die Standardsprache, im Alltag sind sie jedoch von alemannischen Dialekten verschiedener Ausprägung umgeben. Der ungesteuerte Zweitspracherwerb des Deutschen stand bereits in verschiedenen Studien im Mittelpunkt, dennoch wurde Dialekt-Standard-Variation in Input und Output als Konsequenz eines besonderen soziolinguistischen Kontexts weitgehend vernachlässigt. Das vorliegende Projekt rückt ungesteuerten Spracherwerb im Deutschschweizer Kontext in den Vordergrund und untersucht, wie Dialekt und Standard in lernersprachlichen Systemen interagieren.

Das Korpus der Untersuchung besteht aus transkribierter mündlicher Sprachproduktion in Interviews, elizitierten Daten einer Übersetzungsaufgabe und metalinguistischen Beurteilungen von erwachsenen Migrantinnen und Migranten im Schweizer Mittelland. Ihr Spracherwerbsprozess ist wesentlich von alltäglichem Kontakt mit dem Dialekt und in einem gewissen Ausmaß auch mit gesprochener (und geschriebener) Standardsprache geprägt. Die Sprachverwendung der teilnehmenden Personen wird mit Fokus auf den Gebrauch von dialektalen und standardsprachlichen Elementen sowie auf bestimmte sprachliche Konstruktionen, die sich in Dialekt und Standard deutlich unterscheiden, analysiert; diese Ergebnisse werden durch elizitiertes Datenmaterial abgestützt. Die Untersuchung der sprachlichen Daten wird durch die Analyse der Einstellungen zu den Varietäten und der Erfahrungen mit Dialekt und Standard, die erwachsene Personen bei ihrem Zweitspracherwerb und -gebrauch beeinflussen, erweitert und abgerundet.

1.2 Ziel der Arbeit

An der Schnittstelle eines kognitiven und soziolinguistischen Zugangs widmet sich das Projekt der Vielfalt der möglichen Entwicklungen von Dialekt- und Standardkompetenz im Zweitspracherwerb. Der Deutschschweizer Kontext bietet sich aufgrund der offensichtlichen und alltäglich präsenten sprachlichen Variation im Besonderen an, die Fragen zu diskutieren, wie Personen im Zweitspracherwerb mit Dialekt und Standard umgehen und wie dies den Aufbau und Gebrauch des lernersprachlichen Systems beeinflusst.

Die vorliegende Arbeit geht vor allem den folgenden allgemeinen Fragen nach:
- Wie interagieren Standardsprache und alemannische Dialekte in der Herausbildung des mehrsprachigen Wissens?
- Wie wird der Aufbau dieses Wissens durch die Wahrnehmung und Mitgestaltung des sozialen Kontextes durch die Zweitsprachbenutzer/-innen beeinflusst?

Es wird folglich genauer untersucht, wie Lernende Codes konstruieren, die sie für effektive Kommunikation einsetzen können, mit denen sie gleichzeitig aber auch eine soziale Bedeutung vermitteln wollen und die daher nicht nur kommunikativ, sondern auch in sozialer Hinsicht für sie relevant sind. Je nach Orientierung am alltäglichen sprachlichen Nebeneinander können Lernende Dialekt oder Standard oder beides in ihr Zweitsprachsystem aufnehmen und diese nach oder entgegen den Gebrauchsnormen der Umgebung verwenden.

Mit den objektiv beobachtbaren sprachlichen Repertoires sind unmittelbar Fragen nach den subjektiven Einschätzungen der Sprachbenutzer/-innen verbunden. Diese werden deshalb im Zusammenhang mit der Frage behandelt, warum sich der Prozess und das Produkt des zweitsprachlichen Erwerbs im Hinblick auf die Integration von Dialekt und Standard unterscheiden. Es wird davon ausgegangen, dass die Verwendung von Dialekt und Standard wesentlich durch Spracheinstellungen von Lernenden, u. a. durch die Wahrnehmung der relativen Wichtigkeit und des Status der beiden Codes, beeinflusst wird. So sollten Personen, die den Dialekt als die zentrale Sprechweise betrachten und ihm im Schweizer Umfeld, aber auch für ihre eigenen Bedürfnisse einen großen Wert zuschreiben, auch dialektaler sprechen als Personen, die sich aus unterschiedlichen Beweggründen stark an standardsprachlichem Sprechen orientieren.

Im Hinblick auf den freien Sprachgebrauch im Gespräch stehen zunächst folgende Detailfragen im Mittelpunkt:
- Mit welcher Häufigkeit verwenden die Zweitsprachbenutzer/-innen Dialekt und Standard?
- Wie oft werden die beiden Codes gemischt und welche Muster lassen sich dabei bei den einzelnen Personen wie auch personenübergreifend beobachten?
- Welche individuellen oder gruppenbezogenen Unterschiede im Gebrauch von Dialekt und Standard lassen sich im Sprachverhalten beobachten?

Die Analysen zum sprachlichen Repertoire im Interview werden durch elizitierte Daten aus Übersetzungs- und metalinguistischen Entscheidungsaufgaben ergänzt. Dabei stellen sich insbesondere Fragen zum gezielten Umgang mit differenzierenden Merkmalen und Strukturen:
- In welchem Ausmaß sind die Zweitsprachbenutzer/-innen fähig, zwischen Dialekt und Standard zu wechseln?
- Bei welchen sprachlichen Varianten besitzen die Lernenden Wissen über ihre differenzierende Eigenschaft?
- Inwiefern vermögen diese elizitierten und metasprachlichen Daten die Ergebnisse zur Sprachproduktion zu ergänzen?

Anhand von Relativsätzen werden exemplarisch Fragen zum Aufbau von konkurrierenden Konstruktionen im Detail besprochen:
- Auf welche Art und Weise benutzen die Personen Relativsatzkonstruktionen, die sich im Dialekt und Standard stark unterscheiden?
- Inwiefern wird Wissen über das dialektale wie das standardsprachliche Muster und die konkreten Unterschiede aufgebaut?
- In welcher Form zeigt sich dabei der Erwerb von Variation?

Die Beobachtungen zum freien und elizitierten Sprachgebrauch geben Anlass zu Fragen nach den Auslösern und Beweggründen für bestimmte Lern- und Gebrauchsprozesse, weshalb ein genauerer Blick auf die Einstellungen der Lernenden geworfen werden soll:
- Welchen Stellenwert sprechen die Zweitsprachbenutzer/-innen Dialekt und Standard zu?

- Wie nehmen sie Dialekt und Standard auf verschiedenen Ebenen wie Ästhetik, Notwendigkeit oder Schwierigkeit wahr?
- Inwiefern nutzen die Personen Dialekt und Standard, um ihre eigene mehrsprachige Identität im Deutschschweizer Kontext aufzubauen?

Die explorative soziolinguistisch ausgerichtete Analyse der Daten soll aufzeigen, inwiefern die Lernenden Variation im Input wahrnehmen und selbst Variation produzieren. Das Projekt verfolgt damit das Ziel, zu einem umfassenderen Verständnis von erwachsenem Zweitspracherwerb und Zweitsprachgebrauch, besonders im Hinblick auf soziodialektale Variation, beizutragen.

Beim ungesteuerten Zweitspracherwerb handelt es sich um ein Phänomen, das dem Zusammenspiel vieler verschiedener Kräfte ausgesetzt ist und im Zuge dessen die Prozesse und Produkte von einer Vielzahl von lernerspezifischen wie auch umgebungsspezifischen Variablen beeinflusst sind. In der vorliegenden Untersuchung wird vor allem beabsichtigt, die Bandbreite in der Auseinandersetzung mit Dialekt-Standard-Variation aufzuzeigen, einige Prinzipien im Umgang der untersuchten Personen mit Dialekt und Standard zu beschreiben und mögliche Erklärungen für die beobachteten Phänomene anzudenken. Die Einblicke, die hierbei zu verschiedenen Fragen und beeinflussenden Faktoren gewährt werden können, sollen den Ausgangspunkt für vertiefende Untersuchungen an bestimmten Zweitsprachsprechergruppen bieten. Die Arbeit soll aufzeigen, inwiefern gerade für die Beschreibung und Erklärung des ungesteuerten Erwerbs von Variation die Verschränkung einer kognitiven und sozialen Sichtweise sehr gewinnbringend ist. Insgesamt gibt die Arbeit zwar besonders Auskunft zum Deutscherwerb im Untersuchungsraum Schweiz, steht aber allgemeiner im Zusammenhang mit Fragen zur Sozioindexikalität von Sprache und Sprachvariation im Kontext des Zweitspracherwerbs.

1.3 Aufbau der Arbeit

Die vorliegende Auseinandersetzung mit Erwerb und Gebrauch von Dialekt-Standard-Variation im ungesteuerten Zweitspracherwerb des Deutschen geht von allgemeinen theoretischen Erläuterungen zu Variation im ungesteuerten Erwerb erwachsener Lernender aus (Kapitel 2). Dabei wird Spracherwerb zunächst sehr allgemein als kognitive und soziale Aufgabe definiert, bevor bisherige zentrale Ergebnisse zum ungesteuerten erwachsenen Zweitspracherwerb präsentiert und zentrale Faktoren für unterschiedliche Erwerbsverläufe und -produkte besprochen werden. Um die Art von Variation, die in dieser Untersuchung im Mittelpunkt steht, genauer zu skizzieren, wird anschließend der konkrete Deutschschweizer

Sprachlern- und Sprachgebrauchskontext dargelegt. Der allgemeine theoretische Rahmen wird durch einen Abschnitt zu den Dimensionen des Variationsbegriffs im Zweitsprachkontext sowie zu den Prozessen und Produkten im Umgang mit Variation abgeschlossen.

In weiterer Folge werden in Kapitel 3 Material und Methoden der empirischen Studie vorgestellt, welche die Grundlage für die spezifische Untersuchung von Dialekt-Standard-Variation im zweitsprachlichen Kontext bildet. Dabei werden Informationen zu den teilnehmenden Personen und zur Art der Datenerhebung und Datenweiterverarbeitung gegeben.

Das Herzstück dieser Arbeit bildet sodann die in verschiedene Kapitel gegliederte Auseinandersetzung mit den empirischen Daten, wobei in einzelnen Schritten die spezifischen Fragen aus den oben genannten Komplexen theoretisch konkret eingebettet und behandelt werden. So werden zunächst der freie Sprachgebrauch der teilnehmenden Personen und die dabei zu beobachtende Interaktion von Dialekt und Standard analysiert (Kapitel 4). Den elizitierten Daten aus einer Übersetzungs- und Entscheidungsaufgabe ist Kapitel 5 gewidmet, das in einer zusammenführenden Betrachtung von freien Sprechdaten und elizitiertem Material mündet. Im Anschluss daran wird exemplarisch ein konkreter grammatischer Kontrast zwischen Dialekt und Standard, nämlich Relativsatzbildung, näher betrachtet (Kapitel 6). Auf das Zusammenwirken von Dialekt und Standard in der gegebenen Sprachumgebung soll in Kapitel 7 zudem ein Blick aus der Lernendenperspektive geworfen werden. Durch diese Beschäftigung mit den Spracheinstellungen der Zweitsprachbenutzer/-innen soll der Zusammenhang zwischen den subjektiven Einschätzungen und dem beobachtbaren sprachlichen Handeln der Personen genauer unter die Lupe genommen werden.

Teile dieser Arbeit wurden mit Ausschnitten aus dem Datenkorpus und mehrheitlich auf Englisch bereits in Einzelbeiträgen veröffentlicht (Ender 2012; 2015; 2017; 2021). Die hier vorliegende Abhandlung bietet eine das gesamte Material umfassende und übergreifende Betrachtung zur Frage, wie erwachsene Zweitsprachlernende im Deutschschweizer Umfeld mit Dialekt und Standard umgehen.

Die hier präsentierte Untersuchung wurde von September 2010 bis Dezember 2012 durch ein Stipendium für fortgeschrittene Forschende des Schweizerischen Nationalfonds (PA00P1-129070) gefördert und sodann weiterentwickelt.

2 Variation im Kontext des ungesteuerten Spracherwerbs

Es liegt eigentlich in der Natur der Sache, dass sich ungesteuerter Spracherwerb an der Schnittstelle der sozialen UND kognitiven Wirkung und Verarbeitung von Sprache abspielt. In der linguistischen Forschung werden die beiden Seiten aber häufig getrennt behandelt. Kognitiv orientierte Spracherwerbsforschung beschäftigt sich mit den Verarbeitungsprozessen von Lernenden in der Auseinandersetzung mit sprachlichem Material und dem daraus resultierenden Aufbau von Wissen. Dabei ist besonders die Beschreibung und Erklärung von bewussten wie unbewussten Denk- und Wahrnehmungsvorgängen beim Sprachgebrauch ebenso wie deren Umorganisation im Laufe der Zeit interessant. In der Variationslinguistik steht die Frage danach im Mittelpunkt, wie Personen sozial bedeutungsvolle Variation produzieren und wie sprachliches und soziales Wissen dabei zusammenwirken. Um es mit den Worten von Wolfram (2006: 333) auszudrücken: „[i]f structure is at the heart of language, then variation defines its soul". In der Soziolinguistik versucht man dementsprechend die Rätsel bzw. Fragen rund um sozial und situativ bedingte Sprachvariation aufzuklären. Personen, die eine Sprache als Zweitsprache lernen und gebrauchen, haben naturgemäß häufig weniger hoch gesteckte Ziele. Sie sind zunächst vor allem damit beschäftigt, ihre kommunikativen Grundbedürfnisse sicherzustellen und weniger von Überlegungen angetrieben, wie sie die sprachlichen Mittel der Zweitsprache variieren könnten. Fragen der soziolinguistischen Variation in der Zielsprache werden bei Zweitsprachlernenden zumeist erst aktuell, wenn sie die anfänglichen Phasen der lernersprachlichen Entwicklung durchlaufen haben:

> Normally, speakers reach a minimal degree of proficiency along the developmental axis before they develop ability on the horizontal level (although, in fact, this can happen very early in the process, as it does in L1 development). (Regan 2010: 23)

Zur Frage des Zeitpunkts, ab wann und in welcher Form Lernende Variationskompetenz ausbilden, gibt es an der Schnittstelle von Soziolinguistik und Spracherwerbsforschung bislang nur wenige Untersuchungen und Erkenntnisse. Insgesamt wird allerdings an der Beobachtung festgehalten, dass es für Lernende nicht einfach ist, die Fähigkeit zu erreichen, zwischen verschiedenen Sprechweisen oder -stilen für unterschiedliche Situationen oder Gegenüber bewusst zu unterscheiden und aktiv zu variieren (Rehner et al. 2003; Romaine 2004; Howard et al. 2013). Soziolinguistische Kompetenz wird deshalb auch häufig im Rahmen der Auseinandersetzung mit fortgeschrittenen Sprachfähigkeiten behandelt (Geeslin 2018).

In der Deutschschweiz sind Fragen der soziolinguistischen und dialektalen Variation besonders offensichtlich und es liegt nahe, diese in die Problematik des Zweitspracherwerbs einzubeziehen. Personen, die Deutsch als Zweitsprache lernen oder benutzen, sind tagtäglich in schriftlicher und/oder mündlicher Kommunikation mit verschiedenen Codes konfrontiert: mit lokalem Dialekt bzw. verschiedenen verwandten alemannischen Dialekten und der Schweizer Standardvarietät (Berthele 2004; Werlen 1998). Der Gebrauch von Dialekt oder Standard wird von interaktionalen und sozialen Aspekten der Kommunikationssituation beeinflusst und hängt in der Gegenwart von und gegenüber allochthonen Sprecherinnen und Sprechern in großem Maße davon ab, inwiefern Autochthone Dialekt oder Standard als die angemessene Sprechweise deuten. Eine solche Lernsituation erfordert eine große kognitive und soziale Flexibilität von Lernenden und Zweitsprachbenutzenden und hebt das sonst oft vernachlässigte Thema des Erwerbs von Variation hervor, denn das Kategorisieren von sprachlichen Elementen auf der Basis ihrer Zugehörigkeit zu Dialekt, Standard oder beiden sprachlichen Systemen ist ein integraler Bestandteil des Lernprozesses. Auf der Basis verschiedener Ausgangslagen und Ziele im Sprachlernprozess gibt es auch nicht nur einen, geschweige denn einen ‚richtigen' Weg, um mit der Situation umzugehen. So sind zum einen natürlich die Frequenz der Codes im sozialen Umfeld und die daraus entstehenden Lernsituationen entscheidend, daneben spielen jedoch auch lernerbezogene Faktoren eine Rolle. Mag für die einen Lernenden Dialekt das Ziel sein, für die anderen aber aufgrund bestimmter persönlicher Einstellungen, der beruflichen oder privaten Situation Standardsprache den höheren Wert besitzen, kann eine ähnliche individuell kognitive und soziale Ausgangslage dennoch zu unterschiedlichen Ergebnissen im Erwerbsprozess führen.

Die Spracherwerbsforschung hat für lange Zeit die kognitiven Aspekte des Lernprozesses in den Vordergrund gerückt. In der vorliegenden Situation drängt es sich jedoch gewissermaßen auf, den Spracherwerbs- und Gebrauchsprozess nicht im sozialen Vakuum zu betrachten, sondern soziale Aspekte als wesentliche Grundpfeiler für Erwerb und Gebrauch zu integrieren. Der Rahmen dafür soll mit Ausführungen aufgespannt werden, die verschiedene, sich ergänzende Blickwinkel auf die Ausgangslage einnehmen. In einem ersten Unterkapitel 2.1 „Variabilität als inhärentes Merkmal des Spracherwerbs" wird deshalb die Beforschung des ungesteuerten Spracherwerbs und die Integration von sozialen und kognitiven Aspekten in den Mittelpunkt gestellt. Daran schließt in Unterkapitel 2.2 eine konkrete Erläuterung des Sprachlern- und Sprachgebrauchskontextes in der Deutschschweiz an, bevor abschließend in 2.3 „Vom Umgang mit Variation im Zweitspracherwerb" noch genauer bisher vorhandene Erkenntnisse und Untersuchungen zum Erwerb von soziolinguistischer Kompetenz in verschiedenen Umgebungen erläutert werden.

2.1 Variabilität als inhärentes Merkmal des Spracherwerbs

Zunächst werden in Abschnitt 2.1.1 einige grundlegende Überlegungen zu Spracherwerb als kognitive und soziale Aufgabe aufgearbeitet, bevor in Abschnitt 2.1.2 den genauen Rahmenbedingungen und Folgen des ungesteuerten Erwerbs nachgegangen wird und Abschnitt 2.1.3 die individuellen Unterschiede einführt, die auf kognitiver und sozialer Seite den Erwerbsprozess und die schließlich aufgebaute Sprachkompetenz wesentlich beeinflussen können.

2.1.1 Spracherwerb als kognitive und soziale Aufgabe

Für Lernende, die in ihrem Umfeld mit dem ständigen Nebeneinander von Dialekt und Standard konfrontiert sind, sind die Spracherfahrungen mit beiden Codes die treibende Kraft für den Erwerbsprozess und für die Integration von Dialekt oder Standard in ihrem eigenen lernersprachlichen System. Abhängig von ihrem sozialen und beruflichen Netzwerk, ihrem Medienkontakt und der Menge an Unterricht sind die Personen in unterschiedlich intensivem Kontakt mit den beiden Varietäten. Dabei sind jedoch nicht bloß die Menge des dialektalen und standardsprachlichen Inputs und die geistige Auseinandersetzung mit dem Material entscheidend. Aus sozialer Perspektive hängen der Prozess und das Produkt des Erwerbs auch ganz wesentlich davon ab, wie Lernende Sprache bzw. Sprachformen wahrnehmen und evaluieren und was sie darauf aufbauend als das Ziel ihres eigenen Erwerbsprozesses definieren. Insgesamt beeinflussen somit der Kontakt mit den beiden Codes, ebenso aber auch die Ideologien über Dialekt und/oder Standard und die Vorstellungen, wie diese in der sozialen Interaktion verwendet werden sollen, die individuellen lernersprachlichen Konstrukte zu Dialekt-Standard-Variation.

Eine solche soziolinguistisch basierte Haltung bietet sich besonders im ungesteuerten Erwerb an. Dennoch war die Zweitspracherwerbsforschung lange Zeit vor allem im angloamerikanischen, aber auch im europäischen Raum sehr kognitiv orientiert und eine Integration von sozialen Gesichtspunkten fand maßgeblich erst in den letzten zwei Jahrzehnten statt (Firth & Wagner 2007; Tarone 2007). Zuvor war Forschung aus der Variationsperspektive vor allem auf Fragen der Variabilität und der Systematik in unterschiedlichen lernersprachlichen Phasen ausgerichtet. So wird etwa beobachtet, dass gerade in frühen Lernervarietäten verschiedene morphologische Formen eines Lexems in freier, aber nicht-funktional unterscheidender Variation auftreten können (Klein & Perdue 1997: 311). Es wurde hauptsächlich untersucht, inwiefern sprachliche Strukturen, die in der Zielsprache kategorisch sind – wie etwa die Markierung von Finitheit –, im Erwerb variabel verwendet werden und wie sich diese Variabilität im Zuge der sprachlichen Entwicklung verhält. Darunter fällt etwa die Beobachtung, dass durch den Erwerb von Finitheit die starre Informationsgliederung in Topik und Fokus aufgegeben wird und dass dies über die Verwendung von Modal- und Hilfsverben zur Markierung der Assertion angebahnt wird (Klein & Dimroth 2003). Solche Untersuchungen setzen sich mit der Systematik von Variabilität in der Lernersprache auseinander und mit der Frage, inwiefern Lernende im Rahmen von verschiedenen Phasen des Erwerbs entweder zwischen nicht-zielsprachlichen Formen oder zwischen ziel- und nicht-zielsprachlichen Formen variieren (Regan 2010: 23).

Bei der Untersuchung der Variabilität standen zunächst die kognitive Verarbeitung und die lernerseitige Entwicklung hin zu einer Reduktion der nicht-zielsprachlichen Varianten im Vordergrund. Eine stärkere Integration der sozialen Komponente von Variation erfolgte erst später, als zunehmend auch die im Input vorhandene Variabilität untersucht wurde. Dabei wurde verdeutlicht, dass Lernende die fein abgestimmten Frequenzen und Bedingungen für die Produktion der alternierenden Formen erkennen müssen. Da es sich hierbei häufig um Varianten handelt, die in bestimmten sozial-kommunikativen Kontexten unterschiedlich verwendet werden, sind solche Fragen natürlich besonders im Zweitspracherwerb im ungesteuerten oder natürlichen Umfeld fest verankert, und Lernende können Antworten darauf besonders in der sozialen Interaktion mit Sprecher/-innen der Zielsprache finden (Regan 1996; Bailey & Regan 2004). Dadurch wird auch die allgemeine Perspektive in den Vordergrund gerückt, dass das lernersprachliche System durch ein Zusammenwirken von Erfahrung, kognitiven Mechanismen und sozialer Interaktion entsteht (Kramsch 2002; Beckner et al. 2009; Atkinson 2010). Soziolinguistisch beeinflusste Modelle teilen sich im Verständnis von Lernenden die folgende Position: Die lernende und zweitsprachgebrauchende Person ist

> a social being whose cognitive processing of the L2 is affected by social interactions and social relationships with others, including those others who provide L2 input and corrective feedback. (Tarone 2007: 840)

Das betont die Notwendigkeit, den Spracherwerbsprozess nicht nur als Produkt von kognitiver Verarbeitung zu betrachten. Auch Dörnyei (2009a: 244) zieht dies für die Beschreibung von individuellen Unterschieden beim Zweitspracherwerb heran und unterstreicht die Interaktion zwischen Individuum und sozialem Umfeld. Im Rahmen des Lernprozesses muss das lernende Individuum zusammen mit dem sozialen Umfeld betrachtet werden:

> [...] humans are social beings, and in an inherently social process such as language acquisition/use, the agent cannot be meaningfully separated from the social environment within he/she operates. (Dörnyei 2009a: 244)

In diesem Sinne ist Spracherwerb sowohl ein kognitiver wie auch ein sozialer Prozess, in dem Wissen in Angleichung an die umgebende Gemeinschaft aufgebaut wird. Wie Lernende den gegebenen Kontext und den sprachlichen Input interpretieren, sich selbst im Verhältnis dazu positionieren und ihre Ziele des Sprachenlernens und Sprachgebrauchs definieren, beeinflusst dementsprechend den Spracherwerb und Zweitsprachgebrauch wesentlich. Entsprechende Untersuchungen können herangezogen werden, um die kognitiven und sozialen Komponenten in der Herausbildung der lernersprachlichen Systeme einander näher zu bringen. Wenngleich sich soziale wie kognitive Fragen in Spracherwerb und Sprachgebrauch manifestieren, werden sie nicht zwangsläufig zusammengeführt und in ihrer gegenseitigen Abhängigkeit untersucht.

In den letzten zehn Jahren sind in der Linguistik durch die Kombination von Sprache und Gesellschaft zwei sich gegenseitig ergänzende Ansätze aufgeblüht: Spracherwerb und Sprachgebrauch werden aus der Perspektive der kognitiven Soziolinguistik (*cognitive sociolinguistics*, etwa Kristiansen & Dirven (2008)) und der soziolinguistischen Kognition (*sociolinguistic cognition*, so beispielsweise Campbell-Kibler (2010) oder Loudermilk (2013)) betrachtet.

In der kognitiven Soziolinguistik steht die Untersuchung von regionalen, sozialen, sprachinternen oder sprachübergreifenden Variationsmustern auf der Basis unterschiedlicher Konzeptualisierungen der sprechenden Person im Mittelpunkt. Allgemein betrachtet gilt laut Kristiansen & Dirven (2008: 4): „Research that endeavours to unravel, examine and compare social and cognitive dimensions can in a most natural way be subsumed under the cover term Cognitive Sociolinguistics". Konkreter fallen darunter insbesondere Untersuchungen, die sprachliche Variation auf solider empirischer Grundlage im Rahmen eines kognitiven Ansatzes, d. h. etwa unter Einbezug von kognitiven Modellen, Prototypentheorie oder Konstruktionsgrammatik, durchleuchten. Solche Studien versuchen zu erklären, wie das Wissen, das Sprecherinnen und Sprecher besitzen und sich in einer Sprachgemeinschaft teilen, durch soziologische, kulturelle oder ideologische Faktoren beeinflusst wird.

Studien zur soziolinguistischen Kognition fokussieren jedoch stärker auf das Individuum und die Verarbeitung von sozialer und sprachlicher Information. Es wird untersucht, wie die Produktion und Rezeption von Sprachvariation auf der Basis von Wissen über soziale Charakteristika der beteiligten Personen ablaufen und wie soziale Wissenselemente in die Sprachverarbeitung einbezogen werden: „[T]he fundamental goal of the study of sociolinguistic cognition is to characterize the computational stages and cognitive representations underlying the perception and production of sociolinguistic variation" (Loudermilk 2013: 132). Erkenntnisse, dass soziales Wissen schnell und ohne bewusste Absicht in Sprachproduktion und Sprachrezeption miteinbezogen werden kann, legen nahe, dass ein besseres Verständnis der exakten kognitiven Verbindung zwischen sozialen und sprachlichen Strukturen notwendig ist: „relationships which are crucial to a full understanding of the development and maintenance of linguistic variation" (Campbell-Kibler 2010: 37).

Während somit der erste Forschungsstrang stark an traditionell soziolinguistische Untersuchungen anknüpft, ist der zweite Ansatz stärker in der Psycholinguistik und der Soziophonetik verankert. Wie Chevrot & Foulkes (2013: 252) betonen, vertritt kognitive Soziolinguistik einen sozialen Ansatz gegenüber Kognition und soziolinguistische Kognition einen kognitiven Ansatz gegenüber sozialen Gegebenheiten. Erkenntnisse beider Ansätze sind somit relevant für die Erklärung vom Erwerb von Sprachvariation und verbinden sich daher in der Forschung zum Erwerb von soziolinguistischer Variation.

Für den Erstspracherwerb stellen Chevrot & Foulkes (2013) eine Reihe von Fragen bereit, die im Rahmen eines soziokognitiven Ansatzes zentral sind, um der Verknüpfung von sprachlicher und sozialer Information nachgehen zu können:
a) In welchem Alter und in welcher Reihenfolge entwickeln sich die soziolinguistischen Muster der erwachsenen Umgebungsgemeinschaft im kindlichen Spracherwerb?
b) Welche Rolle spielen verschiedene Inputquellen – Familie, Gleichaltrige usw. – in der Entwicklung von soziolinguistischer Variation?
c) Was treibt den Erwerb von soziolinguistischer Variation an – Bewusstsein über soziale Gegebenheiten oder implizites Lernen?
d) Welche konkreten Wissensbestandteile werden aufgebaut – handelt es sich um variable, von sozialen Faktoren beeinflusste Regeln oder um kognitive Schemata, in denen linguistische und sprachliche Information durch exemplarbasiertes Lernen zusammengefügt wird?

Diese Fragen sind unter anderen Vorzeichen auch für den Erwerb von Variation im Zweitspracherwerb relevant, da hier der Zeitpunkt und die Reihenfolge des Lernens und die verschiedenen Inputquellen von wesentlicher Bedeutung sind. Ebenfalls zentral ist auch die Frage nach dem Bewusstsein der Lernenden bezüglich der im Input vorhandenen Variation. Natürlich ist auch die Frage der Wissensrepräsentation von Interesse, sie wird jedoch im Rahmen der vorliegenden Studie höchstens am Rande berücksichtigt werden.

In der Zweitspracherwerbsforschung wurde der Terminus „soziokognitiv" von Atkinson (2002: 525) schon früher als eine Perspektive eingeführt, die verdeutlichen soll, dass Sprache simultan im Kopf und in der Welt wirkt: „a view of language and language acquisition as simultaneously occurring and interactively constructed both 'in the head' and 'in the world'". Aus einer solchen Perspektive wird ebenfalls in den Vordergrund gerückt, dass Sprache eine soziale Praxis ist. Selbstverständlich ist der Mensch kognitiv dafür prädisponiert, Sprache zu lernen, doch das volle kognitive Potential wird erst in „extremely rich, nurturing social activities and contexts" (Atkinson 2002: 528) entfaltet. Dadurch wird die kognitive Verarbeitung eng an soziale Kontexte geknüpft. In der Spracherwerbsforschung wurde diese Diskussion um die Notwendigkeit, soziale Komponenten in der Spracherwerbsforschung stärker zu akzentuieren, u. a. von Firth & Wagner (2007) insbesondere aus sozial-interaktionaler Perspektive schon zu einem früheren Zeitpunkt eingebracht. Atkinson (2002) führt in umfassender Weise zusammen, wie Zweitsprachforschung auf den Einsichten zum sozialen Status von Sprache, wie sie in der Soziolinguistik, der Sozialanthropologie, dem Erstspracherwerb usw. zentral sind, aufbauen kann und diese notwendigerweise zu berücksichtigen hat. Das Zitat von Lave & Wenger (1991: 52–53; zitiert nach Atkinson 2002: 539) steht bereits in eben dem Geiste, der weiter oben unter Rückgriff auf Dörnyei (2009a) beschrieben wurde. Lernende sind soziale Wesen, daher nimmt das Lernen unmittelbar Einfluss auf die Stellung des Individuums in der sozialen Gemeinschaft und dem Ausbau seiner Identität:

> Participation in social practice [...] suggests a very explicit focus on the person, but person-in-the-world, as member of a sociocultural community. This focus in turn promotes a view of knowing as activity by specific people in specific circumstances. [...] Activities, tasks, functions, and understandings do not exist in isolation; they are part of broader systems of relations in which they have meaning. These systems of relations arise out of and are reproduced and developed within social communities, which are in part systems of relations among persons. The person is defined by as well as defines these relations. Learning thus implies becoming a different person with respect to the possibilities enabled by these systems of relations. To ignore this aspect of learning is to overlook the fact that learning involves the construction of identities.

Diese Hinwendung zum Gebrauch und die feste Verankerung von Sprache im sozialen Kontext rückte gewissermaßen zeitgeistlich bedingt in den letzten Jahrzehnten in verschiedenen theoretischen und angewandten Strängen linguistischer Forschung – wenngleich natürlich mit unterschiedlicher Intensität – stärker in den Vordergrund. Der zentrale Status von Sprachgebrauch in konkreten Situationen wird ebenfalls in gebrauchsbasierten kognitivistischen Grammatiktheorien unterstrichen. So gehen etwa auch Bybee & Hopper (2001) davon aus, dass sprachliche Strukturen im Gegensatz zu nativistischen Annahmen nicht unabhängig von deren Gebrauch betrachtet werden können, sondern dass kognitive Repräsentationen in hohem Maße von diesem beeinflusst werden: „[M]ental representations are seen as provisional and temporary states of affairs that are sensitive, and constantly adapting themselves, to usage" (Bybee & Hopper 2001: 2). Sie bauen dabei auf funktional orientierten kognitiven Grammatiktheorien wie jenen der *emergent grammar* von Hopper auf. Dieser unterscheidet nicht zwischen Grammatik und

Sprachgebrauch und betrachtet Grammatik als soziales Phänomen in Echtzeit. Aufgrund dieser stetigen Anpassung kann eigentlich nur die jeweilige, an die Gebrauchssituation und die bisherigen Erfahrungen angepasste Neubildung beobachtet werden: „grammar, which like speech itself must be viewed as a real-time, social phenomenon, and therefore is temporal; its structure is always deferred, always in process but never arriving, and therefore emergent" (Hopper 1987: 141). Allgemeine kognitive Prinzipien und Gebrauchskontexte werden folglich für die Beschreibung von sprachlichen Strukturen miteinbezogen, auch wenn dabei noch keine Erwerbsfragen im Vordergrund stehen (Bybee 2010).

Im Kontext des Spracherwerbs gehen gebrauchsbasierte Ansätze grundsätzlich auch von einer starken Verknüpfung von kognitiven und sozialen Faktoren aus (Ellis 2015). Dabei spielt die soziale Seite häufig und vor allem implizit dadurch eine Rolle, dass das sprachliche Material für die kognitive Verarbeitung in der Interaktion bereitgestellt wird. Gleichzeitig spielt schon in der Grundanlage der gebrauchsbasierten Spracherwerbstheorie die soziale Seite eine zentrale Rolle. Dementsprechend schreibt Tomasello (2008: 27):

> Da natürliche Sprachen konventionell sind, besteht der grundlegendste Spracherwerbsprozess zunächst einmal darin, die Dinge so zu tun, wie andere Leute sie tun – das heißt in sozialem Lernen in seiner allgemeinsten Definition.

Schon kleine Kinder verfügen über die für den Spracherwerb zentralen sozial-kognitiven Fertigkeiten, Aufmerksamkeit zu teilen, Absichten zu lesen, Perspektiven einzunehmen und kommunikativ zusammenzuarbeiten. Durch das Zusammenwirken von geteilter Intention und Musterfindung ist es möglich, sich die symbolische Dimension von Sprache zu eigen zu machen und die Struktur von Sprache und Konstruktionen aus verschiedenen Erfahrungen auf unterschiedlichem Abstraktionsgrad abzuleiten (Tomasello 2003). Dass Sprache die Brücke zwischen Sozialem und Kognition schlägt, gilt ebenso grundsätzlich für den Zweitspracherwerb (Spolsky 1989; Hulstijn et al. 2014; Ellis 2015) und soll an den folgenden Ausführungen noch stärker verdeutlicht werden.

2.1.2 Erwerb im ungesteuerten Kontext

Sprechen ist eine grundlegende menschliche Eigenschaft und nur auf die wenigsten Personen auf der Welt trifft es zu, dass sie sich lediglich in einer Sprache verständigen können. Diese Tatsache wird umso offensichtlicher, wenn zusätzlich innersprachliche Variation berücksichtigt wird. Bereits Wandruszka (1979: 39) hat die Vielfältigkeit von Sprache betont und damit die Vorstellung von innerer Mehrsprachigkeit geprägt:

Eine menschliche Sprache ist kein in sich geschlossenes und schlüssiges homogenes Monosystem. Sie ist ein einzigartig komplexes, flexibles, dynamisches Polysystem, ein Konglomerat von Sprachen, die nach innen in unablässiger Bewegung ineinandergreifen und nach außen auf andere Sprachen übergreifen.

Diese Überlegungen basieren auf der Beobachtung, dass Sprachen „keine sehr klar definierten Entitäten" (Klein 2000: 327) sind und es linguistisch betrachtet keine Grenze gibt, ab der zwei teilweise verschiedene sprachliche Systeme Sprachen oder Dialekte derselben Sprache sind. Was als Sprache angesehen wird, hängt ebenso sehr von politischen und sozialen Faktoren ab wie von linguistischen Unterschieden. Im Normalfall lernt ein Mensch mehrere Sprachen, wobei die Bedingungen des Erwerbs und des Gebrauchs sehr verschieden sein können und daher auch die Kompetenz in den verschiedenen beherrschten Sprachen unterschiedlich ausgeprägt sein kann. Üblicherweise wird zumindest eine Sprache so gelernt, „daß sich der Sprecher in seinem sprachlichen Verhalten nicht oder nicht auffällig von seiner sozialen Umgebung abhebt" (Klein 2000: 538). Diese Beobachtung trifft üblicherweise für den Erstspracherwerb zu.

Daneben lernen die meisten Personen noch weitere Sprachen mit unterschiedlichem Erfolg, da der Verlauf und das Produkt gemessen an der Unterscheidbarkeit von der umgebenden Sprachgemeinschaft offensichtlich sehr uneinheitlich sind. In der Tradition der deutschsprachigen Zweitsprachforschung werden „Formen des sprachlichen Verhaltens, die sich entwickeln, wenn der Lernende das sprachliche Verhalten der Lernumgebung zu reproduzieren versucht" (Klein 2000: 538) zumeist als *Lernervarietäten* bezeichnet. Wenn der Erwerb weiterer Sprachen nicht in frühkindlicher Zeit einsetzt – was als *bilingualer* oder *mehrsprachiger Erstspracherwerb* bezeichnet würde – spricht man von *Zweitspracherwerb* und unterscheidet üblicherweise im Deutschen zwischen *Zweit-* und *Fremdspracherwerb*. Ersteres bezeichnet den Erwerb einer weiteren Sprache, die ähnlich wie bei der Erstsprache durch den gewissermaßen natürlichen Umgang mit neuem sprachlichem Material in und durch Kommunikation im Alltag bestimmt ist, während *Fremdspracherwerb* für den durch Unterricht gesteuerten Erwerb weiterer Sprachen verwendet wird (Klein & Dimroth 2003; Ahrenholz 2008). Sehr häufig, so auch in dieser Arbeit, umfasst der Begriff *Zweitsprache* jede weitere Sprache, die nicht als erste Sprache gelernt wird.[1] Die schablonenartige Unterscheidung zwischen Zweit- und Fremdspracherwerb tritt natürlich in realen Lernbedingungen selten in typischer

---

[1] Damit wird eine Festlegung im Hinblick auf die genaue Reihenfolge umgangen, und es ist möglich, Dialekt wie auch Standard als Zweitsprache zu betrachten, zumal angesichts des Nebeneinanders der beiden Codes durchaus von einer mehrsprachigen Erwerbssituation ausgegangen werden kann (Berthele 2008).

oder reiner Form auf, da auch im gesteuerten Erwerb eine starke kommunikative Ausrichtung und auch Kontakt zur zielsprachlichen Gemeinschaft und ihrer Kommunikation bestehen kann oder umgekehrt auch der natürliche Erwerb von zugewanderten Personen durch Sprachunterricht begleitet werden kann.

Im Bezug auf die angesprochene Reproduktion der Lernumgebung charakterisiert sich der Zweitspracherwerb besonders dadurch, dass die Zielsprache nicht vollständig angeeignet wird. Zweitsprachbenutzende unterscheiden sich in ihrer Sprachvarietät zumeist nennenswert von erstsprachlichen Varietäten:

> Ein Kind gelangt normalerweise zur „perfekten Beherrschung" der Zielsprache – nicht in dem Sinne, daß es seine sprachlichen Fähigkeiten nicht noch verbessern könnte (nicht jeder ist ein Goethe), sondern in dem Sinne, daß zwischen seinem eigenen Sprachverhalten und dem seiner Umgebung zum Schluß kein nennenswerter Unterschied besteht. Beim (erwachsenen) Zweitsprachlerner ist dies selten der Fall. Normalerweise „fossiliert" der Erwerbsprozess auf einer Stufe, die von der Sprachbeherrschung des muttersprachlichen Sprechers mehr oder minder weit entfernt ist. (Klein 2000: 543)

Diese Unterschiede zwischen dem Lernprodukt im Erst- und Zweitspracherwerb werden oft zuerst und vereinfachend auf einen Alterseffekt zurückgeführt, da den verschiedenen Ausprägungen von Zweitspracherwerb oft gemein ist, dass die Lernenden im Alter vorangeschritten sind. Da der Erfolg von Spracherwerb ab der Pubertät im natürlichen Kontext[2] sehr variabel ist, wird es folglich schwieriger, eine Sprachbeherrschung zu erreichen, die sich nicht nennenswert auf mindestens einer linguistischen Ebene wie Aussprache, Wortschatz oder Grammatik von Monolingualen derselben Sprache unterscheidet. Im Detail müssen die Gründe allerdings unterschiedlich erklärt werden. Klein (2000: 543–545) betont die Interaktion von biologischen, sozialen und kognitiven Faktoren. Vom Erwerb der Erstsprache bis zur Aneignung weiterer Sprachen verändert sich die Physiologie der menschlichen Organe, daneben hat sich durch die erstsprachliche Sozialisation auch eine soziale Identität ausgebildet und schließlich werden durch oder zumindest parallel zum Erwerb einer Sprache auch bestimmte kognitive Kategorien zum Ausdruck von Zeit, Raum usw. angeeignet und auf dieser Beherrschung einer Sprache wird im Zweitspracherwerb aufgebaut. Solche Unterschiede wurden verschiedentlich ins Rennen geführt, um die Differenzen zwischen Lernprodukten im Erst- und Zweitspracherwerb zu erklären. Dass die genannten Ausprägungen des Individuums und seiner sprachlichen Umgebung – auf die im nächsten Abschnitt

---

2 Was den erfolgreichen Verlauf von Spracherwerb angeht, ist es von großer Bedeutung zwischen den verschiedenen Erwerbskontexten zu unterscheiden (Lambelet & Berthele 2015). Wie diese Metaanalyse zum Altersfaktor zeigt, trifft der Effekt von „je früher, desto besser" im schulisch gesteuerten Kontext nicht zu.

2.1.3 genauer eingegangen wird – in verschiedenen Kontexten unterschiedlich zum Tragen kommen, führt zu unterschiedlichen Resultaten des Erwerbsprozesses.

Es ist hingegen beim Zweitspracherwerb ebenso wie im Erstspracherwerb davon auszugehen, dass der vorhandene Input der Schlüssel zum Erwerb ist, denn Spracherwerb erfolgt durch die Auseinandersetzung mit und durch die Verarbeitung von Sprachmaterial. Die zentrale Rolle von Input wird auch in sämtlichen Theorien festgehalten (Mitchell & Myles 2004: 20), wenngleich die Mechanismen, die durch Konfrontation mit Input ausgelöst werden, sehr unterschiedlich gewichtet und betrachtet werden. Auf die besondere Situation, was den Input in der Deutschschweizer Situation betrifft, wird in Abschnitt 2.2 „Der Sprachlern- und Sprachgebrauchskontext" genauer eingegangen.

Nicht außer Acht gelassen werden dürfen linguistische Unterschiede zwischen den Sprachen, die in den Erwerbsprozess involviert sind, auch wenn deren Stellenwert in einzelnen Theorien eine unterschiedlich große Rolle zugeschrieben wird. Die grundsätzliche Tatsache, dass im Falle von Zweitspracherwerb bereits ein Sprachsystem angeeignet wurde, verändert die Ausgangslage und die Erfahrungen der Sprachbenutzenden ganz wesentlich. Die neue Sprache wird vor dem Hintergrund des bereits vorhandenen Wissens erworben. Vor diesem Hintergrund bildeten sich Ansätze heraus, die den Zweitspracherwerb im Kontrast zur Erstsprache zu erklären versuchten. Brdar-Szabó (2010: 521) fasst dies folgendermaßen zusammen:

> Nach der Kontrastivhypothese werden die Mechanismen des Zweitspracherwerbs primär durch die Struktur der Erstsprache des Lerners gesteuert. Aus dieser Annahme folgt, dass Transfer- und Interferenzprozessen überragende Bedeutung zugeschrieben wird. Die Hypothese liegt in unterschiedlich starken Ausprägungen vor, die jeweils davon abhängig zu unterscheiden sind, inwieweit in ihrem Rahmen Lernschwierigkeiten aus interlingualen Unterschieden und Identitäten abgeleitet werden.

Konkrete Untersuchungen zu Kontrastivität und ihren Wirkmechanismen zeigen jedoch die Notwendigkeit von differenzierten Betrachtungen: Zunächst ist das Ausmaß von Kontrastivität auf sprachlichen Ebenen schwierig zu fassen und sprachübergreifend vergleichbar zu machen. Verschiedene Studien zeigen, dass Ähnlichkeiten einerseits zu positivem Transfer führen und den Erwerb erleichtern können. Andererseits können sie für Lernende jedoch auch zu Schwierigkeiten führen. Die Annahme nämlich, dass sich Sprachen unterscheiden, kann bei Lernenden genauso zu einer sogenannten Angst vor zu viel Ähnlichkeit führen. Kellerman (2000) zeigt, dass Lernende in vielen Fällen davon ausgehen, dass sich verschiedene Sprachen grundsätzlich nicht völlig entsprechen und sich sprachliche Strukturen somit auch nur beschränkt gleichen können. Diese Vorbehalte gegenüber Ähnlichkeit funktionieren wahrscheinlich auf der Grundlage von Prototypikalitätseffekten,

d. h. Lerner/-innen nehmen nur für den prototypischen Bedeutungsbereich an, dass sich dieser auch auf die Fremdsprache übertragen lässt. Dies zeigt Kellerman (2000: 23f.) etwa anhand des Verbs *brechen*. Die Bedeutung der deutschen, englischen und holländischen Übersetzungsäquivalente von *brechen* sind zwar grundsätzlich sehr ähnlich, dennoch gehen Lernende in Kollokationen mit konkreteren Bedeutungsaspekten des Verbs wie *in den Fuß brechen* oder *die Wellen brechen am Ufer* eher von Gleichheit aus als im abstrakten oder metaphorischen Bereich wie etwa bei *ein Versprechen brechen, Rekorde brechen* oder *einen Streik brechen*, wo auf Umschreibungen oder alternative Formulierungen ausgewichen wird.

Große Unterschiede können zwar, müssen aber nicht zwangsläufig den Erwerb erschweren, da sie für Lernende augenscheinlicher sind als geringere Unterschiede. Als solche sollen beispielhaft Informationsstrukturen von ansonsten typologisch sehr nahe verwandten Sprachen erwähnt werden. Bohnacker & Rosén (2008) zeigen mit einer Studie zur Vorfeldbesetzung im Deutschen durch schwedische Lernende, dass diese das Vorfeld auch im Deutschen häufiger mit thematischen oder gar expletiven Elementen füllen. Das Hintanstellen von rhematischer Information ist im Schwedischen noch stärker verbreitet und üblicher als im Deutschen, wodurch die Lernenden in letzterer Sprache zwar keine ungrammatischen Äußerungen produzieren, aber solche mit einer für das Deutsche nicht so häufigen Informationsstruktur. Zwischensprachliche Einflüsse dieser Art werden als Transfer betrachtet oder in gebrauchsbasierten Ansätzen auf den mit der Erstsprache zusammen angeeigneten Filter der gelernten Aufmerksamkeit (*learned attention*) zurückgeführt (Ellis 2015: 59). Merkmale des zweitsprachlichen Systems werden trotz ihres Vorhandenseins im Input von den Lernenden vernachlässigt, da ihre Sprachverarbeitung von der Erstsprache beeinflusst ist.

Die Wirkung von bereits angeeigneten Sprachen – dies können Erstsprachen ebenso wie andere vor der jeweiligen Zielsprache erworbene Sprachen sein – steht insgesamt jedoch außer Frage und ist integraler Bestandteil vieler theoretischer Ansätze zur Erklärung des Zweitspracherwerbs. Auch in der *Interlanguage*-Theorie spielt die Erstsprache eine gewisse Rolle, indem Selinker (1972: 214ff.) sie als Einflussgröße bei einem der fünf zentralen Prozesse des Sprachenlernens und der Konstruktion der *Interlanguage* betrachtet. *Interlanguage* definiert Selinker (1972: 214) als ein „separate linguistic system based on the observable output which results from a learner's attempted production of a TL [target language] norm." Der Aufbau dieses linguistischen Systems sollte sich anhand von fünf psycholinguistischen Prozessen[3] erfassen bzw. erklären lassen: (1) Transfer aus anderen Sprachen,

---

[3] Die deutsche Terminologie wird von Bausch & Kasper (1979) übernommen.

(2) Transfer aus der Lernumgebung, (3) Lernstrategien, (4) Kommunikationsstrategien und (4) Übergeneralisierungen (Selinker 1972: 214–215).

Das lernersprachliche System wird häufig aus Abweichungen von der zielsprachlichen Norm erschlossen. Dabei nimmt Fehleranalyse einen zentralen Stellenwert ein. Obwohl grundsätzlich die aktive und kreative Konstruktion einer Zweitsprache im Mittelpunkt steht, führt der Fokus auf die Analyse von Fehlern zuweilen zu einer defizit-orientierten Perspektive. Dies verdeutlicht auch die Beschreibung von *Interlanguage* durch Bialystok & Smith (1985: 101): Sie definieren das lernersprachliche System in Abweichung von muttersprachlicher Performanz als „systematic language performance (in production and recognition of utterances) by second language learners who have not achieved sufficient levels of analysis of linguistic knowledge or control of processing to be identified completely with native speakers". Insgesamt werden die Begriffe *Interlanguage* – deutsch *Interimsprache* oder *Lernervarietät* – in der Spracherwerbsforschung in den letzten Jahrzehnten sehr breit und relativ theorieneutral eingesetzt, d. h. der Begriff *Interlanguage* kommt auch in Arbeiten ohne expliziten Schwerpunkt auf Fehleranalyse oder psycholinguistische Lernprozesse zum Einsatz.

Der deutsche Begriff *Interimsprache* bringt den vorübergehenden und variablen Charakter solcher Systeme besonders treffend zum Ausdruck. Im Sprachlern- und Sprachgebrauchskontext wird das Wissen ständig überarbeitet, ergänzt und neu vernetzt und ist somit stetiger Veränderung unterworfen. Ein lernersprachliches System muss grundsätzlich als Momentaufnahme verstanden werden, weshalb Ellis (1994: 350) auch von einem *interlanguage continuum* als Abfolge von miteinander verbundenen Systemen, die den Lernfortschritt über die Zeit hinweg charakterisieren, beschreibt: „series of interconnected systems that characterize the learner's progress over time".

Sehr häufig kann im Zweitspracherwerb beobachtet werden, dass sich der Erwerbsprozess – die stetige Veränderung der Lernersprache – in einem Zustand stabilisiert, der im Hinblick auf verschiedene Merkmale von der Zielsprache abweicht.[4] Von einem sprachübergreifenden, longitudinalen Projekt zum ungesteuerten Zweitspracherwerb gingen bei Klein & Perdue (1997) die Beobachtungen aus, dass sämtliche Lernende nach gewisser Lernzeit ein relativ stabiles lernersprachliches System aufbauen, das nach einfachen Prinzipien strukturiert, im Hinblick auf die Zielsprachen stark vereinfacht, aber kommunikativ sehr effizient ist. Auf dieser

---

4 Manche Forschende wie Selinker (1972) sprechen in diesem Zusammenhang von *Fossilisierung*. Dieser Terminus wird aufgrund der Tatsache, dass es innerhalb des lernersprachlichen Systems zweifelsohne jederzeit Veränderungen geben kann, teilweise als problematisch betrachtet. Der Begriff *Stabilisierung* steht für temporäre wie auch längerfristige Konstanz und ist daher insgesamt weniger stark determiniert (Han 2004).

Lernstufe, die als *Basisvarietät* bezeichnet wird, verbleibt ungefähr ein Drittel der Lernenden, wenngleich Lexikon und Flüssigkeit unter Umständen noch verbessert werden (Klein & Perdue 1997: 303).

Im Hinblick auf den Zusammenhang zwischen Form und Funktion postulieren auch Klein & Perdue (1997), dass die Basisvarietät nicht als misslungener Versuch, sich der Zielsprache anzunähern, zu analysieren sei, sondern als funktionales Sprachsystem. Dieses ist im Laufe der Sprachentwicklung Veränderungen unterworfen, kann allerdings jederzeit durch organisatorische Prinzipien beschrieben werden. Damit folgen sie der oben genannten Perspektive von Selinker (1972), nennen aber auch den *simple code* von Corder (1967) und das *Pidgin-* oder *Gastarbeiter-Deutsch* von Clyne (1968) als Bezugspunkte (Klein & Perdue 1997: 307). Die Basisvarietät wird damit zum Ausgangspunkt der Entwicklung aller Lernervarietäten; ihr Aufbau, ebenso wie ihre Veränderungen hin zu umfassenderen Varietäten wie Deutsch oder Berndeutsch, Französisch oder Englisch folgt bestimmten Prinzipien. Solche umfassenden zielsprachlichen Systeme sind in dem Sinne als Grenzen der Lernervarietäten oder als „Endvarietäten" definiert, als die Gebrauchenden hier den Erwerb stoppen, nachdem sie sich der Varietät des sozialen Umfelds angeglichen haben (Klein & Perdue 1997: 307).

Die wichtigsten Merkmale der Basisvarietät sollen nach Klein & Perdue (1997) und Klein (2000) kurz zusammengefasst werden: Lexikalische Einheiten treten üblicherweise in einer unveränderlichen Form auf. Zu den elementaren Ausdrucksmitteln gehören Elemente aller lexikalischen Klassen, während grammatisch-funktionale Einheiten wie Präpositionen, Pronomen selten sind. Sofern es formale Variation gibt, handelt es sich um keine systematische Flexion/Derivation. Auf der Ebene der Äußerungsorganisation gehen Klein & Perdue (1997: 313) von Beschränkungen auf der Phrasenebene aus, die die Form und die relative Abfolge von Konstituenten wie NP oder V bestimmen. Daneben wirkt die semantische Beschränkung, dass diejenige NP zuerst kommt, deren Referent den höchsten Grad an Kontrolle über die Gesamtsituation ausübt – das entspricht mehrheitlich dem Agens. Zuletzt wirken noch pragmatische Prinzipien der Informationsstruktur, wobei das Prinzip „Fokus zuletzt" als besonders gewichtig dargestellt wird (Klein 2000: 561). Geht man davon aus, dass jede Aussage eine implizite Frage beantworten soll, so stellt das Element, das erfragt wird, den Fokus dar, „der Rest bildet die Topikkomponente. Letztere drückt oft beibehaltene, erste oft neue Information aus" (Klein 2000: 561). Die Basisvarietät wird von Forschenden als einfaches, aber systematisches und gleichzeitig höchst effizientes Kommunikationssystem betrachtet, das Lernende auf der Basis ihrer vorhandenen allgemeinen Sprachfähigkeit ausbilden. Deshalb gibt es auch Erörterungen zum Status der Basisvarietät innerhalb der generativen Grammatik, deren Details u. a. in Klein (2000: 561ff.) besprochen werden.

Eine andere Perspektive auf das Phänomen der Basisvarietät nimmt jedoch Ellis (2008a) ein, indem er sie als das Produkt eines nicht auf Form fokussierten Sprachgebrauchs sieht. Er präsentiert einen emergentistischen Ansatz, in dem Lernervarietäten aus dynamischen Zyklen von Sprachgebrauch, Sprachwandel, Sprachwahrnehmung und Sprachlernen entstehen. Sein Ansatz zur Herausbildung von Lernervarietäten orientiert sich an der dynamischen Systemtheorie und betrachtet Sprache als ein komplexes adaptives System (Beckner et al. 2009). Ellis (2008a: 233) fokussiert dabei besonders darauf, dass Sprache nicht von Personen und deren Sprachgebrauch losgelöst betrachtet werden kann: „Language learning and language use are dynamic processes in which regularities and systems arise from the interaction of people, brains, selves, societies, and cultures using languages in the world." Die Muster, die durch die dynamische Interaktion entstehen, erklärt Ellis (2008a: 233) insbesondere durch das Zusammenspiel von vier Prozessen, die in Abbildung 2.1 zur Dynamik des Zweitsprachlernens dargestellt sind: (1) Gebrauch führt zu Wandel, (2) Wandel beeinflusst Wahrnehmung, (3) Wahrnehmung beeinflusst Lernen und (4) Lernen beeinflusst Gebrauch.

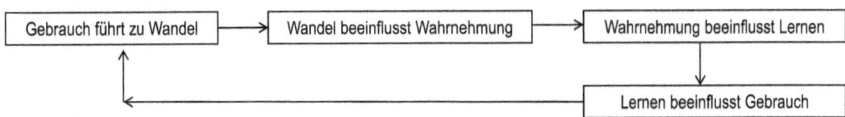

Abb. 2.1: Dynamische Zyklen von Gebrauch, Wandel, Wahrnehmung und Erwerb von Sprachen nach Ellis (2008)

Der angesprochene Zyklus baut sich durch das Zusammenspiel von auch einzeln beobachtbaren Prozessen aus. Sprache verändert sich durch Gebrauch ständig, was sich unter anderem darin zeigt, dass die am häufigsten gebrauchten Wörter – man denke nur an grammatisch-funktionale Einheiten wie Artikel und Präpositionen – kurz und unbetont sind. Als Folge von phonologischer Erosion (*phonological erosion*), wie Ellis (2008a: 233) es nennt, ergibt sich häufig auch eine Reihe von Homonymen. Diese häufigen Formen sind zwar von großer struktureller Bedeutung für Sprache, da sie die Kombination von Wörtern in Phrasen und Sätzen markieren und deren Interpretation beeinflussen. Sie sind jedoch nicht die Wörter, die den semantischen Inhalt transportieren, wie eine Darstellung der 20 häufigsten Wortformen in Gottfried Kellers „Die Leute von Seldwyla" (Wälchli & Ender 2013: 132) illustriert. Wer die entsprechende Wörterliste liest, könnte sie ebenso gut jeder anderen Erzählung zuordnen. Gleichzeitig stehen die Funktionswörter im mündlichen Gebrauch oft in unbetonten Positionen und zusammen mit ihrer Kürze werden sie daher zu unauffälligen Einheiten: „Grammatical forms are of low salience" (Ellis 2008a: 236). Dieser Mangel an Salienz führt dazu, dass die Einheiten schlechter wahrgenommen werden, zumal ihre Information häufig redundant ist und es salientere lexikalische Einheiten gibt, die diese Information bereits vermitteln: Information zu Numerus und Person ist im Deutschen in der Subjekt-Nominalphrase vorhanden, wird aber durch ein grammatisches Morphem am Verb nochmals ausgedrückt. Tempusinformation wird oft durch Temporaladverbien vermittelt und zugleich morphologisch am Verb ausgedrückt (der deutsche Gebrauch des Präsens anstelle des Futurs sei hier als Ausnahme erwähnt). Ellis (2008a: 236–238) präsentiert empirische Evidenz dafür, dass Einheiten mit niedriger Salienz und homophone Einheiten mit schwacher Form-Funktions-Kontingenz schlechter gelernt werden und dass eben diese Einheiten besonders für Zweitsprachgebrauchende aufgrund ihrer Erfahrungen in der Erstsprache (Automatizität und verschiedene angeeignete kognitive Bias) Schwierigkeiten bereiten. Welche Konsequenzen diese Schwierigkeiten im Zweitspracherwerb nun genau haben, hängt vom Lernkontext ab.

> Communicative bias in naturalistic contexts where language learning is predominantly implicit results in outcomes that differ from more explicit, form-focused interactions either in the classroom or in the feedback from accuracy-minded discourse partners. (Ellis 2008a: 238)

In einem natürlichen und ungesteuerten Zweitspracherwerb ist der Fokus der Lernenden auf die Bedeutung in der Kommunikation gerichtet und die oben erwähnten morphologischen und syntaktischen Mittel zur Markierung von Tempus, Numerus, Person stehen häufig lernerseitig nicht im Fokus der Aufmerksamkeit, da sie teilweise redundant oder durch den Kontext erschließbar sind. Sämtliche Formen sind im Input grundsätzlich vorhanden, werden allerdings von vielen Lernenden aufgrund der genannten geringen Auffälligkeit, der niedrigen Bedingtheit von Form-Funktionsübereinstimmung[5] und des Fokus auf Bedeutung nicht implizit gelernt – oder wie (Ellis 2015: 49) es zugespitzt feststellt: „[w]hat is attended is the focus of learning, and so attention constructs the acquisition of language itself". In den Resultaten des wegweisenden, sprachübergreifenden Projekts „Second language acquisition of adult immigrants", das in den 1980er-Jahren von der European Science Foundation gefördert wurde (Perdue 1993), wurde beobachtet, dass etwa ein Drittel der Lernenden ab der Basisvarietät keine weitere Komplexifizierung des sprachlichen Systems vornimmt. Neue lexikalische Einheiten werden

---

[5] Angesichts der großen Anzahl von Synkretismen innerhalb von morphologischen Paradigmen geben sehr viele Morpheme des Deutschen keine verlässliche Aussage über die sprachliche Funktion.

zur Basisvarietät hinzugefügt, Morphologie und Syntax bleiben jedoch grundsätzlich unverändert einfach. Trotz der fehlenden funktionalen Morphologie ist das Sprachsystem in vielen Situationen kommunikativ sehr effizient und ausreichend. Wäre dies nicht der Fall, würden nicht so viele Lernende ihre Lernervarietät auf diesem Niveau stabilisieren. Zugleich zeigt diese Basisvarietät große Ähnlichkeit mit Pidgins und Creoles, die sich im Zuge von Sprachkontakt herausbilden und die zu den Sprachsystemen mit der geringsten beobachtbaren Komplexität gehören (McWhorter 2001; Nichols 2009).

Besondere soziale Beziehungen oder pädagogisches Handeln können Lernende jedoch in ihrer sprachlichen Entwicklung weiterbringen: „Social-interactional or pedagogical reactions to nonnative-like utterances can serve as dialectic forces to pull L2 acquisition out of the attractor state of the Basic Variety" (Ellis 2008a: 240). Im Gespräch können Gesprächspartner/-innen oder Lehrpersonen durch Feedback den Fokus stärker auf die Form richten, was bei Lernenden das Bewusstsein, die Aufmerksamkeit und die Wahrnehmung des Inputs verändern kann. „Form-focused instruction pulls learners out of their implicit habits, their automatized routines, by recruiting consciousness" (Ellis 2008a: 240). Das erklärt, warum in einem Fremdsprachenlernkontext üblicherweise keine Basisvarietäten entstehen. Dort sind Lernende von Beginn an Lehrpersonen ausgesetzt, die ihre Aufmerksamkeit stark auf die formale Seite der Sprache lenken. Die zu erlernenden Form-Funktions-Paare werden je nach pädagogischem Ansatz stärker oder weniger stark fokussiert (Madlener & Behrens 2015) – sicherlich allerdings in viel ausgeprägterem Maße als in einem natürlichen Kontext.

In vielen Begriffsbestimmungen zur Unterscheidung von Fremd- oder Zweitsprachenlernen wird besonders auf die Dimension von *gesteuert* vs. *ungesteuert* fokussiert, wobei sich der Unterschied dazwischen im Grunde im Ziel der Aufmerksamkeit bei der Auseinandersetzung mit sprachlichem Material widerspiegelt. Fremdsprachenlernen findet in einer Klassenzimmersituation unter Bezug auf Material statt, das stark von den Lehrpersonen und von der Abstimmung auf ein bestimmtes Sprachniveau beeinflusst ist, während Zweitsprachlernende vergleichsweise wenig Anpassung des Inputs an ihre sprachlichen Möglichkeiten erfahren. Das bedeutet, dass die Art und Weise, sich mit dem Material auseinanderzusetzen, sehr verschieden gestaltet ist. Während im Klassenzimmer das Fortschreiten entlang der vorgeschlagenen Materialien und der darin enthaltenen Sprache im Vordergrund steht, sind im natürlichen Kontext erfolgreiche Kommunikation und das Überbringen von Inhalten von besonderer Bedeutung. Diese unterschiedliche Fokussierung auf Form oder Inhalt gilt als Hauptursache für den meist unterschiedlichen Verlauf der Sprachentwicklung in den beiden Kontexten.

Diese Dichotomie baut unter anderem auf der Hervorhebung des Unterschieds zwischen *Input* und *Intake* auf, wie sie beispielsweise von VanPatten (2004) und

Gass (1997) bezüglich der Relevanz von Verständnis bei der Verarbeitung des Inputs unterstrichen werden. Die Art der Interaktion, in die Lernende involviert sind, beeinflusst ganz wesentlich, ob sie Merkmale des Inputs wahrnehmen und Form-Bedeutungs-Kombinationen verstehen lernen. Block (2003: 53) unterstreicht hierbei auch, dass sich gerade Lernende in einem ungesteuerten Kontext in einer regelrecht widersprüchlichen Situation befinden: Sie brauchen Sprache, um zu kommunizieren, gleichzeitig sollen sie Sprache lernen, während sie kommunizieren. Im kommunikativen Austausch, in dem dann die zentrale Mitteilung im Vordergrund steht, ist häufig kein Platz vorhanden, um Bedeutungen und Form-Bedeutungs-Beziehungen auszuhandeln. So kann es trotz der scheinbar großen Menge an Input dazu kommen, dass bestimmte Merkmale der Zielsprache nicht für den Spracherwerb zugänglich sind. Input ist natürlich eine Grundvoraussetzung, da er überhaupt erst das Material für die Verarbeitung bereitstellt. Input alleine reicht allerdings nicht aus; wenn Lernende ihn nicht ausreichend zur Kenntnis nehmen und begreifen, werden sich keine Form-Bedeutungs-Beziehungen – Intake – ausbilden und der Input bleibt ohne Wirkung auf den Spracherwerb (Wong 2005: 30).

Dass kommunikativer Austausch bei Erwachsenen nicht zwangsläufig zu Lernen führen muss, erläutert auch Block (2003: 51–55) in seinen Ausführungen zum *social turn* in der Erforschung des Zweitspracherwerbs. Er bezieht sich dabei auf die traditionellen Studien von Schumann (1978) und Schmidt (1983) aus dem angloamerikanischen Raum, die für den untersuchten eingewanderten Lernenden jeweils eine sehr unvollständige morphologische Entwicklung belegen.[6] Im Falle von Schumann handelt es sich um einen Einwanderer aus Costa Rica, dessen unvollständiger Spracherwerb im Rahmen des Akkulturationsmodells durch eine Reihe von Beobachtungen erklärt wurde, die als Zeichen von sozialer und psychologischer Distanz zur Umgebungsgemeinschaft und der zu lernenden Sprache gedeutet wurden. Schmidts Beobachtungen zu Wes, einem japanischen Fotografen auf Hawaii, stehen im Kontrast dazu. Auch wenn dieser vergleichbar enge soziale Einbindung und wenig Sprachangst zeigte, entwickelte sich seine Sprachkompetenz dennoch im Laufe von zwei Jahren nicht über ein linguistisch sehr eingeschränktes Repertoire hinaus. Block (2003: 52) hebt trotz der Gegensätzlichkeit der Ergebnisse hervor, dass das eigentlich Bemerkenswerte an Untersuchungen dieser Art darin bestand, dass sie im natürlichen Kontext die sozialen und affektiven Faktoren in der Verarbeitung des Inputs explizit einbeziehen.

---

6 Es sei an dieser Stelle auf größer angelegte Studien im europäischen Kontext wie das ESF-Projekt (Perdue 1993) oder das Heidelberger Projekt zur Sprache ausländischer Arbeiter (Heidelberger Forschungsprojekt „Pidgin-Deutsch" 1975) verwiesen, die vergleichbare Ergebnisse lieferten.

Die Einstellungen, die Sprachlernende dem Input und der Umgebung entgegenbringen, wurden nämlich selten in den Mittelpunkt von Zweitspracherwerbs- und Zweitsprachgebrauchsstudien gerückt. Als Ausnahmen sollen hier zunächst Untersuchungen von Zuengler (1991) genannt werden, die Variation in zweitsprachlicher Produktion ausgehend von der Akkommodationstheorie betrachten. Sie sieht diesen theoretischen Rahmen darüber hinaus auch als wichtige Grundlage für die Erklärung der Veränderungen, die autochthone Personen an ihrem Sprachverhalten im Austausch mit Allochthonen vornehmen. Sowohl das Sprachverhalten der Zweitsprachlernenden als auch der von Autochthonen gesprochene (grammatische oder ungrammatische) *Foreigner talk* könnte damit teilweise nicht nur beschrieben, sondern auch erklärt werden. Gleichzeitig besteht durch die Akkommodationstheorie nicht nur eine Möglichkeit, das aktuelle Sprachverhalten begreiflich zu machen, sondern auch (vorläufige) Endprodukte besser zu erklären. Soziale Annäherung wie auch Abweichung – abhängig von der wahrgenommenen Ähnlichkeit, sozialen Attraktivität und kulturellen Empathie des Gegenübers – kann bei Zweitsprachlernenden kurzfristig oder auch längerfristig zu variierendem Sprachverhalten führen. Auf die Akkommodationstheorie soll zu einem späteren Zeitpunkt in 2.3.2 „Prozesse und Produkte im Umgang mit Variation" noch genauer eingegangen werden.

Daneben muss natürlich das *socio-educational model* von Gardner (1985) erwähnt werden, auch wenn es hauptsächlich im Kontext des gesteuerten Erwerbs Einsatz gefunden hat. Durch den Fokus auf sozial-psychologische Prozesse stehen Fragen nach der Konstruktion und Interpretation des Selbst in Bezug auf das Lernen der neuen Sprache im Mittelpunkt. Mit der Annahme, dass soziale Rollen und Einstellungen das Lernen einer weiteren Sprache beeinflussen, setzt er ein Gegengewicht zu stark kognitiv orientierten Ansätzen. In seinem Modell werden Einstellungen etwas uneinheitlich als Vorläufer oder Gründe, aber auch als Teilkomponenten für Motivation behandelt. In einer sogenannten *Attitude/Motivation Test Battery* werden Merkmale der Lernenden zu verschiedenen Kategorien erhoben, die unterschiedlich stark von Einstellungen geprägt sind: (1) Integrativität (*integrativeness*) besteht aus den Einstellungen gegenüber der umgebenden Sprachgruppe, Interesse an Fremdsprachen allgemein und einer integrativen Haltung gegenüber dem Lernen der Zielsprache; (2) Einstellungen gegenüber der Sprachlernsituation enthalten Einstellungen gegenüber der Lehrperson und dem Kurs; (3) Motivation wiederum wird durch Einstellungen gegenüber dem Lernen der Sprache, dem Lernwunsch und der Intensität des Lerneinsatzes bestimmt; (4) Sprachangst erfasst die Sorge des Lernenden bei der Auseinandersetzung mit der Sprache; (5) Instrumentelle Haltung besteht aus den pragmatischen Gründen, warum die Sprache gelernt wird.

In nachfolgenden Studien unterscheidet Gardner stärker zwischen Motivation und Einstellungen, wenn Erstere als Aggregat von Einsatz (*motivational itensity*), Lernwunsch und Haltung gegenüber dem Sprachlernen betrachtet wird und er Einstellungen aus integrativer Orientierung sowie Einstellungen gegenüber den Sprecher/-innen der Zielsprache und der instrumentellen Orientierung zusammengesetzt sieht (Gardner et al. 1997: 352). Integrative Orientierung erfasst das Ausmaß, inwiefern man die Sprache lernen möchte, weil sie etwa für soziale Interaktion mit Sprecher/-innen der Zielsprache, für das Knüpfen von Kontakten oder ein besseres Verständnis der Lebenswelt rund um die Zielsprache eingesetzt werden kann. Einstellungen gegenüber den Sprecher/-innen der Zielsprache beinhalten deren allgemeine Wertschätzung, die Bewertung von ihrer sozialen Attraktivität oder deren Verhaltensweisen. Instrumentelle Haltung beschreibt das Ausmaß, in dem das Lernen der Sprache für das praktische Handeln positiv beurteilt wird, was etwa die Möglichkeit von Einflussnahme, Arbeitsaussichten oder Steigerung der eigenen Wettbewerbsfähigkeit beinhaltet (Gardner et al. 1997: 359–362).

Culhane (2004: 52) betont darüber hinaus, dass die Frage nach den verschiedenen motivationalen Komponenten auf alle Fälle auch die lernerseitige Beurteilung oder Wahrnehmung davon beinhalten muss, wie wichtig es ist, zur sprachlichen und kulturellen Gemeinschaft der gelernten Sprache zu gehören. Diese Frage nach „learner perceptions on the relative importance of relating to L2 speech and cultural communities" ist im Grunde die an den Zweitsprachkontext angepasste Variante zur integrativen Orientierung. Er spricht damit allgemeinere Spracheinstellungen an, verstanden als komplexe kognitive, affektive oder konative Konstrukte, die Sprache als Objekt evaluieren (Garrett 2010: 20), wobei zu den verschiedenen Dimensionen neben der integrativen Orientierung auch die wahrgenommene Wichtigkeit für das eigene Handeln, ebenso wie die Bewertung von sprachimmanenten Merkmalen der Zielsprache – d. h. beispielsweise Wahrnehmungen davon, wie wohlklingend oder einfach diese den Lernenden erscheint – gehört. Wie diese im Detail beschaffen sein können und bei Lernenden erhoben werden können, bleibt jedoch bislang im Zweit- und Fremdspracherwerbskontext vage.

Damit wird deutlich, dass die Art und Weise, wie sich Lernende mit dem Input auseinandersetzen und welche Einstellungen und Bewertungen der Sprache und der Sprachgemeinschaft entgegengebracht werden, durchaus Einflüsse auf die Entwicklung von Sprachkompetenz haben kann. Gleichzeitig ist gerade im Zweitspracherwerb die Menge und Qualität des Inputs sehr variabel. Block (2003: 55) schließt seinen Überblick verschiedener Studien zum natürlichen Spracherwerb des Englischen etwa mit der Beobachtung:

> [...] first, the actual exposure to the target language is often far less than might be expected because there are a number of variables that together conspire to limit both the quantity and

the quality of input. [...] immigrants in different contexts find that language learning does not depend exclusively on engagement in conversational interaction with native speakers.

Dem fügt er noch hinzu, dass in vielen Fällen auch das kommunikative Klima des Austausches häufig von starkem Druck, Sprachkenntnisse vorzuführen und Erwartungen zu entsprechen, geprägt ist, was für den Nutzen der kommunikativen Situation als Lernsituation nicht förderlich ist. Schon Bremer et al. (1993) stellten für Lernende im ungesteuerten Kontext in eben diesem Sinne sehr eindrücklich das Spannungsfeld rund um die interaktive Auseinandersetzung in einer zu lernenden Sprache dar. Mit ihrer konversationsanalytischen Untersuchung von Indikatoren und Symptomen des Nicht-Verstehens zeigen sie, dass es für Lernende im natürlichen Kontext nicht einfach ist, die kommunikative Kraft aufzubringen, um Interaktionen aufzubauen, in denen sie sich nicht nur verständlich machen können, sondern zusätzlich ihre Sprachkompetenz weiterentwickeln. Erwachsene Lernende sind in den sozialen Interaktionen immer wieder risikoreichen Situationen für ihre Identitätskonstruktion ausgesetzt, da sie sich im Falle von Schwierigkeiten nicht nur selbst frustriert und beschämt fühlen können, sondern dies auch wesentliche Folgen darauf hat, wie sie von außen wahrgenommen und eingeschätzt werden. Um längerfristig den Zugang zu Möglichkeiten des persönlichen und beruflichen Lebens zu haben, müssen sie sich in Konversationen einbringen und gleichzeitig genug Distanz haben, um den gesamten Input im vorher erwähnten Sinne zu Intake zu machen. Dies bringen Bremer et al. (1993: 190) folgendermaßen auf den Punkt: „So paradoxically they have to create involvement and yet sufficient distance to analyse both TLS [target language speakers'] turns and their own language."

Bei Lernenden lässt sich somit aufgrund der Tatsache, dass sie vorwiegend durch natürliche Interaktion im zielsprachlichen Umfeld eine weitere Sprache lernen, ein ähnlicher Lernkontext ausmachen. Dennoch ist in den Spracherwerb eine Reihe von weiteren Faktoren involviert. So unterscheiden sich Sprachbenutzer/-innen als Individuen sowie die Art und Weise, wie sie die Sprachen gebrauchen, in mehreren Dimensionen, die nun genauer besprochen werden sollen.

2.1.3 Bedingungen des Spracherwerbs

Aus den verschiedenen Beobachtungen und Ergebnissen zum gesteuerten wie ungesteuerten Erwerb von Fremdsprachen geht neben der Erkenntnis, dass die im Individuum beteiligten Sprachen konstantem Wandel und stetiger Veränderung unterworfen sind, insbesondere auch hervor, dass der Erwerbsprozess von neu hinzukommenden Sprachen wie auch die erreichte Kompetenz von einer Vielzahl unterschiedlicher Faktoren beeinflusst werden. Dass es schwierig ist, all diese in einem Modell zu vereinen, ist keine neue Feststellung. Die Leitlinien einer allgemeinen Theorie des Sprachenlernens wurden etwa bereits von Spolsky (1989: 16–25) dargelegt. Seine Absicht war es, unter dem bezeichnenden und auch später wiederkehrenden Motto „bridging the gap" (Spolsky 1988; Hulstijn et al. 2014)[7] die Anforderungen an eine „general theory of language acquisition" zu skizzieren.

> [...] I see the task of a theory of second language learning as being able to account both for the fact that people can learn more than one language and for the generalizable individual differences that occur in such learning. (Spolsky 1988: 378)

Sein Modell positioniert Spracherwerbsprozesse dabei unmissverständlich im sozialen Kontext und setzt – wie in Abbildung 2.2 ersichtlich ist – eine Reihe von Faktoren zueinander in Beziehung, die Unterschiede in verschiedenen Lernkontexten des Zweit- wie auch des Fremdsprachenerwerbs ebenso wie des Lernens für allgemeine oder besondere Zwecke beschreiben und erklären können. Entsprechend nennt (Spolsky 1988: 380ff.) als fünf Merkmale seiner Theorie:
1. unerschrockene Unbescheidenheit im Anliegen, allgemein zu sein,
2. Fokus auf die Notwendigkeit, im Hinblick auf die Ziele und Ergebnisse des Spracherwerbs klar und präzise zu sein,
3. Integriertheit und Interaktivität,
4. Charakter eines Präferenzmodells,
5. Anerkennung der sozialen Einbettung des Zweitsprachlernens.

Durch Anspruch auf Allgemeinheit soll das Modell so viele Bedingungen des Sprachenlernens erfassen, dass es für Lernende in verschiedenen Kontexten herangezogen werden kann und nicht nur auf den gesteuerten Spracherwerb beschränkt ist. Deshalb müssen allerdings auch die unterschiedlichen Ziele und Ergebnisse des Spracherwerbs klar definiert werden, denn die Anliegen einer Person, die im Sprachkurskontext lernt, unterscheiden sich fundamental von einer Person, die die Sprache im natürlichen Kontext für alltägliche Kommunikation verwendet. Dementsprechend unterschiedlich muss auch definiert werden, was Sprachkompetenz tatsächlich bedeutet. Diese Möglichkeit für Differenzierung im Rahmen eines breiten Modells führt zu Komplexität, da viele Faktoren integriert werden,

---

[7] Spolsky geht es eher um den Brückenschlag zwischen Sprachvermittlungspraxis und Spracherwerbstheorie; Hulstijn und Kolleg/-innen hingegen um die Vermittlung zwischen kognitiv und sozial ausgerichteten Spracherwerbstheorien. Diese Brücke wird von Spolsky mit seinem Modell zwar bereits sehr anschaulich skizziert, dennoch von Hulstijn und Kolleg/-innen offensichtlich nicht wahrgenommen.

die ihrerseits zusammenwirken oder sich gegenseitig beeinflussen. Es wird auch anerkannt, dass bestimmte Bedingungen in einigen Fällen nicht relevant sein müssen, während andere eine durchschlagende Wirkung haben können. Dem wird auch insbesondere durch die Prinzipien eines kognitiv-linguistischen Modells Rechnung getragen, das davon ausgeht, dass Bedingungen nicht kategorisch und zwingend notwendig, sondern graduell und mehr oder weniger typischer Natur sind. Dieses bezeichnet Spolsky (1989) nach Jackendoff (1983) als *Präferenzmodell*. Somit sind nicht alle Bedingungen zwangsläufig für den Spracherwerb notwendig, einige sind graduell und je mehr sie zutreffen, desto wahrscheinlicher ist es, dass sie Folgen nach sich ziehen. Andere Bedingungen können typischerweise, aber nicht zwingendermaßen mit einer bestimmten Konsequenz eintreten. Zentral ist schließlich die Hervorhebung der sozialen Dimension des Zweitsprachlernens, mit der Spolsky betont, dass eine allgemeine Theorie des Sprachenlernens unter allen Umständen die sozialen Kontexte dieses Prozesses anerkennen muss: „Language learning is individual, but occurs in society" (Spolsky 1989: 382). Die Effekte, die die soziale Dimension auf das Modell hat, sind mehr oder weniger direkt mit den anderen Faktoren des Modells verknüpft.

Vor diesem allgemeinen Hintergrund beschreibt er, wie im sozialen Kontext ausgehend von den vorhandenen Kenntnissen und Fertigkeiten des Individuums verschiedene Faktorenkomplexe zu Sprachkompetenz führen. Er unterscheidet hierbei physiologische, biologische und kognitive Fähigkeiten von affektiven Faktoren wie Persönlichkeit, Einstellungen, Motivation oder Angst und von Lerngelegenheiten formaler und informaler Natur (Spolsky 1988: 383f.). Diese gliedert und präsentiert er in etwas anderer Form in der ausführlicheren Modelldarstellung in Abbildung 2.2 nach Spolsky (1989: 28). Der soziale Kontext beinhaltet die soziolinguistische Situation, den Kontakt zu verschiedenen Sprachen und die jeweiligen Rollen dieser Sprachen. Dieser Kontext führt zu bestimmten Einstellungen auf Seiten der Sprachbenutzenden sowohl gegenüber der Sprachgemeinschaft wie auch gegenüber der Sprachlernsituation und den selbst eingeschätzten Ergebnissen, was wiederum die spezifische Motivation der Lernenden beeinflusst. Dieses Set an Faktoren vereint sich in den Lernenden mit den persönlichen Merkmalen, die sie mitbringen (Alter, Persönlichkeit, kognitive Fertigkeiten und bereits vorhandenes Wissen). Zusammengenommen beeinflussen diese Faktoren, wie mit Lerngelegenheiten umgegangen wird, was schließlich zu bestimmten sprachlichen und außersprachlichen Ergebnissen führt. Es verändern sich dadurch nicht nur die Sprachkompetenz, sondern etwa auch die Wahrnehmung von Erfolg und Misserfolg und die Einstellungen der Lernenden.

Spolsky spricht die Notwendigkeit an, sein Modell vor empirischen Daten zu überprüfen, und die Möglichkeiten, die etwa durch konnektionistische Vorgehensweisen oder durch – damals noch v. a. zukünftig anvisierte – komplexere mathematische Modellierungen gegeben sind. Er betont die Dynamik, die seiner Vorstellung von Spracherwerb innewohnt: „Each individual act of learning combines into the broader level of functional skill development" (Spolsky 1988: 393). Damit zeichnet er Wege und Denkweisen vor, die auch in späteren Modellierungen und Ansätzen auftreten. Angesichts des Umfangs und der weitreichenden Anforderungen eines solchen Modells erstaunt es insgesamt auch nicht, dass zumeist nur einzelne der darin genannten Einflussfaktoren, die bei Individuen im Spracherwerb und Sprachgebrauch zu Unterschieden führen, getrennt untersucht werden.

Eine Studie, die versuchte, anhand einer Gruppe von Lernenden sehr viele beeinflussende Faktoren gemeinsam zu untersuchen, soll an dieser Stelle erwähnt werden (Gardner et al. 1997). Gardner und Kolleg/-innen haben an 102 Französisch-Studierenden insgesamt 34 Variablen zu den Konstrukten Sprachlerneignung, Motivation, Spracheinstellungen, Sprachangst, Feld(un)abhängigkeit, Sprachlernstrategien und Selbstvertrauen erhoben und deren Zusammenhang mit Sprachlernerfolg gemessen. Sprachlernerfolg wurde mithilfe von verschiedenen Sprachtests und der erreichten Französisch-Note festgestellt. Mit Ausnahme von den Maßen zu Sprachlernstrategien und Feld(un)abhängigkeit zeigten alle anderen Maße einen signifikanten Zusammenhang mit den gemessenen Sprachfertigkeiten, wobei dieser für Sprachangst stark negativ und für die anderen Faktoren wie etwa Motivation und Selbstvertrauen positiv war. Die erhobenen Daten wurden auf der Basis der theoretischen Annahmen des *socio-educational models* von Gardner (1985) auch in ein Strukturgleichungsmodell integriert, um die kausalen Zusammenhänge zwischen den Faktoren zu überprüfen. Es zeigt sich insbesondere, dass Sprachlerneignung und Motivation den Sprachlernerfolg (operationalisiert anhand von verschiedenen Testdaten) wesentlich beeinflussen. Motivation wiederum steht stark im Einflussbereich von (Sprach-)Einstellungen. Sowohl Motivation als auch Sprachlernerfolg wirken auf Selbstbewusstsein, was auch Sprachangst mit einem negativen Zusammenhang inkludiert.[8] Diese Untersuchung war zwar auf den institutionellen Sprachlernkontext fokussiert, konnte aber im Bezug darauf auch wichtige Hinweise auf die Interaktion zwischen verschiedenen den Spracherwerb von mehrsprachigen Personen beeinflussenden Faktoren geben und fällt hier ins-

---

[8] Der – theoretisch a priori nicht angenommene – negative Einfluss von Sprachlernstrategien auf Erfolg kann im Rahmen der untersuchten sehr erfahrenen Gruppe von Lernenden nachvollziehbar erklärt werden. Die Sprachlernstrategien-Maße erheben vor allem die Breite des Strategieneinsatzes und nach langjähriger Sprachlernerfahrung ist es plausibel, dass die guten Sprachlernenden ein funktionierendes und eventuell nicht so breites Repertoire an Strategien einsetzen, während die weniger erfolgreichen unter Umständen noch stärker versuchen, verschiedene Strategien anzuwenden.

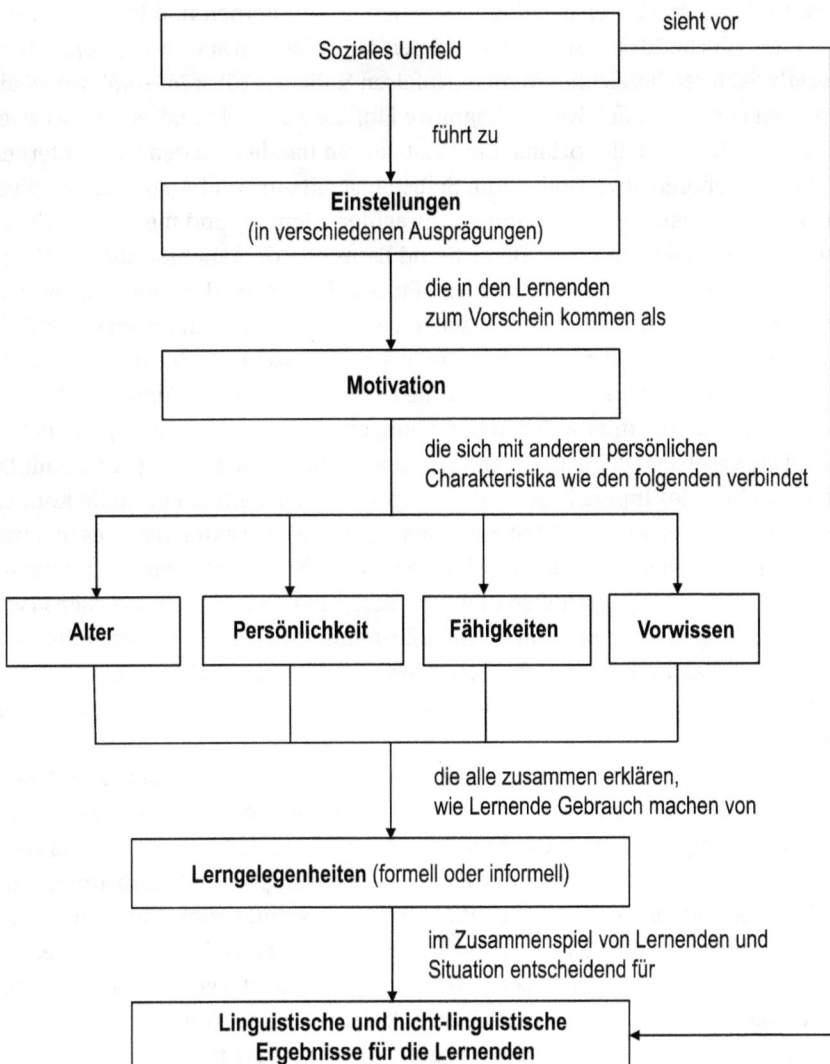

Abb. 2.2: Spolskys (1989: 28) allgemeines Modell des Zweitsprachlernens

besondere durch die ambitionierte Berücksichtigung von vielen verschiedenen Dimensionen auf, die etwa auch Spolsky (1989) in seinem Modell integriert.

Bisher bereits erwähnte Einflussfaktoren auf den Prozess und das Produkt des Sprachenlernens werden häufig nach ihrer unmittelbaren Ab- bzw. Unabhängigkeit vom lernenden bzw. sprachbenutzenden Individuum gegliedert. Dementsprechend gibt es dann eine Unterscheidung zwischen lernerinternen und lernerexternen Faktoren (Roche 2013: 173ff.), die in anderen Aufstellungen auch als *personale* oder *soziale* Faktoren bezeichnet werden (Hufeisen & Riemer 2010: 745–746), wobei die ersteren vor allem affektive und kognitive Einflüsse bündeln und es sich bei zweiteren vor allem um die sozialen Einflussfaktoren handelt. Zu den lernerinternen Faktoren gehören etwa Motivation, Selbsteinschätzung und Angst auf affektiver bzw. auch konativer Seite, während Sprachlerneignung und metasprachliches Bewusstsein dem kognitiven Bereich und Lern- und Gebrauchsstrategien einem Übergangsbereich zugeordnet werden können. Sie alle werden durch Eigenschaften bestimmt, die der lernenden Person innewohnen, und beeinflussen wesentlich, wie Lernende mit sprachlichem Input umgehen. Des Weiteren sind die vorwiegend lernerexternen Faktoren zu nennen, die besonderen Einfluss darauf haben, in welcher Form und unter welchen Bedingungen die Lernenden dem sprachlichen Input ausgesetzt sind. Dazu zählen Lern- und Gebrauchsumgebung, die Quantität und Qualität des Inputs bestimmen, ebenso wie der weitere kulturelle Kontext oder der Status der involvierten Sprachen. Zu all diesen Faktoren gibt es in unterschiedlicher Menge Einzeluntersuchungen, die sich mit der spezifischen Wirkung der individuellen Eigenschaften und ihrer passgenauen Beschreibung ebenso wie mit ihrer Abgrenzung und auch ihrem Zusammenwirken mit anderen Einflussfaktoren auseinandersetzen. Insbesondere die personalen Faktoren und davon wiederum Motivation und Sprachlerneignung wurden bisher intensiver in den Blick genommen (Ortega 2009: 145).

In der Hierarchie gewissermaßen übergeordnet lässt sich Alter als individueller Einflussfaktor ansetzen, der intensiv und kontrovers diskutiert wird. Denn wie im vorangegangenen Abschnitt 2.1.2 bereits erläutert wurde, hat das Alter von lernenden Personen nicht nur Einfluss auf die kognitiven Verarbeitungsmöglichkeiten, sondern auch auf ihre affektive Haltung und soziale Einbindung. Die meisten Faktoren können somit jeweils auch sehr gut aus der Altersperspektive heraus diskutiert und mit dieser in Verbindung gebracht werden (Czinglar 2019). Erwachsene Personen, wie sie auch im Mittelpunkt dieser Untersuchung stehen, bringen etwa zum Zeitpunkt des Beginns ihres Kontakts mit Deutsch kognitive Reife, umfassendes Wissen in ihren Erstsprachen, ausgebautes Weltwissen und unterschiedliche Sprachlernerfahrungen mit. Sie haben im Vergleich zu Kindern und Jugendlichen jedoch häufig einen geringeren Drang zur Assimilation, eventuell bedingt durch weniger intensiven Kontakt mit Sprecher/-innen der Zweitsprache. Sie erhalten zumeist weniger Input in der Zielsprache und verfügen über weniger Zeit, die explizit dem Spracherwerb in der Form von Schul- oder Kursbesuch gewidmet ist, bringen allerdings bereits erstsprachliche Bildungserfahrung mit, wenngleich diese in unterschiedlichem Maße vorhanden ist.

Eine etwas andere Struktur weist die Definition von Klein (2000) und Klein & Dimroth (2003) auf, die als Grundgrößen des Spracherwerbs den Sprachverarbeiter, den Antrieb und den Input festlegen. Damit wird zwischen den kognitiven Faktoren auf der einen und den sozialen auf der anderen Seite der Antrieb als vermittelnde Instanz angesetzt. Alle drei Größen sind im Spracherwerb vorhanden. So hängt das Sprachlernvermögen – definiert als die Anwendung des Sprachverarbeiters auf neues Material – von den biologischen Gegebenheiten und dem vorhandenen Wissen ab. Der Input wiederum kann in unterschiedlicher Menge und Form gegeben sein. Den Antrieb bestimmen die Gründe und Motivation, sich mit dem Material auseinanderzusetzen, wobei (1) soziale Integration, (2) kommunikative Bedürfnisse, (3) Einstellungen und (4) Bildungsfaktoren als die vier zentralen Gründe genannt werden (Klein & Dimroth 2003). Die besondere Konstellation der drei Faktoren beeinflusst Struktur, Tempo und (den niemals ganz absoluten) Endzustand des Spracherwerbs, was wiederum wie in den bisherigen und folgenden Ausführungen die Interaktion zwischen den Faktoren hervorhebt.

Die verschiedenen Faktoren von stärker kognitiver und sozialer Natur sind auch in unterschiedlichem Maße in Modellen zur Mehrsprachigkeit repräsentiert. Das *Dynamische Modell der Mehrsprachigkeit* von Herdina & Jessner (2002) integriert insbesondere die lernerinternen Faktoren (Eignung, wahrgenommene Sprachkompetenz, Selbstwertschätzung, Motivation und Angst). Dieses Modell von Mehrsprachigkeit wird dadurch charakterisiert, dass in seiner Vorstellung von der Entwicklung des mehrsprachigen Individuums nicht nur die zahlreichen Faktoren berücksichtigen werden, sondern auch die rekursiven Beziehungen zwischen ihnen. Wie in Abbildung 2.3 dargestellt, baut der Spracherwerbsprozess auf der Sprachlerneignung und den jeweils vorhandenen metalinguistischen Fähigkeiten auf. Selbsteinschätzung spielt dabei eine wichtige Rolle, da sie auf die wahrgenommene Sprachkompetenz, aber auch auf die Angst einwirkt, wobei beide wiederum die Motivation beeinflussen und miteinander interagieren.

Die einzelnen Faktoren stehen somit nach den Vorstellungen eines komplexen Systems in dynamischen Verbindungen zueinander. In abstrakt-holistischem Sinne drückt Komplexität folglich aus, dass das mehrsprachige System aufgrund der Beziehungen zwischen den Faktoren eine jeweils eigene nicht-lineare Dynamik entwickelt. Dieses Modell repräsentiert damit zentrale Ideen der Theorie von komplexen Systemen, die davon ausgehen, dass Spracherwerb – aber ebenso Spracherhalt und Sprachabbau – nicht-linear und umkehrbar ist, sowie von interagierenden Faktoren komplex beeinflusst wird (De Bot et al. 2007; Larsen-Freeman 2011). Für die retrospektive Erklärung von Sprachlernprodukten ist dies durchaus ein sehr plausibler Ansatz. Die Möglichkeit der Vorhersage von Sprachlernprodukten besteht angesichts der unbekannten Gewichtung und Einflussnahme der einzelnen

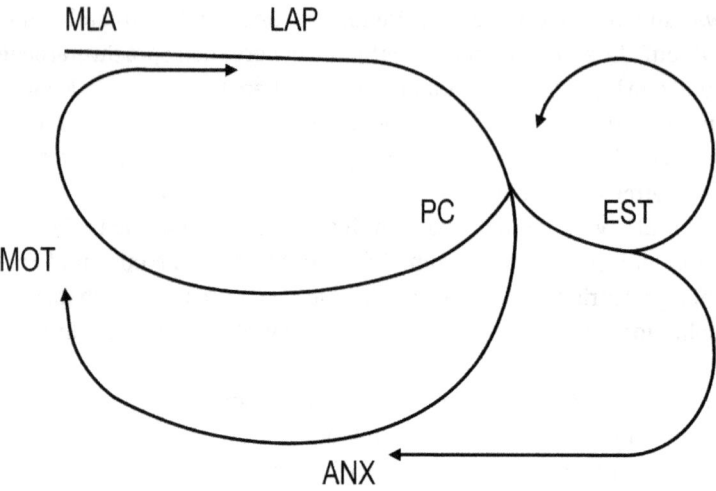

Abb. 2.3: Darstellung der Interaktion der individuellen Faktoren im dynamischen Modell der Mehrsprachigkeit nach Herdina & Jessner 2002: 138. MLA = (multi)language aptitude/metalinguistic abilities (Sprachlerneignung); LAP = language acquisition process (Spracherwerbsprozess); PC = perceived language competence (wahrgenommene Sprachkompetenz); MOT = motivation (Motivation); ANX = anxiety (Angst); EST = self-esteem (Selbstwertschätzung)

Komponenten allerdings gleichzeitig nur in sehr eingeschränktem Ausmaß und ist zugegebenermaßen auch kein Ziel des Modells.

Sprachlernfähigkeit bildet gewissermaßen die kognitive Voraussetzung dafür, mehrsprachig zu werden. Gerade im gesteuerten Spracherwerb wurden die Sprachlernfähigkeit und ihr Einfluss auf den Erfolg beim Sprachenlernen – gemessen an der erreichten Sprachkompetenz – häufig untersucht, und eine Reihe von Studien hat überzeugend für die Annahme gesprochen, dass Sprachlernfähigkeit (*language aptitude*) einer der stärksten Prädiktoren für akademischen Sprachlernerfolg ist. Die Ergebnisse der Variablen zu Sprachlernfähigkeit korrelieren zumeist stark mit der gemessenen Sprachfertigkeit und können laut Aguado (2012: 51) in verschiedenen Studien ein Viertel der individuellen Variation erklären; Ortega (2009: 148) nennt eine Erklärungsspannweite von 16 bis 36 Prozent der Variation. Wegweisend, aber in weiterer Folge auch stark kritisiert bezüglich ihrer Feststellung von Sprachlernfähigkeit waren die im *Modern Language Aptitude Test (MLAT)* (Carroll & Sapon 1959/2002) identifizierten vier Faktoren: Phonetische Kodierungsfähigkeit (*phonetic coding ability*), grammatische Sensitivität (*grammatical sensitivity*), induktive Sprachlernfähigkeit (*inductive language learning ability*) und Gedächtniskapazität (*associative memory*). Grammatische Sensitivität, als die Fähigkeit, grammatische Funktionen von Wörtern in einem Satz zu erkennen, und die induktive Sprachlernfähigkeit als das Vermögen, Muster und Regeln zu identifizieren und abzuleiten, werden zusammenfassend auch als *analytische Fähigkeit* (Ortega 2009: 148) bezeichnet.

Sprachlernfähigkeit korreliert zu einem bestimmten Ausmaß mit der allgemeinen kognitiven Leistungsfähigkeit von Individuen, unterscheidet sich aber auch davon. So stimmt insbesondere die analytische Fähigkeit mit allgemeiner Intelligenz überein, während phonetische Verarbeitung und Gedächtniskapazität separate Komponenten darstellen (Wen et al. 2017: 3). Die ausführliche und aktuelle Darstellung zu Sprachlernfähigkeit von Wen et al. (2017: 6) legt nahe, dass Sprachlerneignung eine relativ fest vorgegebene persönliche Gegebenheit ist, die auch nicht durch Sprachlernerfahrung veränderbar ist. Manche Forscher/-innen wie Robinson (2002) interessieren sich deshalb auch vor allem dafür, wie das individuell vorhandene Sprachlernpotential in unterschiedlichen Kontexten am besten zur Geltung kommen kann. In den Eignungskomplexen, die er definiert, besitzt Eignung im Hinblick auf verschiedene Lernkontexte eine unterschiedliche Relevanz. Durch eine solche Ausdifferenzierung des Konzepts vor dem Hintergrund von Sprachvermittlung soll geklärt werden, welche Eignungskomponenten für welche Stadien und Kontexte des Lernens von besonderer Notwendigkeit sind, damit die individuell gegebene Zweitsprachlernbegabung angemessen unterstützt werden kann (Aguado 2012: 63). Beiläufiges Lernen durch gesprochenen oder geschriebenen Input fordert schließlich andere kognitive Verarbeitungsmechanismen als die explizite Verarbeitung grammatischer Regeln.

Ebenso zentral wird in vielen Studien der Faktor Motivation untersucht, was der Tatsache Rechnung trägt, dass Sprachlerner/-innen nicht nur auf der Basis ihrer intrinsischen kognitiven Möglichkeiten Sprachen lernen, sondern vielmehr aktiv mit bestimmen Vorstellungen und Zielen handeln. Das Konzept von Motivation bei Sprachlernenden nahm in seinen forschungsgeschichtlichen Anfängen besonders im Rahmen des *socio-educational models* von Gardner (1985) eine zentrale Stellung ein und wurde dort in drei Dimensionen erfasst: als Intensität der Motivation in der Form der aufgewendeten Mühe für das Lernen, als Einstellungen gegenüber dem Sprachenlernen und als Lernanliegen. Motivation ist damit hinsichtlich der Grundausrichtung schon ein stärker an den Lernbedingungen orientierter Faktor, da hohen oder niedrigen Werten zumeist soziale Ursachen zugrundeliegen. So wurde beispielsweise das prinzipielle Interesse daran, mit der Zielsprachgemeinschaft in Kontakt zu treten, im Rahmen von integrativer Motivation (*integrativeness*) von Gardner (2001) diskutiert. Da schwer zu erfassen ist, was in verschiedenen Lernkontexten unter integrativer Motivation tatsächlich zu verstehen ist, wurde die Vorstellung davon auch starker Kritik unterzogen. Die Frage, wie sich diese integrative Orientierung bei Lernenden insbesondere im natürlichen Kontext tatsächlich auswirkt, wurde jedoch bislang nicht systematisch untersucht (Ortega 2009: 171). In den Einzelfallstudien von Schumann (1978) und Schmidt (1983) zeigten sich teilweise widersprüchliche Ergebnisse zur Wichtigkeit von sozialer und psychologischer Distanz zur umgebenden Sprachgemeinschaft. Bei Gardner (1985) spielen als Ursachen für variierende Sprachlernmotivation die Einstellungen gegenüber der Zielsprache und ihren Sprecher/-innen eine zentrale Rolle, wobei es äußerst schwierig ist, diese Aspekte auseinanderzuhalten. Die integrative Ursache wird auch in überarbeiteten Vorstellungen zu Motivation mitgedacht, wie etwa im *L2 motivational self system* (Dörnyei 2009b). Dabei wird jedoch wieder stärker ein lernerinterner Aspekt fokussiert, indem es vor allem um das Streben danach geht, die Lücke zwischen dem aktuellen und dem idealen Selbst als einem, das die Zweitsprache spricht, zu schließen. Welche Schwerpunkte die integrative Orientierung aufweist, hängt sicherlich nicht zuletzt vom Lernkontext ab, da die Zielsprachgemeinschaft in einem ungesteuerten Kontext natürlich eine gänzlich andere Rolle spielt als im Sprachkurs.

Die offensichtlich lernerexternen Faktoren werden stärker in Modelle einbezogen, die wie das *Biotische/ökologische Modell* von Aronin & Ó Laoire (2004) die soziale und kulturelle Einbettung des Individuuums beim Erwerb und Gebrauch von mehreren Sprachen betonen. Neben der Unterscheidung zwischen Multilingualität als individuellem und innerem Konstrukt und Multilingualismus als situativer Konstellation betonen sie insbesondere, dass die Mehrsprachigkeit – nach ihrer Terminologie die Multilingualität – von Personen von „all aspects of identity – for example emotions, attitudes, preferences, anxiety, cognitive aspect, personality type, social ties and influences and reference groups" (Aronin & Ó Laoire 2004: 18) beeinflusst wird. Während Multilingualismus diesen Ausführungen zufolge stark mit interindividueller Diversität beschäftigt ist, soll Multilingualität als ein individuelles Subset für die komplexe Vereinigung von verschiedenen Faktoren stehen. Dieses stellt somit gewissermaßen die linguistische Identität der mehrsprachigen Person dar, deren Anpassungsfähigkeit und Ausgleichsbemühung im sozialen Kontext Rechnung getragen werden soll.

Diese Ablehnung des vorwiegend kognitiv-mentalen Schwerpunktes und der Hervorhebung des soziokulturellen Aspekts kann ebenfalls in Ansätzen beobachtet werden, die der soziokulturellen Theorie des Zweitspracherwerbs verpflichtet sind – wie etwa im *Identitätsansatz* oder im *sozio-kulturellen Ansatz* des Zweitspracherwerbs (Norton & McKinney 2011; Lantolf 2011; Atkinson 2011). Diese teilen wesentliche Grundannahmen der sozialen Einbettung mit jeweils unterschiedlicher Schwerpunktsetzung, wobei aber etwa der Identitätsansatz als einen wesentlichen Teil auch Machtfragen miteinbezieht, die mit der Sprachverwendung und der Teilnahme an Gemeinschaften verbunden sind. Die Idee, dass Spracherwerb nicht als ausschließlich kognitiver Prozess betrachtet werden kann, hat sich zwar in unterschiedlichem, aber dennoch in jedem Fall bedeutendem Ausmaß in sämtlichen gebrauchsorientierten und gebrauchsbasierten Ansätzen etabliert (Kramsch 2002; Beckner et al. 2009; Ellis 2014).

Die besondere Interaktion zwischen sozialem Umfeld und Spracherwerb zeigt sich auch in der deutschen sozialwissenschaftlichen SINUS-Studie zu den Lebenswelten eingewanderter Personen. Aufgrund umfassender Befragungen und Erhebungen verschiedener Einwanderergruppen konnten im Rahmen der Untersuchung acht Migranten-Milieus herausgearbeitet werden, die sich nicht durch allgemeine ethnische Merkmale, sondern durch den sozialen Status, Wertvorstellungen und die Grundorientierung in Bezug auf Tradition, Modernisierung und Neuidentifikation unterscheiden (Wippermann & Flaig 2009). Auf dem aufgespannten Spektrum zwischen sozialem Status und Grundorientierung – vgl. Abbildung 2.4 – bilden sich bei Eingewanderten aus unterschiedlichen Herkunftssprachen und -kulturen gemeinsame lebensweltliche Muster aus. Das legt den folgenden Schluss nahe: „Menschen des gleichen Milieus mit unterschiedlichem Migrationshintergrund verbindet mehr miteinander als mit dem Rest ihrer Landsleute aus anderen Milieus" (Wippermann & Flaig 2009: 7). Eine genauere Charakterisierung der verschiedenen postulierten Milieus, die hier nur stichwortartig genannt und bildlich verknappt dargestellt werden, findet sich in Wippermann & Flaig (2009).

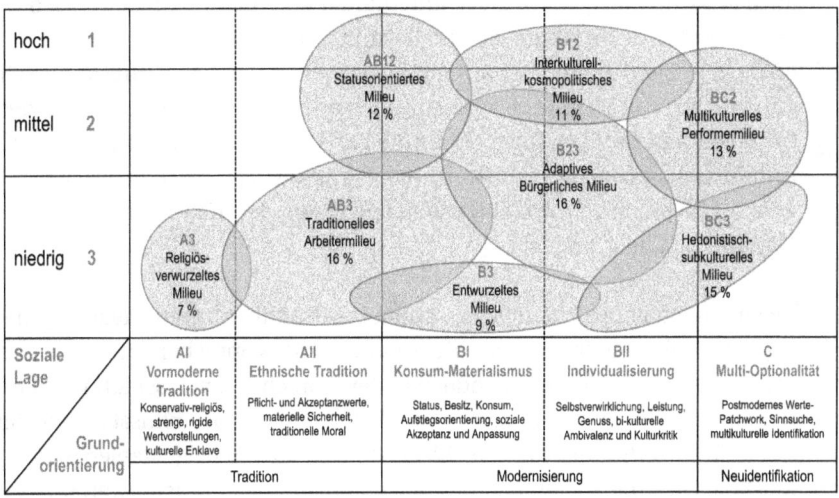

Abb. 2.4: Darstellung verschiedener Migrantenmilieus abhängig von sozialem Status und Grundorientierung nach Wippermann (2009: 8)

Die Darstellung von Milieus soll ein vielfältiges Bild der Personen, die in eine Sprach- und Kulturgemeinschaft eingewandert sind, ermöglichen und die fließenden Grenzen mit Berührungspunkten und Übergängen zwischen den einzelnen Milieus verdeutlichen. Abhängig von den Milieus unterscheiden sich auch die Einstellungen gegenüber Mehrsprachigkeit, die Bewusstheit für die Notwendigkeit sprachlicher Kompetenzen sowie die Bereitschaft, sie zu erwerben. Roche (2013: 194f.) fasst hierzu als wesentliche Erkenntnisse aus der Studie folgende Resultate zusammen:

- Viele Migrantinnen und Migranten, insbesondere in den soziokulturell modernen Milieus, haben ein bikulturelles Selbstbewusstsein und eine postintegrative Perspektive. Integration ist für sie kein Thema mehr. Dabei betrachten viele Migrationshintergrund und Mehrsprachigkeit als Bereicherung — für sich selbst und für die Gesellschaft. 61 Prozent der Befragten sagen von sich, sie hätten einen bunt gemischten internationalen Freundeskreis, wobei der Anteil in den gehobenen Milieus größer ist.
- 85 Prozent der Befragten sind der Meinung, dass Zuwanderer/-innen ohne die deutsche Sprache keinen Erfolg haben können, und betrachten offensichtlich die Beherrschung des Deutschen als wichtigen Integrationsfaktor.
- Deutsch scheint für viele eine zentrale Rolle im Alltag zu spielen, da sich 65 Prozent der Befragten im engeren familiären Umfeld überwiegend oder auch ausschließlich auf Deutsch unterhalten und für 82 Prozent Deutsch die Verkehrssprache im Freundes- und Bekanntenkreis darstellt.
- 68 Prozent der Befragten schätzen ihre deutschen Sprachkenntnisse als sehr gut oder gut ein. Weitere 26 Prozent geben an, über mittlere oder zumindest Grundkenntnisse zu verfügen. Der Anteil an Personen mit geringen Deutschkenntnissen ist dementsprechend sehr klein, wobei sich die geringsten Sprachkenntnisse im verhältnismäßig kleinen Segment der traditionsverwurzelten Migranten-Milieus finden.

Auch wenn damit natürlich nur sehr allgemeine Grundhaltungen wiedergegeben sind, spiegeln diese doch teilweise die Annahme, dass Spracherwerb auch stark von der sozialen Stellung der Individuen in der (Sprach-)Gemeinschaft, von ihren lebensweltlichen Rahmenbedingungen und von der Rolle beeinflusst ist, die den Sprachen für die Erfüllung von verschiedenen Funktionen beigemessen wird.

Konkret wird die soziolinguistische Dimension des Spracherwerbs in der deutschsprachigen Forschung nur vereinzelt aufgenommen. Dittmar & Özçelik (2006) stellen hierzu bei der Beschreibung des Kiezdeutschen bei Jugendlichen mit Deutsch als Zweitsprache mit ihren Vorstellungen zu „Interaktionsprofilen" und „Inputprägungen" eine interessante Ausnahme dar. Sie gehen im Rahmen ihrer Analysen davon aus, dass ein Modell für den Spracherwerb die Kommunikation in mindestens zwei Sprachen einbeziehen muss, die sie aufgrund von sehr variablen interaktionistischen Bedingungsfaktoren nicht auf die Termini *Erst-* und *Zweitsprache* reduzieren wollen. Solche Überlegungen müssen konsequenterweise dann auch auf die Variation innerhalb von Sprachen noch weitergedacht werden. Als Inputprägungen werden die gesamten sprachlichen Erfahrungen definiert; Interaktionsprofile entstehen parallel dazu durch die verschiedenen adressaten- und kontextspezifischen Kommunikationssituationen der Zweitsprachbenutzenden. In die Dynamik, die dabei eine Sprache oder eine spezifische Sprachgebrauchsform im Verhältnis zur anderen aufweist, beziehen sie auch Einstellungen der Sprecher/-innen mit ein. Dass die Gestalt des gesprochenen Deutsch „von den üblichen ‚bürgerlichen' Normen des gesprochenen Deutsch abweichen" (Dittmar & Özçelik 2006: 319) kann, erklären sie schließlich auch als Entsprechung zur Identität der Sprecher/-innen.

Montefiori (2017) bezieht solche Überlegungen zu sozial motivierten Inputprägungen und unterschiedlichen Interaktionsprofilen im Deutschschweizer Kontext spezifisch in ihrer Untersuchung zur Entwicklung der Präpositionalphrase im vorpubertären Spracherwerb mit ein. Sie widmet sich ausführlich der Dynamik, die zwischen Dialekt und Standard bei mehrsprachigen Jugendlichen beobachtet werden kann, und der Frage, wie soziale Bedingungen, aber auch Spracherfahrungen in- und außerhalb der Schule den Erwerb beeinflussen. Ihre Beschreibung der Interaktionsprofile der mehrsprachigen Jugendlichen verdeutlicht, dass diese den lokalen Dialekt als ihre primäre Varietät definieren. Die mehrsprachigen Jugendlichen verbessern über die Beobachtungsjahre hinweg bis zur 6. Klasse sowohl im Dialekt als auch im Standard die Zielsprachlichkeit bei der Realisierung von Präpositionalphrasen (etwa Artikelrealisierung und Kasuszuweisung); diese bleibt jedoch im Mittel etwas niedriger als in der Vergleichsgruppe der nur bidialektalen Jugendlichen und fällt insbesondere bei den dialektalen Realisierungen ab. Da die Unterschiede gerade in der von den Jugendlichen selbst als sozial vorrangig definierten Varietät stark ausgeprägt sind, argumentiert Montefiori dafür, dass die Schule auch in Bezug auf die bewusst gestaltete dialektale Inputprägung eine nicht zu vernachlässigende Rolle einnehmen soll.

Die Feststellung, dass Sprachkompetenzen abhängig von individuellen Faktoren sehr unterschiedlich beschaffen sein können, trifft schließlich nicht nur auf mehrsprachige Personen zu. Vielmehr unterscheiden sich auch Einsprachige stark in der jeweils erreichten Sprachkompetenz. Vereinfachend von einem/einer Muttersprachler/-in zu sprechen, trägt somit keinesfalls der Tatsache Rechnung, dass auch die Sprachkompetenz von erwachsenen Erstsprachsprecher/-innen interindividuell sehr variabel ist (Hulstijn 2015; Dąbrowska 2015). Als wesentliche Faktoren, die dazu führen, dass sich die Grammatik von Sprecher/-innen ebenfalls in ihren Erstsprachen unterscheidet, werden hauptsächlich Intelligenz,

Bildungsniveau (Literalität eingeschlossen), berufliche Tätigkeit, aber auch Freizeitaktivitäten und kognitives Alter angeführt. In einer sehr aktuellen Studie legt Dąbrowska (2018) hierzu aus einer Reihe von Tests neue und erhellende Erkenntnisse zu Sprecher/-innen des Englischen vor. Sie erfasste die Verstehensleistung grammatischer Konstruktionen (u.a. Passive, Relativsätze, Quantifizierer), den rezeptiven Wortschatz und die Kenntnis von Kollokationen, erhob die sprachliche Analysefähigkeit mithilfe der *Pimsleur*-Spracheignungstestbatterie, den nonverbalen Intelligenzquotienten und den Kontakt mit Schriftlichkeit. Diese sogenannte *print exposure* wird durch einen Autor/-innen-Kenntnis-Test gemessen, also durch die Angabe, welche von 120 Namen einem Autor/einer Autorin zugerechnet werden können. Ihre Analyse zeigt, dass die individuellen Unterschiede in der Grammatikbeherrschung mit den Unterschieden bei Wortschatz und Kollokationen vergleichbar sind. Kontakt mit Schriftlichkeit korreliert mit Wortschatz und Kollokationen und hat einen kleinen, aber signifikanten Effekt auf Grammatik; Ausbildung führt zu Variabilität in allen drei Bereichen, aber auf bescheidenem Niveau. Der nicht-verbale Intelligenzquotient erweist sich als relevant für Grammatik und Wortschatz, und sprachanalytische Fertigkeiten (*Sprachlerneignung*) stehen auch in deutlichem Zusammenhang mit Grammatik. Dass die verschiedenen sprachlichen Teilbereiche nicht nur von Faktoren beeinflusst sind, die das Ausmaß bestimmen, in dem mit einer großen Bandbreite von Sprache und damit diversem Wortschatz und verschiedenen Konstruktionen in Kontakt getreten wird, ist ein vorläufig neues und sehr interessantes Ergebnis. Inwiefern Sprachlerneignung auch beim Erwerb der ersten Sprache eine wesentliche Rolle spielt, wird sich in Zukunft durch weitere Untersuchungen zu verschiedenen Sprachen und Kontexten zeigen müssen.

Durch die obigen Ausführungen wurde aufgezeigt, dass die verschiedenen Einflussfaktoren häufig nicht trennscharf auseinanderzuhalten sind. Dies unterstreicht die Erläuterungen der vorangegangenen Kapitel, in denen eine striktdichotome Trennung zwischen personaler und sozialer Ebene im Sprachgebrauchs- und Sprachlernkontext an sich als nicht besonders zielführend dargestellt wurde. Personen, die Sprachen lernen und gebrauchen, tun dies immer im Rahmen von sozial-kommunikativen und kognitiven Prozessen, wodurch sich zahlreiche Verbindungen zwischen der personalen und der sozialen Ebene auftun. Die einzelnen Faktoren werden auf abstrakter Ebene auch als Wirkkräfte in Modelle inkludiert, wenngleich das genaue Zusammenwirken schlussendlich schwierig erfassbar ist (Spolsky 1989; Herdina & Jessner 2002). Viele Ausführungen wurden an dieser Stelle kurz und überblicksartig gehalten, da die meisten vorhandenen Einzelstudien aus der Forschung zum gesteuerten Spracherwerb stammen und bislang wenig Untersuchungen dazu vorliegen, wie die einzelnen Faktoren im ungesteuerten Erwerb von Erwachsenen – aber auch bei Kindern und Jugendlichen – aus unterschiedlichen Sozial- und Bildungskontexten tatsächlich wirken (Ortega 2009: 145).

Durch diese Einblicke wird jedoch auch klar, dass in der vorliegenden Untersuchung nur einige der genannten Faktoren tatsächlich behandelt werden können. Zwar liegen umfangreichere Informationen zu den sozialen Beziehungen und den Sprachlernkontexten der Personen vor und es sind gleichzeitig auch ihre Einstellungen zu den vorhandenen Codes und ihre Sprachlernmotivation anhand der Selbstauskünfte bekannt; dennoch kann etwa abgesehen von den wenigen konkreten Einblicken in die auf Unterschiede hin orientierte Verarbeitung vom Dialekt und Standard keine allgemeine Aussage über kognitive Fähigkeiten für die Auseinandersetzung mit Sprache gemacht werden.

2.2 Der Sprachlern- und Sprachgebrauchskontext

2.2.1 Die soziodialektale Situation

Die Deutschschweiz eignet sich besonders für eine Untersuchung zum Erwerb von Variation, da hier im Alltag konsequent zwei Sprachformen – regionale Dialekte und (Schweizer) Standardsprache – nebeneinander gebraucht werden (Berthele 2004; Werlen 1988; 1998; Christen et al. 2010). Die verschiedenen alemannischen Dialekte dominieren in der alltäglichen Kommunikation zwischen Einheimischen, werden häufig auch in informeller geschriebener Kommunikation verwendet und sind im Schweizer Fernsehen und Radio (mit Ausnahme von Nachrichten) präsent. Schweizer Standarddeutsch hingegen bestimmt situationsgebunden überwiegend geschriebene Kommunikation, den Sprachgebrauch in institutionalisierten Kontexten oder im Unterricht. Daneben kommt es adressatenbezogen besonders in der Kommunikation mit Personen aus anderen deutschsprachigen Ländern oder mit Personen, von denen aus anderen Gründen keine Dialektkompetenz angenommen wird, zum Einsatz. Dabei soll die Standardverwendung vor allem das gegenseitige Verständnis sichern. Diskursbezogen kann Hochdeutschgebrauch in der Form von Einfügungen in dialektalen Sprachgebrauch zur Hervorhebung oder Markierung eines – nicht zwangsläufig geschriebenen – Zitates beobachtet werden.

Vor allem aufgrund der funktionalen Verteilung wird diese Sprachsituation traditionell als Diglossie bezeichnet (Ferguson 1959), mit dem Dialekt als Low(L)-Varietät und dem Standard als High(H)-Varietät. Betrachtet man neben der funktionalen Verteilung die Unterscheidungskriterien Prestige, literarische Tradition, Spracherwerb, Standardisierung, Stabilität, Grammatik, Lexikon und Phonologie, fallen jedoch Diskrepanzen zwischen der traditionellen Diglossiemodellierung und der Schweizer Situation auf. Die Standardsprache wird zwar in öffentlichen, formellen und vorwiegend geschriebenen Kontexten verwendet, ist standardisiert, dem literarischen Erbe verpflichtet und wird durch schulische Bildung erworben, während Dialekte von Kindern in ihrer Sprachentwicklung zuerst erworben werden und besonders – aber eben nicht ausschließlich – in privaten und informellen Kontexten verwendet werden. Der intuitiven Annahme vieler Sprecher/-innen, Standardvarietäten wären grammatisch komplexer als Non-Standardvarietäten, widersprechen in den letzten Jahren ausgehend vom Ansatz der soziolinguistischen Typologie (Trudgill 2009) verschiedene Untersuchungen zum Zusammenhang von sprachlicher Komplexität und sozialen Faktoren wie Isolation und Sprachkontakt (Baechler & Seiler 2016).[9] Schließlich kann den Dialekten im Schweizer Kontext auch kein schlechtes Prestige ausgewiesen werden. Vielmehr werden Dialekte zwischen Schweizerinnen und Schweizern ohne soziale Markierung über alle Gesellschaftsgruppen hinweg gesprochen; Dialekte gelten daher als Ausdruck lokaler Identität (Werlen 2005: 26), natürlich mit unterschiedlicher Feingliedrigkeit. Mag das Dialektsprechen an sich als grundsätzlich schweizerisch betrachtet werden, so identifiziert es eine Person, die ihn verwendet, darüber hinaus allerdings noch sehr viel kleinräumiger als aus einer bestimmten Gegend stammend.[10]

Für die Erklärung des zentralen Stellenwerts des Dialektsprechens in der Deutschschweiz werden Abgrenzung (gegenüber den Deutschen), Widerspiegelung des Föderalismus oder Hochwertung der Nähesprache (Werlen 2005: 28–29) herangezogen, über deren genaue Gewichtung und Interaktion nur gemutmaßt werden kann. Die Allgegenwärtigkeit und der zentrale Stellenwert der Dialekte unterscheidet die Schweizer Situation sehr deutlich von den meisten anderen deutschsprachigen Regionen, in denen etwa wie in Teilen Österreichs zwar re-

---

9 Baechler (2016) zeigt etwa für die Flexionsmorphologie bei Nomen, Adjektiven und Artikeln, dass die deutsche Standardvarietät nicht komplexer ist als Non-Standardvarietäten und dass hohe Komplexität nicht zwangsläufig durch Standardisierung, sondern vielmehr auch durch Faktoren wie Isolation und Sprachkontakt beeinflusst wird.

10 Während der Arbeit am vorliegenden Projekt wird bei den Swiss Music Awards 2014 dem Rapper Bligg für die Single „MundART" die Auszeichnung Best Hit National verliehen. Er versucht parodisierend in verschiedenen Dialekten zu rappen und um den Wettstreit zwischen den einzelnen Dialekten zu schlichten, mimt er schließlich einen Migranten: „Eh was isch Mann, dem s'Schwiz isch doch vill z'chli für Striitt • und zum das feschtstelle, bruuchts wieder eine wie mich • oder was? Un gans abgseh devo: • gschribe wird ims Hochdüütsch sowieso • Asso gumm. Bier drinke, Friede schlüsse und gnüsse", bevor mit dem harmonischen Refrain das Happy End eingeleitet wird: „Eusi MundART isch vielfällig • mängs Fremde isch überwältigt • s'Sprachagebot i eusem Land isch gross • grächnet im Verhältnis • Eusi MundART isch wie du • Eusi MundART isch wie ich • Eine für all - all für eine • dänn am End simmer all glich." Die Umschrift wurde am 10.3.2014 www.bligg.ch/wp-content/uploads/Track-6_MUNDART.pdf entnommen, steht dort jedoch inzwischen nicht mehr zur Verfügung.

gionale Sprechweisen vital sind, jedoch nicht über ein vergleichbares Prestige verfügen und gezielt eingesetzt werden können, um gewisse spezifische soziale Bedeutungen wie Bildung, (In-)Kompetenz, Emotionalität usw. zu signalisieren (Ender & Kaiser 2009; Soukup 2015). Dort verfügt die regionale Sprechweise über ein „funktionales Prestige", da sie besonders auf der Dimension der sozialen Attraktivität, nicht aber der Kompetenz punkten kann (Soukup 2009: 128). In der Schweiz ist dialektales Sprechen in diesem Sinne jedoch unmarkiert. Es unterscheiden sich höchstens die einzelnen schweizerdeutschen Dialekte im Bezug auf die ihnen entgegengebrachten Einstellungen, wobei es bislang wenig detaillierte linguistische Untersuchungen, sondern nur grobe Einblicke aus der Meinungsforschung gibt.[11] Dass bestimmte Dialekte nicht so hoch geschätzt werden, kann weniger auf deren lautliche Beschaffenheit zurückgeführt werden als vielmehr auf die soziale und wirtschaftliche Stellung ihrer Region und der involvierten Sprecher/-innen, da beispielsweise klassische Urlaubsdestinationen deutlich besser abschneiden. Leemann et al. (2015) unterstützen durch den Vergleich von Berndeutsch und Thurgauerisch durch Schweizer/-innen und nicht-deutschsprachige Personen die Annahme, dass es sich bei den Bewertungen der Dialekte weniger um inhärente phonetische Ästhetik als vielmehr um gelernte soziale Assoziationen handelt. Denn während Zürcher Hörer/-innen eine klare Präferenz für Berndeutsch an den Tag legten, konnte eine solche Präferenz bei dialektunvertrauten Hörer/-innen aus Paris und Cambridge nicht beobachtet werden. Über solche kleinräumige Bewertungsunterschiede hinweg ist Dialektsprechen in der Schweiz prominent und präsent.

Aufgrund der oben angesprochenen Schwierigkeiten wurde die Frage, ob es sich bei der Schweizer Sprachsituation um eine klassische Diglossie oder um Bilingualismus handelt, kontrovers diskutiert.[12] Auf der Basis verschiedener Aspekte wie funktionale Verteilung und Vollständigkeit, gegenseitige Verständlichkeit, Schwierigkeit in der Messbarkeit des Abstandes oder Einstellungen in der Sprachgemeinschaft kommen die Forschenden zu unterschiedlichen Schlüssen (Ferguson 1959; Kolde 1981; Haas 2004; Werlen 1998; Berthele 2004) und machen unterschiedliche terminologische Vorschläge. Von diesen finden diejenigen hier kurz Erwähnung, die der genauen Beschreibung der Sprachsituation für den vorliegenden Untersuchungskontext besonders dienlich sind. Auf der Basis der Beobachtung, dass die Entscheidung über die Varietät vor allem durch die Wahl des Mediums

---

11 Siehe hierzu beispielsweise etwa – danke an Helen Christen für diesen Hinweis: http://www.news.ch/Berndeutsch+ist+der+beliebteste+Schweizer+Dialekt/103486/detail.htm, 16.8.2018.
12 In dieser Arbeit wird entsprechend der allgemeinen und in diesem Sinne neutralen Praxis der Begriff des „Codes" (Gardner-Chloros 2009: 11) eingesetzt: „Nowadays code is understood as a neutral umbrella term for languages, dialects, styles/registers, etc."

(schriftlich/mündlich) bestimmt wird, prägte Kolde (1981) den Begriff der *medialen Diglossie*. Diese Unterscheidung erscheint angesichts der zunehmenden alltäglichen Relevanz von elektronischen Medien wie E-Mails und Kurznachrichten, in denen der Dialekt im privaten und informellen Bereich sehr präsent ist, zumindest teilweise überholt. Da die Dialekte in der Schweiz beinahe alle Aufgaben abdecken, die in anderen deutschsprachigen Ländern vom gesprochenen Standard erfüllt werden, argumentiert Ris (1990: 43) für eine Zweisprachigkeitssituation. Berthele (2004: 127) schließt sich dem Begriff vor allem aus der sprachpsychologischen Perspektive und auf Basis der Einschätzungen von dialektsprechenden Personen an. Werlen (1998) hingegen betont mit dem Terminus „asymmetrische Zweisprachigkeit" die Ungleichverteilung der beiden Codes auf den Ebenen der Produktivität, Rezeptivität und gegenseitigen Verständlichkeit bei Sprecherinnen und Sprechern des Dialekts und einer standardnahen Varietät: Dialekt wird vorwiegend gesprochen und gehört, selten gelesen; Standard häufig geschrieben und gelesen, aber auch gehört. In Bezug auf die Verständlichkeit wird meist davon ausgegangen, dass Deutschschweizer/-innen andere Deutschschweizer Dialekte ebenso verstehen wie Standarddeutsch, Deutsche dagegen nur Standarddeutsch – d. h. während den Schweizerinnen und Schweizern zumindest passiv beide Varietäten zur Verfügung stehen, gilt dies für Sprecher/-innen der Standardvarietät nicht im selben Maße.

Diese konzeptuellen Unterscheidungen lassen jedoch eine andere unbeeinflusst, nämlich die Vorstellung der kompletten Getrenntheit der beiden Codes bei den Mitgliedern der Sprachgemeinschaft. Dialekt und Standard lassen sich von Sprecherinnen und Sprechern von Deutschschweizer Dialekten in Produktion und Rezeption eindeutig auseinanderhalten.[13] Es existiert kein Kontinuum zwischen Dialekt und Standard, wie Christen (2000: 247) und Hove (2008: 63) darlegen, auch wenn Mischformen sprachtheoretisch und praktisch denkbar sind (Berthele 2004: 21). Verstöße gegen diese impliziten Gebrauchsnormen werden bei einheimischen Sprecherinnen und Sprechern selten, jedoch insbesondere in Gesprächen mit Allochthonen von Petkova (2011) und Christen et al. (2010: 130–136) berichtet. Eine explizite Normierung gibt es nicht, vielmehr herrscht bei den Dialektsprachigen ein regelrechter Wille zur Diglossie und zur Aufrechterhaltung des kognitiven Modells der strikten Trennung zwischen Dialekt und Standard (Ender & Kaiser 2009; Petkova 2012). „Und es sind nicht nur die Linguisten, es ist in erster Linie die Gesellschaft, die an der Ideologie des diglossischen Sprachlebens festhält" (Petkova 2012: 137).

---

[13] Das gilt natürlich nicht für jede einzelne sprachliche Einheit, da die beiden Codes eine beträchtliche Anzahl von homophonen Diamorphen (*homophonous diamorphs*) (Muysken 2000: 131) besitzen. Diese Einheiten können ohne entsprechendes sprachliches Umfeld nicht eindeutig einem der Codes zugewiesen werden.

In der detaillierten Analyse zur Sprachwahl beim Polizeinotruf (Christen et al. 2010: 13–136) werden einige Fälle von *Foreigner Talk* oder Sprachverhalten, das den impliziten Normen der strikten Trennung entgegenläuft, aufgedeckt. Daneben beschäftigt sich auch Petkova (2016) mit Formen von multiplem Code-Switching, wie sie es in besonderen interaktionalen Mediensituationen – wiederum unter Beteiligung von Allochthonen – im Rahmen der Sportberichterstattung beobachten konnte. Die Bedingungen, unter denen es bei autochthonen Personen zu ausgeprägten Mischphänomenen kommt, scheinen somit eingeschränkt und spezifisch zu sein. Die Beobachtungen aus der Sportberichterstattung ordnet sie dem liminalen Bereich zu, d. h. einem Übergangsbereich oder Schwellenzustand, in dem herrschende Ordnungen teilweise aufgelöst sind.

> Dies lässt darauf schliessen, dass das multiple CS [Code-Switching] in der Sprachgemeinschaft kaum in grossem Umfang verbreitet ist. Im Deutschschweizer Kontext überrascht sein Vorkommen dennoch. Es zeugt davon, dass der Umgang der Deutschschweizer Sprachgemeinschaft mit ihren Varietäten zwar nicht gänzlich unter neuen Vorzeichen steht, doch inneren Bewegungen ausgesetzt und für Erweiterungen des stilistischen Repertoires offen ist. (Petkova 2016: 315)

Im Medienkontext ist das Spiel oder der kreative Umgang mit bestehenden Normen somit eher akzeptiert, was Veränderungen im und Abweichungen vom herkömmlichen Umgang mit Dialekt und Standard bewirken kann, deren längerfristige und breite Wirkung natürlich weiter untersucht werden muss.

Üblicherweise treffen sich die beiden Codes jedoch für sprechende oder zuhörende Personen auf keiner Art von Kontinuum, da Äußerungen immer klar auf ihre Zugehörigkeit zu Dialekt oder Standard hin klassifiziert werden können. Dies widerspricht natürlich nicht der Tatsache, dass Dialekt und Standard grundsätzlich variabel sind. Hove (2008: 71) spricht innerhalb der beiden Codes etwa von zwei Kontinua: „ein in erster Linie geographisch bedingtes Kontinuum der Dialekte auf der einen Seite, ein in erster Linie stilistisch bedingtes Kontinuum der als standardsprachlich geltenden Varietäten auf der anderen Seite. Zwischen den beiden gibt es keinen Übergang". Es werden von den Mitgliedern der Sprachgemeinschaft Übergangsbereiche zwischen schweizerdeutschen Dialekten akzeptiert und ebenfalls kontinuierliche Übergänge von mehr oder weniger von regionalen Merkmalen geprägte Formen des schweizerischen Standards, dazwischen ziehen Autochthone jedoch eine klare Grenze.

In der besonderen Deutschschweizer Situation nimmt daher die Frage, welchen Code man im Gespräch mit einer aus einem anderen Sprachraum zugezogenen Personen verwendet, eine besondere Rolle ein. Schweizer/-innen gebrauchen den Dialekt auch in Gespräch mit Allochthonen, wenn auch in deutlich geringerem Ausmaß als mit Autochthonen (Ender & Kaiser 2009; Christen et al. 2010). Denn die Entscheidung mit Migrant/-innen Dialekt zu sprechen, ist in sich mehrdeutig. So kann es als Bereitschaft betrachtet werden, jemanden als Teil der Gemeinschaft zu betrachten und zu behandeln, aber auch als mangelndes Entgegenkommen, sich auf eine Sprachform einzulassen, die für Nicht-Muttersprachler/-innen möglicherweise einfacher zu verstehen ist (Christen et al. 2010: 61). Die beiden angesprochenen Überlegungen spiegeln sich auch in den folgenden beiden Äußerungen von Dialektsprechenden aus einer Fragebogenumfrage zur Sprachverwendung (Ender & Kaiser 2009):

(a) Manche im Prinzip fremdsprachigen Kollegen sprechen auch schweizerdeutsche Dialekte; mit ihnen spreche ich natürlich Dialekt.
(b) Ich verwende CH für jene, die in der CH leben und es daher auch verstehen (müssen). Mit den andern spreche ich Hochdeutsch.

In Beispiel (a) fokussiert die Person auf den Einschluss der zugezogenen Personen in die Gruppe der Dialektsprechenden, den sie abhängig davon macht, welche Sprachwahl die Allochthonen selbst getroffen haben. In Beispiel (b) hingegen drückt die Person eine deutlich präskriptivere Haltung gegenüber dem Dialekt als Code erster Wahl in der Deutschschweizer Lebenswelt aus und lässt Standard nur als Ersatz zu, wenn die Verständigung nicht gesichert sein sollte. Insgesamt belegen Untersuchungen (Ender & Kaiser 2009; Christen et al. 2010), dass Schweizer/-innen grundsätzlich auch mit Nicht-Muttersprachler/-innen ihre lokalen Dialekte sprechen, allerdings in geringerem Ausmaß. Wenn Deutschschweizer Sprechende auf neue Interaktionspartner/-innen treffen, orientieren sie sich in ihrer Sprachwahl an der Sprechweise der Allochthonen und an deren Signalen bezüglich der Zugehörigkeit zum Lebensraum Deutschschweiz anhand von Begrüßung oder Selbstidentifikation (Christen et al. 2010: 120–122). Angesichts der Diversität von zugewanderten Personen und von Gesprächskonstellationen gibt es auch nicht nur eine angemessene Sprachform und folglich Variation in der Verwendung von Dialekt oder Standard.

2.2.2 Unterschiede zwischen den Codes

Die verschiedenen schweizerdeutschen Dialekte gehören (mit Ausnahme von Samnaun im Nordosten Graubündens) dem alemannischen Dialektraum an, wobei sie sich spezifischer noch in Niederalemannisch (Basel-Stadt), Hochalemannisch (Schweizer Mittelland) und Höchstalemannisch (mit dem Wallis als Hauptgebiet) einteilen lassen (Hotzenköcherle 1984). Da sich der alemannische Dialektraum seit althochdeutscher Zeit stark differenziert hat, ist es synchron – im Gegensatz etwa zum im Osten angrenzenden Bairischen – nicht mehr möglich, spezifische phonologische und morphologische Struktureigenschaften zu definieren, die die einzelnen Dialektgruppen einheitlich charakterisieren (Wiesinger 1983: 829). Für die genaue orts- bzw. regionsspezifische Beschreibung von sprachlichen Merkmalen muss an dieser Stelle deshalb auf umfassende und spezialisierte Quellen verwiesen werden: auf das Schweizerische Idiotikon, das seit 1881 zusammengestellt wird (www.idiotikon.ch), den Sprachatlas der deutschen Schweiz (Baumgartner & Hotzenköcherle 1962–1997; Christen et al. 2012), das Projekt zur Dialektsyntax des Schweizerdeutschen (Glaser 2006; Bucheli Berger et al. 2012) mit dem Syntaktischen Atlas der deutschen Schweiz (SADS) (Glaser 2021) und weitere Übersichtswerke (Hotzenköcherle (1984; 1986) u.a.). Es sollen jedoch in weiterer Folge einige Charakteristika besprochen werden, die im Hochalemannischen weit verbreitet sind und die die Abgrenzung zum Standarddeutschen verdeutlichen können.

Trotz großer Verwandtschaft und Ähnlichkeit weisen hochalemannische Dialekte und der schweizerische Standard eine Reihe von unterscheidenden Merkmalen auf. An dieser Stelle soll noch einmal festgehalten werden, dass es missverständlich wäre, im schweizerdeutschen Kontext von einem Dialekt zu sprechen, da es in der schweizerdeutschen Dialektlandschaft eine Vielzahl von verschiedenen alemannischen Varianten gibt (Christen et al. 2012) und neben bzw. sogar innerhalb der genannten Kriterien beträchtliche inneralemannische Variation existiert.[14] Im Fall der in dieser Arbeit besprochenen Zweitsprachbenutzenden spielen für die eine Hälfte vor allem das Berndeutsche, für die andere das Aargauerische eine wichtige Rolle, wobei gleichzeitig bei allen Personen von Kontakt mit anderen alemannischen Varianten durch persönliche Kontakte, Medien oder Mobilität innerhalb der Deutschschweiz auszugehen ist. Wenn im Folgenden auf „Kantonsdialekte" Bezug genommen wird, so handelt es sich dabei um ethnolinguistische Kategorien, die weder über innere Homogenität noch klare Abgrenzung nach außen verfügen, sondern vielmehr prototypisch strukturiert sind (Christen 2010).

Da die Intentionen von Sprechenden in der Wahl des einen oder anderen Codes von den Zuhörenden erkannt werden, argumentiert Hove (2008: 63) etwa dafür, dass Dialekte und Standardsprache nicht nur abgrenzbare soziopsychologische Einheiten sind, sondern auch durch Sets von distinkten Eigenschaften auseinandergehalten werden können. Dafür postuliert sie drei verschiedene Arten von

---

[14] So definiert Hove (2008: 69f.) sogar für die „eindeutigen" Varianten dialektbasierte oder lexembasierte Einschränkungen. Das bedeutet, dass eine eindeutig standardsprachliche Variante wie *[wir] singen* etwa im Berner Oberland oder im Wallis dialektal ist oder dass es bei Einzelwörtern zu Ausnahmen kommen kann – „vor allem wenn das Wort relativ jung ist". So wird etwa auch *i miinem Bereich* neben *i miinem Beriich* als dialektal verstanden, wenngleich natürlich *i meinem Beriich* keine für autochthone Sprecher/-innen denkbare Kombination wäre.

Varianten: (1) eindeutig dialektale Varianten, (2) eindeutig standardsprachliche Varianten und (3) ambige Varianten:

> Zu den Varianten, deren Vorkommen die betreffende Sprachform eindeutig dem Dialekt zuweist, zählen unter anderen die nicht diphthongierten mittelhochdeutschen Monophthonge. Die Variante *Huus* zum Beispiel gehört klar dem Dialekt an, kein Deutschschweizer würde beim Sprechen der Standardsprache *Huus* sagen, sondern immer *Haus*. Umgekehrt würde man im Dialekt nie *Haus* sagen, sondern immer *Huus* (oder *Hüüs*, *Huis*). (Hove 2008: 66)

Abbildung 2.5 veranschaulicht diese Kategorisierung und die Schnittmenge, die zwischen Dialekt und Standard auch aus rezeptiver Sicht[15] besteht. *Haus* wäre somit eindeutig im standardsprachlichen Pool, *Huus* im dialektalen. Eine Variante hingegen, die ohne unterscheidende Wirkung in beiden Codes vorkommen kann, wäre die Affrikate *pf* wie in *Topf*. Hier müssen zusätzlich noch andere sprachliche Merkmale wie (Nicht-)Aspiration des /t/s für die Auskunft über die Codezuweisung herangezogen werden. Bei der Aussprache des *k*-Lautes kann die affrizierte [kx]-Aussprache, die im Dialekt üblich ist, auch im Standard vorkommen – das wäre einer der Fälle, die in der Grafik als Varianten derselben Variable bezeichnet werden, welche über die gezogenen Codegrenzen hinweg eingesetzt werden können.

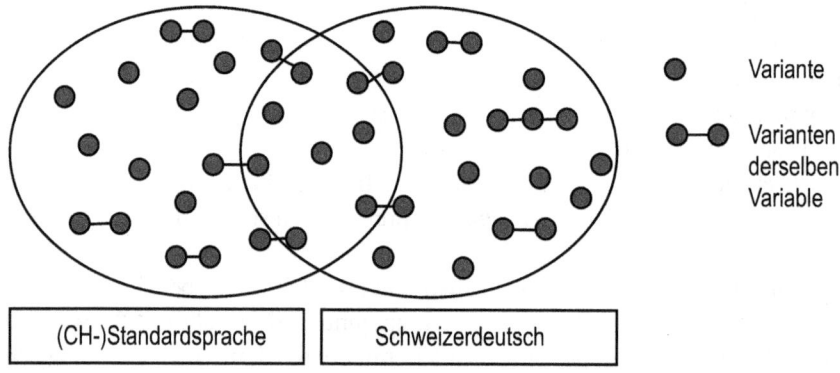

Abb. 2.5: Illustration von verschiedenen Variantentypen (dialektal, standardsprachlich und ambig) von Hove (2008: 64)

---

15 Damit wird vorausgesetzt, dass die Sprecher/-innen selbst aus produktiver Sicht grundsätzlich eine klare Absicht haben, einen der beiden Codes zu verwenden.

Hove (2008) präsentiert einen nicht-exhaustiven Überblick über einen Pool von Eigenschaften, die zur Kategorisierung von Sprache als dialektal oder standardsprachlich herangezogen werden können. Da eine solche Kategorisierung für die vorliegende Untersuchung zentral ist, werden an dieser Stelle ausgewählte Merkmale erwähnt, die einzelne sprachliche Einheiten oder Äußerungen auf verschiedenen Ebenen aus dem uneindeutigen und überschneidenden Bereich der beiden Codes hervortreten lassen:[16]

Lautliche Varianten:
- Die auf nicht-diphthongierte mittelhochdeutsche Monophthonge rückführbaren [iː], [uː], [yː] anstelle von standardsprachlich [ai], [aʊ], [ɔy] identifizieren sprachliche Einheiten jeweils eindeutig als Dialekt. Entsprechend stehen sich im Dialekt und im Standard *Muus* und *Maus* ‚Maus', *bliibe* und *bleiben* ‚bleiben', *Füür* und *Feuer* ‚Feuer' gegenüber.
- Ebenso eindeutig sind die Realisierungen von auf mhd. *ie, uo, üe* zurückgehenden fallenden dialektalen Diphthonge [iə], [uə], [yə] im Dialekt und die standardsprachlichen Varianten [iː], [uː], [yː] wie etwa in *lieb* und *liib* ‚lieb', *Blueme* und *Blume* ‚Blume', *Brüeder* und *Brüüder* ‚Brüder'.
- Die Realisierung von <st> oder <sp> als [ʃt] / [ʃp] ist eine dialektale Variante, während [st] und [sp] als standardsprachlich gelten. Das führt zu eindeutigen Variantenpaaren wie etwa bei *Fescht* und *Fest* ‚Fest'.
- Wenngleich innervokalisches <h> auch im Dialekt wegfallen oder als [h] realisiert werden kann, so ist eine abweichende Realisierung in der Form von [j] oder [x] wie in *früecher* ‚früher' oder *määje* ‚mähen' eindeutig dialektal.

Daneben gibt es kleinräumigere Varianten wie etwa die *l*-Vokalisierung (*Vogu* ‚Vogel' oder *haub* ‚halb') oder die *nd*-Velarisierung (*Hung* ‚Hund'), die gerade für die Erhebung im Berner Raum zur eindeutigen Zuordnung von sprachlichen Einheiten zum Dialekt dienen können.

Morphologische Varianten:
- Für das Präfix *ge*- zur Bildung des Partizip Perfekt ist die Variante /k-/ eindeutig dialektal und /gə/ eindeutig standardsprachlich, deshalb stehen sich Paare von *gmacht* und *gemacht* ‚gemacht' gegenüber.

---

[16] Für umfassendere Auflistungen von Varianten siehe Hove (2008). Die hier genannten sind zwar an jene von Hove (2008) angelehnt, in Ausnahmen jedoch anders klassifiziert und ergänzt: So wird etwa Tempusbildung und das Fehlen des Präteritums hier nicht als syntaktische, sondern als morphologische Variante geführt und das Zusammenfallen von Akkusativ und Nominativ bei maskulinen Nominalphrasen auf morphologischer Ebene hinzugefügt.

- Bei der Endsilbe *-en* wird standardsprachlich [(ə)n] realisiert, während in den allermeisten Dialekt nur [ə] vorkommt, wie es etwa in *schriibe* und *schreiben* ‚schreiben', in *Garte* und *Garten* ‚Garten' der Fall ist.
- Das Zusammenfallen von Nominativ und Akkusativ bei männlichen Nominalphrasen ist eindeutig dialektal. Im Dialekt wird sowohl im Nominativ wie im Akkusativ *de Maa* bzw. *dr Maa* ‚der/den Mann' gesagt, während hier im Standard eindeutig zwischen *der Mann* für Nominativ und *den Mann* für Akkusativ unterschieden wird.
- Das Präteritum zur Markierung der Vergangenheit ist eindeutig standardsprachlich, während das Perfekt natürlich auch im Standard verwendet wird, dann allerdings in der Regel aufgrund von lautlichen Kriterien zugeordnet werden kann. So ist *ich ging* eindeutig standardsprachlich, während *i bin gange* die dialektale Realisierung der Vergangenheit darstellt, die natürlich im Standard auch *ich bin gegangen* lauten könnte.

Bei einer Reihe von Hilfs- und Modalverben ebenso wie Kurzverben bestehen im Dialekt und Standard hinsichtlich ihres gesamten Paradigmas starke Unterschiede.

Syntaktische Varianten:
- Das Adverb *wo* wird im Dialekt anstelle von genus- und kasussensitiven Relativpronomen sehr umfassend für die Markierung des Relativsatzanschlusses eingesetzt, während es im Standard nur in vergleichsweise eingeschränkter lokaler Bedeutung Verwendung findet. So stehen sich im Dialekt und im Standard unterschiedliche relativsatzeinleitende Elemente gegenüber, z. B. *d Frau, wo...* oder *dr Bueb, wo...* im Gegensatz zu *die Frau, die...* oder *der Bub, der....*
- Die Dialekte haben erstarrte Infinitivpartikel wie *go* bei Bewegungsverben, die im Standard nicht realisiert werden können. Das *go* bei *du goosch go schaffe* ‚du gehst arbeiten' muss im Standard definitiv wegfallen; gleiches gilt für *er chunnt cho luege* ‚er kommt schauen', wo wiederum das sogenannte erstarrte *cho* im Standard nicht realisiert werden kann.

Daneben gibt es noch einige lexikalische Besonderheiten, von denen ausgewählte auch in der Kreation von eigenem Erhebungsmaterial zum Einsatz gekommen sind, vgl. Abschnitt 3.2.2. Eine Reihe von dialektalen lexikalischen Einheiten unterscheidet sich nämlich nicht nur in der Lautung vom jeweiligen standardsprachlichen Pendant, sondern wird durch ein Lexem mit einem anderen sprachhistorischen Bezug vertreten – etwa *schaffe* anstelle von *arbeiten* oder *Tsieschtig* anstelle von *Dienstag*. Des Weiteren gibt es einige wenige dialektale Lexeme, für die es nicht ein einzelnes standardsprachliches Lexem mit derselben Bedeutung gibt: *büeze* ‚gegen Geld arbeiten', *chrüpple* ‚schwer arbeiten', *moorggse* ‚mühsam arbeiten', *schäffe*-

le ‚langsam arbeiten' usw. (Siebenhaar 1997 unveröffentlicht). Für ursprünglich standardsprachliche Lexeme, insbesondere aus dem kulturellen, wirtschaftlichen oder wissenschaftlichen Bereich, ist es umgekehrt möglich, aber nicht zwingend notwendig, sie lautlich an den entsprechenden lokalen Dialekt anzupassen und von *Inszenierig* ‚Inszenierung', *Sprochverhalte* ‚Sprachverhalten' oder *Siubeschnitt* ‚Silbenschnitt' zu sprechen.

Auch wenn sich das dialektsprachliche und standardsprachliche System in vielen Teilen sehr ähnlich und stellenweise sogar beinahe identisch sind, verdeutlichen die obigen Auflistungen, dass es viele unterscheidende Merkmale auf allen linguistischen Ebenen gibt (Rash 1998). In vielen Untersuchungen, die den Kontakt oder die Abgrenzung zwischen den Codes thematisieren, wird abgesehen von autochthoner Sprachkompetenz keine Angabe zu den verwendeten Kriterien bezüglich der Differenzierung zwischen Dialekt und Standard gemacht. Im Kontrast dazu legt allerdings auch Petkova (2016: 33–34) explizit einen Katalog an Merkmalen dar, der ihr zur Unterscheidung dient. Durch einen zusätzlichen Bewertungstest unter Schweizer/-innen sichert sie das auf formalen Eigenschaften basierende Vorgehen ab, indem sie zeigt, dass insbesondere phonologisch und morphologisch dialektale Merkmale dazu führen, eine sprachliche Einheit als dialektal einzustufen. Ein solches, mehrheitlich kriteriengestütztes Vorgehen wird auch in der vorliegenden Untersuchung angewendet, wobei die dabei entstehenden Schwierigkeiten im Umgang mit nicht-autochthonem Sprechen zu einem späteren Zeitpunkt noch ausführlicher thematisiert werden.

2.3 Vom Umgang mit Variation im Zweitspracherwerb

Der Fokus auf die soziale Komponente drängt sich besonders im ungesteuerten Spracherwerb auf. Für Personen, deren Alltag von sozialer Interaktion in der zu erlernenden Sprache geprägt ist, stellt diese Sprache das Instrument zur Kommunikation und einen Teil des gemeinschaftlichen Lebens dar. In der Literatur wird deshalb häufig der Fokus auf Bedeutung im ungesteuerten Erwerb und der Fokus auf Form im gesteuerten Erwerb hervorgehoben (Ellis 2008a;b). Damit sollen der unterschiedliche Verlauf und die unterschiedliche Wahrscheinlichkeit, sich mit bestimmten Aspekten des Inputs auseinanderzusetzen und diese folglich zu erwerben, verdeutlicht werden. Im gesteuerten Erwerb, der zwar sehr viel stärker auf vorhandene Unterschiede im Input hinweist und zur Reproduktion dieser auffordert, fehlt allerdings häufig sozial und kontextuell bedingte Variation. Diese ist teilweise bedeutend stärker im ungesteuerten Erwerb beobachtbar, wenn Personen die Umgebungssprache in sehr diversen Kontexten – vom informellen Gebrauch im Freundes- und Familienkreis bis hin zur formell institutionellen Rede – erfahren.

Die Beschäftigung mit dieser Art von Variation im Spracherwerb ist jedoch eine vergleichsweise junge Erscheinung.

2.3.1 Die Dimensionen von Variation in der Zweitsprachforschung

In den Anfängen der Zweitspracherwerbsforschung wurde Variation mehrheitlich im Sinne von Entwicklungsmustern über den zeitlichen Verlauf hinweg betrachtet. Erst in den letzten zwei Jahrzehnten zog soziolinguistische und regionale Variation bei Nicht-Muttersprachler/-innen mehr Aufmerksamkeit auf sich (Dewaele & Mougeon 2004; Bailey & Regan 2004). Dahingehende Arbeiten sprechen verschiedene Aspekte an, etwa regionale oder kontextuelle phonetisch-variierende Realisationen (Beebe 1980; Drummond 2010), den besonderen Gebrauch von syntaktischen Konstruktionen in mehr oder weniger formalen Situationen (Regan 2004; Li 2010), oder die Verwendung von Anredeformen (Dewaele 2004b). Diese Arbeiten waren ebenso von variationslinguistischen Studien und quantitativer Soziolinguistik wie von traditioneller Zweitspracherwerbsforschung beeinflusst und mehrheitlich als Gruppenstudien mit verschiedenen Datensammlungsmethoden angelegt: Konversationen, soziolinguistische Interviews, Beobachtungen, Fragebogen u. a.

Gleichzeitig ist und bleibt Variation im Zusammenhang mit Spracherwerb ein mehrdeutiger Begriff – für einen Überblick über verschiedene Aspekte sei auf Romaine (2004) verwiesen. Auch sie betont, dass die Untersuchung von Variation lange Zeit auf die Unterschiede im Lernprozess fokussierte, die durch individuelle oder kontextuelle Charakteristika wie Alter, Aufenthaltsdauer oder Erstsprache erklärt wurden oder die als Merkmale einer bestimmten Sprachentwicklungsstufe beschrieben werden konnten. Frühe Studien zum natürlichen Erwerb des Deutschen durch Migrantinnen und Migranten mit romanischem Ursprung waren in dem Sinne soziolinguistisch orientiert, als dass sie sozialpsychologische Faktoren als mögliche Gründe für den Ablauf des Erwerbsprozesses oder für die eingeschränkten kommunikativen Mittel der Sprecher/-innen teilweise miteinbezogen (Heidelberger Forschungsprojekt „Pidgin-Deutsch" 1975; Becker et al. 1977; Meisel et al. 1981; Clahsen et al. 1983).

Der Terminus *Variation* referiert aber nicht nur auf bestimmte linguistische Merkmale des zweitsprachlichen Systems auf verschiedenen Entwicklungsstufen, sondern er wird häufig auch mit Abweichungen im Vergleich zum Sprachverhalten von muttersprachlichen Individuen gleichgesetzt. Rehner (2002: 15) betont in diesem Zusammenhang eine wichtige Unterscheidung bei variabler Sprachverwendung, wie sie auch in Abbildung 2.6 dargestellt wird. So muss die Alternation zwischen zielsprachlichen und nicht-zielsprachlichen Formen – sie nennt diese *type 1 variation* – von „alternation between forms that are each used by native speakers of the target language" (Rehner 2002: 15) – sogenannter *type 2 variation* – unterschieden werden. Durham (2014: 16–17) benennt diese beiden Arten von Variation auf der Basis ihrer Entstehungsgründe: Typ 1-Variation, also die Variation, die im zweitsprachlichen Lernprozess durch Abweichung von den Gebrauchsnormen der Zielsprache beobachtet werden kann und nicht in vergleichbarem Maße Teil des Sprachgebrauchs von Erstsprachsprecher/-innen ist, bezeichnet sie als „lernbedingte" (*learning-related*) Variation. Dem gegenüber nennt sie die von linguistischen und sozialen Faktoren beeinflusste Variation, die auch bei Muttersprachlerinnen und Muttersprachlern beobachtet werden kann, „zielbasierte" (*target-based*) Variation.

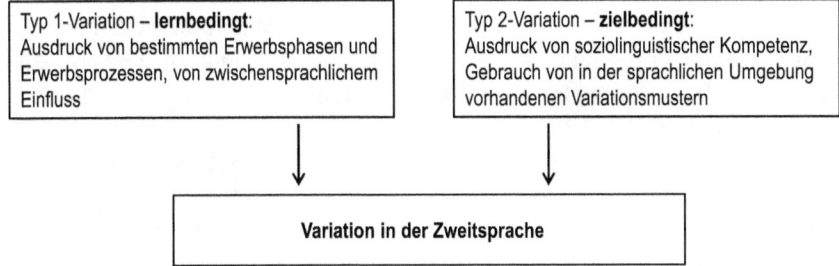

Abb. 2.6: Darstellung der verschiedenen Arten von Variation im Zweitspracherwerb nach Rehner (2002) und Durham (2014)

Durch den Fokus auf unterschiedliche Muster im Verlauf des Erwerbsprozesses und auf die kontinuierliche Annäherung der Lernenden an zielsprachliche Formen stand in der Zweitsprachforschung lange Typ 1-Variation im Vordergrund. Typ 1-Variation wird als ein zentrales und auffallendes Charakteristikum von Lernersprache betrachtet (Romaine 2004); sie folgt nicht zwingend einer Regelhaftigkeit oder leicht nachvollziehbaren Systematik. Verschiedene Zweitsprachlernende unterscheiden sich im Hinblick auf diese Art von Variation aufgrund individueller Unterschiede wiederum voneinander. Dies führt dazu, dass Lernende, die viel Input von anderen Lernenden erhalten, mit einer großen Menge an unvorhersehbarer Variation konfrontiert sind. Es gilt folglich:

> [A] language community that consists of primarily non-native speakers will always contain a high degree of unpredictable variation, both because of individual inconsistency within each L2 speaker and because different L2 speakers differ from each other. (Hudson Kam & Newport 2005: 154)

Sprache in unterschiedlichem Maße richtig oder falsch zu produzieren, ist ein inhärentes Merkmal von Lernersprache, das auch Variabilität genannt wird (Verspoor et al. 2008). Der Versuch, Variabilität nicht bloß als Auswirkung von externen Faktoren, sondern als „an intrinsic and central property of a self-organizing, dynamic system" (Verspoor et al. 2008: 229) zu analysieren, rückt zwar Entwicklungsstadien in den Vordergrund, befasst sich jedoch nicht mit Variation als Ziel des Erwerbsprozesses. Im Hinblick auf Sprachkompetenz ist es das Ziel der Lernenden, lernbedingte Variation zu reduzieren. Gegebenenfalls zählt zielbasierte Variation in der Form zur Absicht der Sprachbenutzer/-innen, dass die Zielsprache mit der Variationenvielfalt der Personen aus der umgebenden Sprachgemeinschaft verwendet wird. Die Untersuchung des zweiten Typs von Variation, nämlich wie Zweitsprachlernende und -benutzende mit der Variation aus dem Input umgehen, gelangte somit in verschiedenartigen Studien in den Mittelpunkt des Interesses – von Untersuchungen im Laborkontext zur generellen Fähigkeit von Lernenden, strukturelle Variation im Input zu meistern (Hudson Kam & Newport 2005) bis hin zu Studien zur Entwicklung von soziolinguistischer und soziopragmatischer Kompetenz in der Zweitsprache (Dewaele & Mougeon 2004; Bailey & Regan 2004; Howard et al. 2013). Im Fokus der vorliegenden Arbeiten liegt die Untersuchung von Dialekt-Standard-Variation als eine Form der zielbasierten Variation, doch auch die Frage nach Variabilität im Umgang mit Variation stellt ein wiederkehrendes Thema dar. Im Grunde könnte im vorliegenden Kontext zielbasierte Variation in zwei weiteren Formen thematisiert und untersucht werden, da sowohl innerhalb des zielsprachlichen dialektalen wie standardsprachlichen Systems Variation vorhanden ist. Dies würde jedoch ein deutlich umfangreicheres Korpus von allen Lernenden benötigen und ist somit nicht Ziel dieser Untersuchung.

Variation im Input wird von verschiedenen Faktoren bestimmt. Zunächst tritt in natürlichen Sprachen konsistente und zumeist vorhersagbare Variation auf, die durch den unmittelbaren linguistischen Kontext bedingt ist, und etwa zu unterschiedlichen Determinierern abhängig von Genus, Kasus und Numerus des Nomens führt. Des Weiteren kann Variation im Sprachgebrauch von Sprachgemeinschaften und Individuen von sozialen und anderen externen Faktoren bestimmt sein, z. B. Wahl von bestimmten Anredeformen abhängig vom Kontext und den sozialen Rollen der Beteiligten. In beiden Fällen verlangt die Variation von den Lernenden, dass sie sich ein Set von variierenden Elementen und Merkmalen aneignen sowie die angemessene Zuordnung zu linguistischen und sozialen Kontexten des Gebrauchs. Im Fall des Nebeneinanders von Dialekt und Standard müssen Lernende bestimmte linguistische Merkmale und Konstruktionen mit dem passenden Sprachsystem zusammenfügen, um einen koordinierten und bewussten Gebrauch von Dialekt und/oder Standard zu erreichen.

Die Fähigkeit, im kommunikativen Austausch mit anderen Personen zu wissen, wann und wie mit jemandem gesprochen, die Varietät gewechselt oder angepasst wird, bezeichnet man als *soziolinguistische Kompetenz*. Diese Fähigkeit wird – natürlich sowohl in der Erstsprache als auch in weiteren Sprachen – in engen Zusammenhang mit der Identitätskonstruktion von Sprecher/-innen gesetzt. Während Kinder durch Spracherwerb in eine Art vordefinierte Identität sozialisiert werden, bilden erwachsene Lernende einer weiteren Sprache durch den Spracherwerb eine neue Identität oder neue Identitäten aus, die sich ganz entscheidend davon unterscheiden können, ob alleine oder in der Gruppe, im natürlichen oder stärker gesteuerten Kontext gelernt wird – vgl. hierzu auch die Abschnitte 2.1.2 zum ungesteuerten Erwerb und 2.1.3 zu den allgemeinen Bedingungen des Spracherwerbs. Gerade bei erwachsenen Lernenden darf das selbstbestimmte Handeln hierbei nicht unberücksichtigt bleiben, weshalb im Zusammenhang mit dem Aufbau von soziolinguistischer Kompetenz auch *Agency* der Lernenden zentral ist, da ihre Vorstellungen von Angemessenheit abhängig von ihrer Wahrnehmung der kommunikativen Situation und ihren Zielen beim Sprachgebrauch wandelbar sind (Van Compernolle 2019: 873). Die Ausbildung von Identität ist von Zuschreibungen von außen abhängig, vor allem aber auch davon, wie Sprecher/-innen von anderen wahrgenommen werden wollen und sich selbst konstruieren. Deshalb schließt Regan (2010: 22):

> I will argue that the acquisition of L1 variation patterns by the L2 speaker is closely related to the multifaceted social identities which speakers create when they acquire another language.

Auch im Gebrauch von Dialekt und/oder Standard durch Zweitsprachler/-innen ist zu erwarten, dass die sozialen Erfahrungen, die Erwartungen an die sprachliche Umgebung und die anvisierte Position in der Sprachgemeinschaft zentrale Kriterien dafür sein können, in der eigenen Sprachwahl entweder eher für eine bestimmte Varietät zu optieren oder aber der Unterscheidung zwischen Codes an sich keinen zentralen Wert beizumessen. Soziolinguistische Kompetenz kommt schließlich auch bei Fragen der Gruppenzugehörigkeit und Gruppenbildung (inklusiv oder exklusiv) zum Tragen.

Regan (2010) zeigte anhand verschiedener Untersuchungen auf, wie Zweitsprachsprecher/-innen durch Auslandsaufenthalte oder im Immersionskontext in engem Zusammenhang mit dem Aufbau ihrer Identität Variationsmuster übernehmen oder kreativ anpassen. Sie kombiniert ethnographische Einblicke in die Zusammenhänge zwischen Identität, Macht und Auseinandersetzung mit Input, wie sie häufig durch die Aussagen von Einzelpersonen gewonnen werden, mit linguistischen Daten zu Variationsmustern. Insgesamt argumentiert sie dafür, quantitative Analysen des Sprachgebrauchs durch die Hinzunahme von qualitativen Daten besser interpretierbar und verständlich zu machen. Mit einer solchen Kombination versucht sie Belege für die aktive Rolle der Personen in der Aneigung von sprachlichen Ressourcen und Erklärungen für die besonderen Prozesse und Produkte beim Erwerb von soziolinguistischer Variation zu gewinnen.

Verschiedene Untersuchungen zum Erwerb von soziolinguistischer Variation, wie sie etwa im Überblick zum Thema von Howard et al. (2013) zusammenschauend Erwähnung finden, weisen nachdrücklich auf die durch Variation gegebene Herausforderung hin: Während sich Kinder grammatische und soziolinguistische Kompetenz gewissermaßen in untrennbarer Verknüpfung aneignen (Chambers 2009: 165–175), erweist sich der spätere Erwerb von soziolinguistischer Variation in vielerlei Hinsicht als schwierig.[17] Nicht alle Kontexte des Erwerbs scheinen gleichermaßen fruchtbar zu sein. Howard et al. (2013: 346) schlagen für verschiedene institutionelle und naturalistische Settings die folgende Hierarchie mit abnehmendem Potential für erfolgreichen Erwerb von soziolinguistischer Variation vor: natürlicher Kontext > Auslandsaufenthalt (*study abroad*) > Immersion > regulärer Unterricht. Diese Hierarchie verdeutlicht, dass insbesondere in Kontexten mit vermehrtem Kontakt mit autochthonen Sprecherinnen und Sprechern soziolinguistische Variation in höherem Maße erworben wird. Dies scheint die logische Konsequenz davon zu sein, dass die Lernenden dabei auch mit sprachlich heterogeneren Situationen konfrontiert sind, als sie der Unterrichtskontext bieten kann. Die Grundlage für solche Beobachtungen bietet im Wesentlichen Forschung zu Französisch als Zweitsprache und variablen Formen wie *ne*-Wegfall versus dessen Erhalt in der Verneinung (Regan 1996; Dewaele 2004a) oder zur Verwendung von *on* versus *nous* für die erste Person Plural (Rehner et al. 2003). Die Ergebnisse weisen darauf hin, dass ein Set von linguistischen, stilistischen, sozialen und psychologischen Faktoren – häufig auf zusammenhängende Weise – die soziolinguistische Entwicklung beeinflusst. Anhand einer ethnographischen Untersuchung unterstreicht Kinginger (2008) des Weiteren den wichtigen Einfluss der Identitätskonstruktion und der Einstellungen von Lernenden in ihrer Auseinandersetzung mit der Zweitsprache.

Wenngleich in der Deutschschweiz Dialekt-Standard-Variation eine herausragende Bedeutung einnimmt, wurde sie und die mit ihr verbundene soziale Bedeutung in den wenigen bestehenden Untersuchungen zum Zweitspracherwerb Erwachsener bisher gar nicht oder mit einer sehr vernachlässigten Rolle in Untersuchungen miteinbezogen.

---

17 Dass sich mit steigendem Alter und den daran anknüpfenden kognitiven und sozialen Eigenschaften des Individuums auch durchaus der grammatische Erwerb verändert, wurde in Abschnitt 2.1.3 bereits ausgeführt.

In einer ethnolinguistischen Studie mit griechischen Arbeitsmigrant/-innen in der Deutschschweiz untersuchte de Jong (1986) deren Spracherwerbs- und Kommunikationsbedingungen, unterscheidet dabei aber nicht systematisch in Bezug auf verschiedene im Alltag präsente Varietäten des Deutschen. Die Ergebnisse zum Gebrauch einer „Deutschvarietät" liefern interessante Einblicke dazu, wie sich die sozialen Arbeits- und Lebensbedingungen auf den Spracherwerb auswirken. So hält sie etwa fest, dass „die ungünstigeren sozialen Voraussetzungen der untersuchten Griechinnen in Bezug auf den Deutscherwerb im Vergleich zu den Männern [...] sich tatsächlich in der syntaktischen Struktur ihrer Deutschvarietät auszuwirken [scheint]" (de Jong 1986: 297). Die konkrete Unterscheidung zwischen Standardsprache und lokalem Dialekt wird aber nur am Rande thematisiert, wenn etwa festgehalten wird, dass sich nichtstandardsprachliche Realisierungen „nur zu einem kleinen Teil auf die gesprochene Varietät der Standardsprache bzw. auf die zürichdeutsche Regionalvarietät zurückführen" (de Jong 1986: 298) lassen. Die soziale Bedeutung der Regionalvarietät wird aber in der Studie nicht vertieft.

Eine ähnlich zweitrangige Rolle nimmt Dialekt-Standard-Variation auch in der diskursanalytischen Untersuchung von Frischherz (1997) zum Zweitspracherwerb von kurdischen und türkischen Asylwerbern in der Deutschschweiz ein. Er bearbeitet detailliert die Gesprächsmechanismen, die den ungesteuerten Zweitspracherwerb beeinflussen und untersucht, inwiefern berichtete individuelle Lernwelten, beobachtbare Gesprächstechniken und der Lernerfolg der Asylwerber zusammenhängen. Dialekt-Standard-Variation wird dabei in der Analyse zur Bearbeitung von produktiven und rezeptiven Problemen nicht erwähnt und herausgearbeitet, wobei die Absenz von Dialekt durch die Gestaltung der Gesprächssituation bedingt wird. In der Beschreibung der individuellen Lernwelten und der Sprachkontakte zu Muttersprachler/-innen erwähnt Frischherz (1997: 203), dass Arbeitskontakte von Dialekt geprägt seien, was aber zu Verständnisschwierigkeiten bei den Asylwerbern führe. Darauf aufbauend wird Dialekt kurz als Sprachbarriere dargestellt, die sich laut Frischherz aus verschiedenen Gründen ergeben könnte. Gerade Personen mit wenig formeller Bildung aus dem Arbeitsumfeld der Lernenden könnten mangelnde Praxis oder Mühe im Gebrauch der Standardsprache haben. Er führt aber auch die Möglichkeit aus, dass Dialekt von Schweizerinnen und Schweizern bewusst als Sprachbarriere eingesetzt wird, „um sich gegenüber den Asylwerbern abzugrenzen oder sie von der Kommunikation auszugrenzen" (Frischherz 1997: 211). In den Ausführungen zu den Lernerfahrungen und Lernvisionen der Asylwerber wird die Relevanz von lokal relevantem Dialekt nur punktuell eingeführt. Allgemein beschreibt Frischherz gerade für die Anfangsphase des Spracherwerbs bei Asylwerbern die Schwierigkeiten, dass die potentiellen Erfahrungen aus standarddeutschen Sprachkursen aufgrund von mangelnden Alltagskontakten zu Schweizer/-innen und der Diglossiesituation als Hürden für den Spracherwerb fungieren können (Frischherz 1997: 230), wobei seine Einschätzung vom Nutzen des Standarddeutschen und seiner Priorisierung im Kontext der Sprachvermittlung schließlich pauschal bleibt (Frischherz 1997: 237).

In ihrer Dissertation zum Deutscherwerb von thailändischen Immigrantinnen thematisiert Attaviriyanupap (2007) die besondere Erwerbssituation mit dem Nebeneinander von Dialekt und Standardsprache in der Deutschschweiz. Sie betont die Diskrepanz zwischen der im Sprachkurs dominanten Standardsprache und dem alltäglichen dialektalen Input, selbst wenn ihre thailändischen Probandinnen hauptsächlich Standardsprache sprechen würden. Die Untersuchung ist dem Erwerb der Morphosyntax des Verbs wie Realisation der verbalen Flexionskategorien oder Markierung von Finitheit und Verbstellung gewidmet. Zwar unterscheiden sich alemannische Dialekte und Standardsprache in Details in Bezug auf die Morphosyntax des Verbs, aber die Gesamtkomplexität und syntaktische Realisierung ist im Wesentlich vergleichbar und hebt sich ganz klar vom isolierenden Typ des Thailändischen, dem Flexion weitestgehend fehlt, ab. Wenngleich die Vermutung geäußert wird, dass der Dialekt auf das Erreichen von Zielsprachlichkeit im Standard hinderlich wirken könnte (Attaviriyanupap 2007: 247) – vermutlich durch die Präsenz von größerer Variation und Formenvielfalt bzw. unterschiedlich verteilten Synkretismen im Verbalparadigma (Attaviriyanupap 2007: 177) an sich, lässt sich dies durch den ausschließlich Fokus auf die Standardsprache und das Fehlen von Vergleichsdaten mit Personen ohne dialektalen Input nicht belegen. Die systematische Unterscheidung zwischen Dialekt und Standardsprache und Fragen zum Erwerb von beiden Codes nimmt insgesamt keine zentrale Stellung ein.

Wie linguistische, kognitive und soziale Faktoren bei Sprachlernenden interagieren, die im deutschsprachigen Kontext mit Dialekt und Standard konfrontiert sind, ist bis dato somit nicht untersucht worden.

2.3.2 Prozesse und Produkte im Umgang mit Variation

Da Spracherwerb ein sozialer Prozess ist, in welchem der Wissensaufbau durch das Zusammenwirken von sozialen Erfahrungen und kognitiven Mechanismen geschieht, soll an dieser Stelle zunächst auf Ansätze eingegangen werden, die häufig dazu dienen, um Prozesse der Angleichung im Sprachgebrauchskontext aus soziolinguistischer und aus kognitiver Sicht genauer zu erklären. Daher werden zunächst kurz die wichtigen Grundannahmen und Erkenntnisse der *soziolinguistischen Akkommodationstheorie* (Giles et al. 1991) eingeführt und es wird erläutert, wie sich diese vom neueren kognitiv-psychologisch orientierten Ansatz des *interaktiven Alignments* (Pickering & Garrod 2004; Garrod & Pickering 2009) unterscheiden. Im Anschluss daran folgt eine Diskussion verschiedener Ergebnisse zum Umgang mit Variation in verschiedenen Zweitsprachkontexten.

Entsprechend der Konzeptualisierung von Sprachgebrauch als gemeinsamem Handeln (*joint action*) (Clark 1996) kann dieser nur in der Kombination von individuellen und sozialen Prozessen verstanden werden. Sprachliches Handeln wird von mehreren Personen ausgeführt, die gemeinsam und aufeinander abgestimmt agieren, sodass Sprachgebrauch nicht nur die Summe von Sprecher/-in und Hörer/-in bildet, sondern durch das Abstimmen der Sprachhandlungen im Ensemble gekennzeichnet ist. Sprachgebrauch beinhaltet somit individuelle und soziale Prozesse. Sprecher/-in und Hörer/-in – dasselbe gilt natürlich für Schreiber/-in und Leser/-in, wenn auch bei geschriebenem Sprachgebrauch der Grad der Unmittelbarkeit, das Medium und die Kontrolle anders ausgeprägt sind (Clark 1996: 9) – müssen als Individuen handeln, wenn sie mit Sprachgebrauch erfolgreich sein wollen. Gleichzeitig ist es aber auch notwendig, als Teilnehmende einer sozialen Einheit zusammenzuarbeiten. Clark betont damit, dass Sprache und ihr Gebrauch weder allein als individueller noch als ausschließlich sozialer Prozess adäquat beschrieben werden kann:

> Cognitive scientists have tended to study speakers and listeners as individuals. Their theories are typically about the thoughts and actions of lone speakers or lone listeners. Social scientists, on the other hand, have tended to study language use primarily as a joint activity. Their focus has been on the ensemble of people using language to the neglect of the thoughts and actions of the individuals. If language use truly is a species of joint activity, it cannot be understood from either perspective alone. The study of language use must be both a cognitive and a social science. (Clark 1996: 24–25)

In der soziolinguistisch ausgerichteten Akkommodationstheorie werden die Prozesse des Angleichens im Sprachgebrauch an die Gesprächspartner/-innen als Produkt von sozial gesteuerten Mechanismen verstanden. So kann Konvergenz und Divergenz durch Phänomene der Anziehung von Ähnlichkeit (*similarity attraction*) usw. erklärt werden. Sprecher/-innen gestalten ihr Sprachhandeln in Abhängigkeit einer (nicht zwangsläufig bewussten) Abschätzung von Nutzen und Kosten der Angleichung an das Gegenüber (Giles & Powesland 1975). Die Kommunikationsakkommodationstheorie kann im Kontext von Zweitspracherwerb deshalb auch herangezogen werden, um Variation im Sprachgebrauch über Zeit und Raum hinweg zu erklären (Zuengler 1991).

Die Theorie des *sprachlichen Alignments* geht von vorwiegend automatischen Prozessen der Anpassung in sprachlicher und sozialer Interaktion aus (Pickering & Garrod 2004; Garrod & Pickering 2009). Erfolgreiches Sprachhandeln verlangt, dass die Beteiligten angepasste Repräsentationen (*aligned representations*) auf allen sprachlichen Ebenen ausbilden. Im Dialog oder in der Kommunikation wirken daher auf allen sprachlichen Ebenen Primingmechanismen, während diese zwischen den Ebenen gleichzeitig durchlässig sind. Anpassung auf einer Ebene kann so Anpassung auf einer anderen Ebenen begünstigen oder fördern.

Während die kognitiv orientierte Alignmenttheorie stark von automatischen und unbewussten Prozessen ausgeht, ist die Kommunikationsakkommodationstheorie stärker sozial gesteuert. Sie untersucht die verschiedenen Gründe oder Motive, warum Individuen die sozialen Differenzen zwischen sich selbst und den am Gespräch beteiligten Personen in verbaler oder nicht-verbaler Kommunikation betonen oder verringern möchten. Die beiden Ansätze schließen sich jedoch nicht grundsätzlich aus, sondern sind im Rahmen eines allgemein soziokognitiven Ansatzes kompatibel. So zeigt beispielsweise eine neuere Studie zu syntaktischer Anpassung von Weatherholtz et al. (2014), dass Anpassung von sozialen Faktoren wie Wahrnehmung des Gegenübers, eigener Kompromissbereitschaft, Einstellungen zu Varietätengebrauch usw. vermittelt wird. Objekt der Anpassung war die Art der Realisierung der englischen *dative*-Konstruktionen, die als doppelte Objekt-Konstruktion (*to give the boy a book*) oder als Präpositionalobjekt-Konstruktion (*to give the book to the boy*) versprachlicht werden können. Dabei konnte in der Untersuchung zwar ein allgemeiner Anpassungseffekt – gemessen an der Häufigkeit der Realisierung von Doppelobjekt-Konstruktionen versus Präpositionalkonstruktionen – an einen vorher gehörten Stimulus nachgewiesen werden, dieser trat jedoch darüber hinaus abhängig von anderen Faktoren unterschiedlich stark auf. Dieses Stimulusmaterial wurde in 12 Versionen präsentiert, indem die Konstruktion (Doppelobjekt- vs. Präpositionalkonstruktion) mit politischer Orientierung (stereotypisch liberal vs. konservativ bezogen auf Regierungsausgaben) gekreuzt und schließlich von drei Personen mit unterschiedlichen Akzenten eingesprochen wurde (wahrgenommene weiße und afro-amerikanische US-Mittelland-Sprecherin und Sprecherin mit starkem Mandarin-Akzent). Dadurch konnte aufgezeigt werden, dass der genaue Grad der Anpassung von einer Reihe sozialer Faktoren beeinflusst wird, nämlich von der wahrgenommenen Standardsprachlichkeit des Akzents der sprechenden Person, von der wahrgenommenen Ähnlichkeit mit der sprechenden Person oder etwa auch der Kompromissbereitschaft der Zuhörer/-innen, wobei höhere Ausprägung auf diesen Dimensionen zu jeweils stärkerer Anpassung führte.

Auch im Zweitspracherwerbs- und Klassenzimmerkontext gibt es einige wenige Untersuchungen, die das Potential von Anpassung als Einfluss auf die sprachliche Entwicklung der Sprachlernenden verdeutlichen. Atkinson (2010: 612) betont etwa:

> Regarding human–environment interaction, our online ability to align our behavior with our surroundings is largely what keeps us alive. This includes learning from those surroundings—finding exploitable features that enhance adaptivity.

Entsprechend sollte Anpassung als ein grundlegendes Charakteristikum von sozialer Interaktion ebenfalls im Rahmen von kollaborativen Aufgaben zu beobachten sein. Atkinson selbst verdeutlicht durch qualitative Analysen von Nachhilfe-Lernsituationen die Rolle von Einbindung (*engagement*), Interaktion (*interaction*) und Beobachtbarkeit (*visibility*), die schließlich alle in Anpassung (*alignment*) aufgehen. Trofimovich et al. (2014) untersuchten Anpassung in einem Klassenzimmerkontext, in dem die Lernenden im Hinblick auf ihr sprachliches Wissen, ihre Lerngeschwindigkeit und möglicherweise auch ihre durch den fremden Sprachgebrauch unterschiedlich beeinflusste Identitätskonstruktion vergleichsweise heterogene Voraussetzungen mitbrachten. Basierend auf der Annahme, dass Anpassung nach sehr allgemeinen Prinzipien funktionieren sollte – und so auch in heterogenen Lernendengruppen –, untersuchten sie Betonungsmuster in mehrsilbigen englischen Wörtern im Rahmen verschiedener kollaborativer Aufgaben und erfassten hierbei den Einfluss der Peer-to-Peer-Interaktion. Die Untersuchung zeigt, dass die Lernenden einen höheren Anteil richtig betonter Wörter von der akademischen Wörterliste (*AWL – academic word list*) produzierten, wenn ihre Gesprächspartner/-innen im vorausgehenden Diskurskontext mehrsilbige Wörter mit demselben Betonungsmuster realisiert hatten. Dabei wurde allerdings nicht erhoben, inwiefern die Lernenden im Vorfeld bereits Wissen über die einzelnen Betonungsmuster verfügbar hatten oder durch die Übungen aufbauen konnten.

In natürlichen Sprachen ist zielbasierte Variation meistens konsistent und vorhersehbar und kann sprachliche Konstruktionen, Elemente oder Merkmale auf den verschiedenen linguistischen Ebenen betreffen. Eine Möglichkeit der Bedingtheit von Variation ist der unmittelbare sprachliche Kontext, etwa bei der Übereinstimmung des Determinierers mit dem Nomen in Genus und Kasus oder aber auch im Falle von Allophonie, wenn beispielsweise die Realisierung von <ch> abhängig vom vorangehenden Vokal stärker palatal oder uvular/velar ausfällt. Variation kann aber auch von sozialen oder interaktionalen Faktoren bestimmt sein. Die Verwendung von Anredepronomen *du* oder *Sie* ebenso wie auch die Wahl von bestimmten Sprachformen wie Dialekt oder Standardsprache wird grundsätzlich vom sozialen Kontext des Gesprächs, den Beteiligten, ihren Rollen und auch ihren bewussten und unbewussten Intentionen gesteuert. Das bedeutet, dass Lernende ein Set von variierenden Elementen zusammen mit dem Wissen um entsprechende angemessene Gebrauchskontexte erwerben müssen, um die Zielsprache in adäquater und mit der Umgebungsgemeinschaft vergleichbarer Weise benutzen zu können. Gleichwohl muss an dieser Stelle festgehalten werden, dass es nicht zwangsläufig das oberste Interesse aller Lernenden bzw. Zweitsprachbenutzenden sein muss, sich muttersprachlicher Kompetenz anzunähern (Firth & Wagner 2007: 765). Viele Lernende helfen sich mit verschiedenen interaktionalen Strategien über sprachliche Defizite hinweg, sodass es ihnen möglich ist, die notwendigen sozialen Beziehungen aufrechtzuerhalten.

Mechanismen der Annäherung und Abweichung betreffen das sprachliche Handeln zwischen Zweitsprachbenutzenden und anderen Sprecher/-innen der Zielsprache. Da beide Parteien von erfolgreicher Kommunikation profitieren, ist es in ihrem Sinne, im Gespräch das gemeinsame Handeln entsprechend auszurichten. Orientierung an der Sprache der Gesprächspartner/-innen kann zu Formen der kurz- und langfristigen Konvergenz wie auch Divergenz führen, die von externen sozialen Variablen und den Sprachverarbeitungsmechanismen der Individuen beeinflusst sind. So wurde etwa im Kontext von Kreolisierung auch der unterschiedliche Effekt von Variation im Input bei kindlichen und erwachsenen Lernenden genauer untersucht (Hudson Kam & Newport 2005). Die grundlegende Frage ist hierbei, welche Rolle kindliche und erwachsene Sprachbenutzer/-innen bei der Bildung von Kreolsprachen einnehmen. Die Auseinandersetzung damit, welche unterschiedlichen Prozesse dabei zum Tragen kommen, soll der Tatsache Rechnung tragen, dass Lernende den Input in ausreichender Menge so verändern können, dass sich Sprachwandel vollzieht. In einer Reihe von aufeinander aufbauenden Studien wurde gezeigt, dass im Falle von nicht-konditionierter Variation – z. B. tritt ein Determinierer in einem bestimmten Anteil der Fälle auf, ohne dass dies an eine Bedingung geknüpft werden könnte – erwachsene Lernende eher dazu neigen, die Variation aufzunehmen, während Kinder regularisieren (Hudson Kam & Newport 2005). Wenn die nicht-konditionierte Variation jedoch dadurch verkompliziert wird, dass verschiedene Determinierer konkurrieren, neigen auch erwachsene Lernende eher zu Regularisierung (Hudson Kam & Newport 2009). Hudson Kam (2015: 911) fasst die Situation folgendermaßen zusammen:

> Thus, it seems that while children are very likely to regularize variation in language, adults will as well under certain circumstances. Indeed, in related literature on iterated learning, where learners get a previous learner's output as their input, chains of adult learners almost always end up regularizing over variation.

In gewissem Umfang sind erwachsene Lernende jedoch insgesamt durchaus in der Lage, sprachliche Variation zu reproduzieren.[18] Dies zeigen Studien mit verschiedenen Ausgangslagen, die an dieser Stelle anhand des Kriteriums, wie ausgeprägt typischerweise die natürliche Interaktion mit Sprechenden ist, geordnet sind:

---

18 Im nicht-sprachlichen Kontext gibt es ältere Forschungsergebnisse zum Probabilitätslernen (Estes (1976) zitiert nach Hudson Kam (2015)), die durchaus auch in der Soziolinguistik rezipiert wurden und belegen, dass Erwachsene die Wahrscheinlichkeiten von Ereignissen aus ihrer bisherigen Erfahrung vorhersagen.

- Erwerb von Miniatursprachen in experimentellen Kontexten,
- Fremdspracherwerb im Unterrichtskontext,
- Auslandsstudienaufenthalt im zielsprachlichen Land,
- Immersion,
- *Lingua franca*-Einsatz einer Sprache,
- ungesteuerter Zweitspracherwerb auf verschiedenen Erwerbsstufen.

Die verschiedenen Untersuchungen zeigen trotz teils sehr unterschiedlicher Ausgangslagen und Lernkontexte, dass Lernende die im Input vorhandene Variation in Abhängigkeit von verschiedenen Faktoren reproduzieren, wobei Komplexität und Zugang zur Variation die wichtigsten sind. Auf solche Ergebnisse zu den verschiedenen Kontexten soll nun exemplarisch detaillierter eingegangen werden.

Systembedingte Variation
Besonders im Hinblick auf erwachsene Lernende scheint die Evidenz über Art und Ausmaß des Erwerbs von Variation in Anbetracht der Pole der oben erwähnten Liste widersprüchlich. So zeigen etwa Untersuchungen zum ungesteuerten Erwerb, dass erwachsenen Lernenden konsistente Variation innerhalb eines Paradigmas große Schwierigkeiten bereitet. Die deutsche nominale Genuszuweisung und die damit verbundene Variation von zur Nominalphrase gehörigen Artikeln und Adjektiven führt bei einer beträchtlichen Menge von Lernenden zur regularisierten Verwendung von nur einigen wenigen Formen (Klein & Perdue 1993). Entsprechend beschreiben Klein & Perdue (1993: 10–11) den übergeneralisierten Gebrauch von *de* mit vielen phonologischen Varianten als übergeneralisierte Markierung von Definitheit. Solche Übergeneralisierungen von einzelnen Formen beobachten sie auch beispielsweise im Falle von *sie* für jede Art der Bezugnahme auf die dritte Person. Die Präposition *in* wird für die Markierung von vielen verschiedenen räumlichen Beziehungen verallgemeinert. Innerhalb der Klasse der Inhaltswörter kommt es zu Übergeneralisierungen, wenn etwa Verben mit deutlich übergeneralisierter Bedeutung – viel seltener jedoch Nomen – verwendet werden: Berichtet wird etwa die Verwendung von *gucke* für eine ganze Bandbreite von Verbbedeutungen wie ‚wahrnehmen', ‚suchen', oder ‚anschauen'.

Gleichzeitig gibt es experimentelle Befunde, die dafür sprechen, dass erwachsene Lernende sogar im Input vorhandene inkonsistente und unvorhersehbare Variation reproduzieren. Wenngleich sie sich dabei auch nicht immer im Einklang mit den Regeln der miniaturhaften Zielsprache befinden, so stellen sie doch auch keine abweichenden Muster auf und neigen nur bei stärkerer Komplexität zu Regularisierung (Hudson Kam & Newport 2005; 2009). Dies deutet ganz klar darauf hin, dass die Komplexität der Variation, die adäquat in ein erworbenes bzw. zu erwerbendes System integriert werden soll – und die in experimentellem Setting und im natürlichen Erwerb offensichtlich sehr verschieden ist –, sowie die Art und Weise, wie dem Input begegnet wird, ganz wesentlich sind. Diese Beobachtung wiederum lässt sich an die Definition von Komplexität aus der soziolinguistischen Typologie anknüpfen, indem sie als gleichbedeutend mit „the difficulty of the acquisition of a language, or a subsystem of a language, for adolescent or adult learners" (Trudgill 2009: 98–99) aufgefasst wird. Sind die Bestandteile und die Beziehungen innerhalb eines zu lernenden Systems vielfältig, so fällt der Erwerb auch erwachsenen Lernenden schwer.[19]

Sozial bedingte Variation
Neben diesen Erkenntnissen zu Variation innerhalb des sprachlichen Systems, die erworben werden muss, gibt es auch sozial bedingte Variation, d. h. unterschiedliche Verwendung von Varianten abhängig von kontextuellen oder auch regionalen Faktoren. Dabei haben verschiedene Untersuchungsstränge zu Lernenden in unterschiedlichen Kontexten außerhalb des deutschsprachigen Raums inzwischen zu einigen wegweisenden Erkenntnissen geführt. Dewaele (2004b: 434) fasst hierzu zusammen: „Patterns of interlanguage variation have been found to approximate the variation observed in native speech but only rarely to match it". Mit dieser Beobachtung drückt er aus, dass das Erreichen von Variationsfähigkeit in der Zweitsprache nicht selbstverständlich ist und dass das Maß, in dem soziolinguistische Variation in die Lernervarietät aufgenommen wird, variiert. Je nach Lernkontext sind Personen nur mit einer eingeschränkten Bandbreite von kommunikativen Situationen konfrontiert bzw. verlangt es eine längere Lernzeit, um heterogenere Interaktionen zu erfahren, weshalb soziolinguistische Kompetenz grundsätzlich mit fortgeschrittenem Spracherwerb assoziiert wird (Geeslin 2018). Da der allgemeine Lernkontext als ein wesentlicher Faktor für die Ausbildung von Variationskompetenz betrachtet wird, werden im Folgenden zentrale Ergebnisse entsprechend einer Zuordnung zu verschiedenen Lernumgebungen gegliedert.

Im Kontext des Fremdsprachenunterrichts gilt die allgemeine Beobachtung, dass mit soziolinguistischer Variation zurückhaltend umgegangen wird. Häufig werden umgangssprachliche Varianten und Sprechweisen oder ihre bewusste Kontrastierung mit Sprache in formelleren Kontexten vermieden. Im Zusammenhang mit der Realisierung einer chinesischen Partikel (DE) beschreibt Li (2010), dass die

---

19 In Zweitspracherwerbsstudien wird Komplexität zusammen mit Flüssigkeit und Richtigkeit häufig als ein Bestandteil des vielschichtigen Konstrukts von Sprachkompetenz analysiert; einen Überblick zu Studien am Beginn der 2000er-Jahre gibt *Applied Linguistics* 30/4 (Housen & Kuiken 2009).

Lehrpersonen und Textmaterialien die zumeist optionale Partikel sogar häufiger setzen als Muttersprachler/-innen. Da sich die Lernenden naturgemäß stark an der Sprache der Lehrpersonen und der Unterrichtsmaterialien orientieren, erlernen sie somit nicht zwangsläufig die Variationsfähigkeit von autochthonen Sprecherinnen und Sprechern der Zielsprache. Dies ist besonders für einzelne Phänomene bei der Zielsprache Französisch sehr gut belegt (Dewaele 2004a;b).[20] Die Variationsfähigkeit der Lernenden hängt dabei stark von der Intensität des Kontakts mit des Kontakts mit Autochthonen ab – interessanterweise legen Lernende im Gespräch mit muttersprachlichen Personen auch mehr informelle Varianten an den Tag. Daneben erweisen sich aber auch Persönlichkeitsmerkmale als einflussreich, da etwa extrovertierte Lernende für umgangssprachliche Formen empfänglicher scheinen (Dewaele 2004b). Dass Lehrpersonen den Studierenden mit der Auslagerung von soziolinguistischer Variation aus dem Unterricht nicht zwangsläufig einen Gefallen tun, betont Li (2010: 100):

> So, teachers very often choose to direct the students to a clear-cut and easy, or „safer" way of using certain language features that actually require a richer and much more detailed explanation. By so doing, teachers are actually leaving the task of noticing, trial-and-error, hypothesizing, and then possibly acquiring the variable TL [target language] forms to learners themselves in real-life interactions with NSs [native speakers] when opportunities present themselves.

Im Anliegen, für Lernende Komplexität zu verringern, wird daher Variation häufig ausgeblendet, wenngleich es vielversprechende Ansätze gibt, die Bewusstheit über soziale Bedeutung im gesteuerten Sprachlernkontext steigern wollen und Konzepte wie Indexikalität und Selbstdarstellung sowie Machthierarchien zu vermitteln suchen (Van Compernolle 2013; French & Beaulieu 2020). Solches Wissen über die soziale Bedeutung von Sprache und soziolinguistische Variation kann jedoch Lernenden auch auf niedrigeren Sprachniveaus helfen, gegenüber sozialer, regionaler oder situativer Variation aufmerksam(er) zu sein, und ihnen selbstbestimmte Wahlmöglichkeiten offerieren.

Gesteigerte Möglichkeiten für Kontakt mit der zielsprachlichen Gemeinschaft erhalten Fremd-/Zweitsprachbenutzende im Rahmen von Auslandsaufenthalten. Mehr alltägliche Spracherfahrungen mit Personen, die die Zielsprache sprechen, zeigen positive Effekte auf den Erwerb von soziolinguistischer Variation. Regan

---

20 Einen Überblick über verschiedene phonologische, morphosyntaktische oder lexikalische Variablen, die im Französischen untersucht wurden, gibt Dewaele (2004b). Einblicke in die englischsprachige Forschung werden von Howard et al. (2013) und Durham (2014) gegeben; daneben existieren vereinzelt Untersuchungen zu anderen Sprachen, aber keine mir bekannte Untersuchung zum Deutschen.

(1996) beobachtete Französisch-Studierende vor und nach einem Aufenthalt im französischsprachigen Umfeld und analysierte die Realisierung von *ne* in der französischen Verneinung. Wird das *ne* in der französischen das Verb umgebenden Verneinung *ne ... pas* weggelassen, entsteht eine umgangssprachlichere Variante. Rehner verzeichnet nach dem Auslandsaufenthalt eine deutliche Zunahme des Wegfalls in der Form von informellerem Register im freien Gespräch und Lexikalisierung bei häufig verwendeten Konstruktionen wie [ʃepa] *je sais pas* ‚ich weiß nicht' oder [sepa] *c'est pas* ‚das ist nicht' (Regan 2010: 27). Sie schließt daraus, dass die Studierenden im intensiveren Kontakt mit Autochthonen eine Art zu sprechen gelernt haben, die es ihnen möglich macht, sich in zielsprachlichen Umgebungen einzufügen. Dementsprechend belegt sie auch individuelle Unterschiede abhängig davon, wie fest entschlossen die Studierenden waren, in das französischsprachige Umfeld einzutauchen. Bei manchen Studierenden führte dies sogar zu einer zwischenzeitlichen Übergeneralisierung des Weglassens, die sich ein Jahr später auf eine variable Verwendung reduzierte. Wenngleich Regan (1997) hier bei einigen Personen den Zusammenhang mit der sozialen Variable der integrativen Orientierung herstellt, könnte der Grund dafür gegebenenfalls auch lediglich in nicht-sozial motivierter lernersprachlicher Übergeneralisierung liegen.

Vorliegende Ergebnisse zum Immersionskontext zeigen in dieselbe Richtung und unterstreichen, dass es insbesondere die Möglichkeiten für authentische Interaktion mit Personen in der Zielsprache sind, die das Erwerben von umgangssprachlicheren Formen ermöglichen. So zeigten Rehner & Mougeon (1999), dass Immersionsschüler/-innen in Ontario bei der französischen Verneinung die Standardvariante *ne ... pas* deutlich bevorzugten und dass der informelle *ne*-Wegfall – unabhängig von der Formalität des Gesprächsgegenstands – zwar auch durch das eigene sozioökonomische Umfeld, vor allem aber durch intensiveren Kontakt mit Frankophonen und französischsprachigen Medien bedingt war. Doch nicht immer ist Annäherung an die autochthone Sprachgemeinschaft das Ziel der Immersionsschüler/-innen. Im Falle von irischen Jugendlichen im Immersionskontext (Englisch als Erstsprache und Irisch als Zweitsprache) zeigt Regan (2010), dass diese sich durch eigene Muster des Code-Switchings mit Englisch, aber auch mit spezifischen Diskursmarkern (z. B. Verwendung des quotativen *like*) von der autochthonen Sprachgemeinschaft abheben wollen. Durch ihr abweichendes Sprachverhalten kreieren sie aktiv etwas Neues und stellen sich als junge, coole, urbane, mehrsprachige Personen dar, die die kanonische und traditionelle Repräsentation des Irisch-Seins ablehnen.

Kommunikativer Austausch im *Lingua franca*-Kontext ist insofern ein besonderer Kontext, dass es sich zwar um natürliche Interaktionen handelt, in diese aber nicht zwangsläufig Muttersprachler/-innen involviert sein müssen. In einer ebensolchen Konstellation untersuchte Durham (2014) das Sprachverhalten von

Schweizer Medizinstudierenden mit Deutsch, Französisch oder Italienisch als Erstsprache in der elektronischen Kommunikation über eine studentische Gesellschaft. Sie beschreibt drei verschiedene Endprodukte im Umgang mit Variation, die im Sprachgebrauch von Englischsprachigen vorhanden sind. Während die Lingua franca-Sprecher/-innen bei manchen variablen Phänomenen die Variation erworben haben (etwa bei der Wahl von Relativpronomen abhängig von Syntax, Belebtheit, Adjazenz oder Definitheit), produzieren sie in anderen Fällen vorwiegend eine Variante (wie dies bei *will* als bevorzugte Variante im Gegensatz zu *going to* der Fall ist). Das könnte auch auf ein allgemeines, erstsprachenübergreifendes Erwerbsproblem hindeuten. Als dritte Möglichkeit beschreibt sie am Beispiel der additiven Adverbien *also, as well* und *too* abweichende Variationsmuster zwischen den verschiedenen Gruppen, die sich mit den verschiedenen Erstsprachen in Zusammenhang bringen lassen. Sie zeigt damit, dass Gebrauchsmuster in einem Lingua franca-Kontext nicht notwendigerweise von der Variation in erstsprachlichen Kontexten losgelöste Wege gehen.

Einige wenige Studien nehmen auch den natürlichen Erwerbskontext in den Blick. Mit variationslinguistischen Untersuchungen zur Realisierung von *in/ing* durch kambodschanische und vietnamesische Zweitsprachsprecher/-innen des Englischen zeigten schon Adamson & Regan (1991), dass diese (nach fünf bis zehn Jahren Aufenthaltszeit) nicht nur die Häufigkeiten und das Bedingungsgefüge der Variation erworben hatten, sondern darüber hinaus auch noch spezifischer die Variation bestimmter sozialer Untergruppen. So wiesen die Männer durch eine hohe Verwendungshäufigkeit des umgangssprachlicheren apikalen *in* anstelle des velaren *ing* besonders das Variationsprofil von amerikanischen Männern auf. Der Erwerb von Variation kann in solchen Fällen als ein Zeichen von integrativer Ausrichtung betrachtet werden. Beebe (1980) stellte nicht nur Registerwechsel bei Zweitsprachbenutzenden (Thai Erstsprache, Englisch Zweitsprache) fest, sondern lieferte Belege dafür, dass die in der weiteren Sprache erworbene Variation durch soziolinguistische Variation aus der Herkunftssprache beeinflusst sein kann. Im englischen Kontext untersuchte Drummond (2010) anhand verschiedener phonologischer Variablen das Ausmaß, in dem lokale Varianten von eingewanderten Erwachsenen mit polnischer Herkunft übernommen werden. Dabei fällt auf, dass die allochthonen Sprecher/-innen zwar tatsächlich lokale Akzentmerkmale erwerben, dass dies jedoch zu einem beachtlichen Grad zwischen den Individuen variiert, was insbesondere auf soziale Gründe wie Aufenthaltsdauer und Englischniveau, aber in geringerem, wenn gleichwohl interessantem Ausmaß auch auf Gender, Identität und Einstellungen zurückzuführen ist. Für Jugendliche mit polnischem Hintergrund in London präzisierte Schleef (2017) im Hinblick auf *t*-Glottalisierung, dass Variation nach etwa zwei Jahren in ähnlichem Bedingungsgefüge wie bei Autochthonen in Erscheinung tritt. Erst ab etwa drei Kontaktjahren wird *t*-Glottalisierung als stilistisches Mittel genutzt, um soziale Bedeutungen wie Jugendlichkeit oder britische Urbanität auszudrücken.

Eine Studie aus dem Deutschschweizer Kontext soll zuletzt noch Erwähnung finden. Zanovello-Müller (1998) wählte im Rahmen ihrer Untersuchung eine andere Perspektive auf Sprachvariation bei italienischen Migrantinnen und Migranten, indem diese verschiedenen Formen von *Fremdarbeiterdeutsch*, wie sie es nannte, bewerteten. Sie untersuchte somit nicht das sprachliche Repertoire oder die Variationsfähigkeit der italienischen Migrant/-innen, sondern Einstellungen gegenüber verschiedenen Ausprägungen von sieben Lernervarietäten im mehrdimensionalen Raum zwischen „wenig vereinfacht – stark vereinfacht" und „Standarddeutsch – Schweizerdeutsch". Die bewertenden Personen urteilten über die am Standard orientierten Lernervarietäten positiver, bewerteten folglich vereinfachte standardorientierte Lernervarietäten besser als komplexere am Dialekt orientierte Lernervarietäten. Gleichzeitig wiesen ihre Ergebnisse auch darauf hin, dass insbesondere die affektiven Bewertungen der mittelmäßig vereinfachten und stärker am Schweizerdeutschen orientierten Varietät von der Gruppenidentität der Personen beeinflusst ist.

Diese Studien zeigen allesamt natürlich zum einen, dass sich nicht alle sprachlichen Merkmale, bei denen Variation beobachtet werden kann, im Kontext des Erwerbs als Zweitsprache gleich verhalten, weisen jedoch insbesondere auch darauf hin, dass die Art und Weise, wie Sprache sozial und kontextuell eingebettet ist, gerade für den Erwerb zielsprachlicher Variation von wesentlicher Bedeutung ist.

3 Material und Methoden

Die Frage nach dem Stellenwert von Dialekt und Standard im Zweitspracherwerb von erwachsenen Migrantinnen und Migranten wurde bislang keiner genauen Untersuchung unterzogen. Da das Ziel dieser Arbeit darin besteht, eine Bestandsaufnahme zu Erwerb und Gebrauch von Dialekt und Standard bei verschiedenen eingewanderten Personen vorzunehmen, mögliche Zusammenhänge zwischen dem Sprachgebrauch der Personen und Merkmalen auf verschiedenen Ebenen zu skizzieren und somit eine Basis für weitere Untersuchungen zu bereiten, soll mit einer explorativen Herangehensweise die Bandbreite von Faktoren linguistischer, sozialer, kognitiver und individueller Natur, die den Erwerb und Gebrauch von Dialekt-Standard-Variation in der Zweitsprache beeinflussen, ausgeleuchtet werden.

Sich für die richtige Datensammlung zu entscheiden, ist nicht immer einfach, so auch in der Zweitspracherwerbsforschung. Entlang der unterschiedlichen Dimensionen naturalistisch–experimentell und Produktion–Reflexion (Chaudron 2003: 764) stützen sich die verschiedenen Methoden auf freie oder elizitierte Rede oder auf nicht-sprachliche experimentelle Daten; für umfassende Überblicke sei auf die Methodenwerke von Mackey & Gass (2005) und Gass & Mackey (2007) verwiesen. Des Weiteren muss bei der Auswahl des Designs zwischen longitudinalen Fallstudien und Querschnittstudien unterschieden werden; Beispiele hierzu finden sich in Chaudron (2003: 774–776). Fallstudien liefern eine hervorragende Grundlage für tiefergehende Analysen individueller Lernprozesse, allerdings variieren Zweitsprachlernende stark in Prozess und Produkt ihres Spracherwerbs, weshalb Gruppenstudien Variation bzw. individuenübergreifende Aspekte besser erfassen können.

Die vorliegende Untersuchung baut auf einem explorativen Kleingruppen-Ansatz auf und kombiniert die Analyse von elizierter Rede, Übersetzungsaufgaben und metalinguistischen Beurteilungen. Dies geschieht mit der Absicht, die Interaktion von Dialekt und Standard im Repertoire der erwachsenen Zweitsprachbenutzenden in der deutschsprachigen Schweiz zu beschreiben. Ein Teil der verwendeten Methoden versteht sich als Versuch, soziolinguistische Variation im dialektalen Umfeld bei allochthonen Personen zu erheben, und steht deshalb entsprechend auf dem Prüfstand. Es wird sich zeigen müssen, inwiefern sich die gesammelten Daten für die Erforschung von ‚gemischten' Grammatiken bzw. für die Beantwortung der Frage, wie Dialekt und Standard in der Herausbildung des mehrsprachigen Systems interagieren, eignen.

3.1 Teilnehmerinnen und Teilnehmer

Die Frage nach dem Stellenwert von Deutsch als Zweitsprache besitzt in der Schweiz verschiedene Dimensionen, die nicht alle gleichermaßen für die vorliegende Untersuchung relevant sind. Die ständige Wohnbevölkerung der Schweiz ist mehrsprachig, nicht nur aufgrund der Tatsache, dass innerhalb der Schweiz verschiedene Landessprachen existieren. Von den gut 8,2 Mio. Einwohnerinnen und Einwohnern bezeichnen 63 % Deutsch oder Schweizerdeutsch, 23 % Französisch, 8 % Italienisch oder Tessiner/Bündner-italienischen Dialekt und 0,5 % Rätoromanisch als ihre Hauptsprache bzw. als eine ihrer Hauptsprachen, nachdem bis zu drei Nennungen pro Person berücksichtigt werden. 24 % geben eine andere Sprache als (weitere) Hauptsprache an, wobei hier Englisch, Portugiesisch und Albanisch die drei häufigsten Nicht-Landessprachen sind (vgl. Tabelle 3.1).[1]

Tab. 3.1: Die meistgenannten Hauptsprachen der Schweizer Wohnbevölkerung

Hauptsprachen	Prozent
Deutsch oder Schweizerdeutsch	62.8
Französisch	22.9
Italienisch oder Tessiner/Bündner-ital. Dialekt	8.2
Rätoromanisch	0.5
Englisch	5.1
Portugiesisch	3.7
Albanisch	3.1
Serbisch-Kroatisch	2.4
Spanisch	2.3
Andere Sprachen	7.5

Innerhalb der deutschsprachigen Region wird Deutsch von 85 % als Hauptsprache bezeichnet, 30 % nennen daneben oder ausschließlich eine andere Sprache als Hauptsprache. Doch nicht alle Personen mit anderer Hauptsprache haben Deutsch zwangsläufig als Zweitsprache erworben, da sie durchaus als individuell Mehrsprachige auch zur autochthonen Deutschschweizer Gemeinschaft gehören können. Umgekehrt müssen natürlich nicht alle Personen, die Deutsch als Hauptsprache angeben, zwangsläufig autochthone Sprecher/-innen sein. Zudem besitzt Deutsch nicht für alle Personen mit einer Zuwanderungsgeschichte den Status einer Zweitsprache. Die Gruppe von Migrantinnen und Migranten in der Schweiz

---

[1] https://www.bfs.admin.ch/bfs/de/home/statistiken/bevoelkerung/sprachen-religionen.html; 20. August 2018.

ist sehr heterogen, auch wenn es vielleicht je nach Regionen und Kontext gewisse Vorstellungen von prototypischeren Einwanderergruppen gibt. Laut Jahresstatistik für 2021 des Staatssekretariats für Migration SEM waren 2 190 293 Personen der ständigen Schweizer Wohnbevölkerung Ausländerinnen und Ausländer.[2] Ein nicht unbeträchtlicher Teil davon spricht allein schon aufgrund der Herkunft (Deutschland oder Österreich) zumindest eine Form von Deutsch als Erstsprache, und bei denjenigen Personen, die zwar noch eine ausländische Staatsbürgerschaft besitzen, jedoch schon seit mehreren Generationen in der Schweiz leben, ist der Status des Deutschen als Zweitsprache ebenso fraglich. Umgekehrt gibt es inzwischen eingebürgerte Personen, die Deutsch im Schweizer Kontext als weitere Sprache gelernt haben. Die zehn am häufigsten vertretenen Staatsangehörigkeiten unter der ständigen Schweizer Wohnbevölkerung sind in der folgenden Tabelle 3.2 dargestellt:

Tab. 3.2: Die zehn größten Gruppen der ausländischen Schweizer Wohnbevölkerung

Staatsangehörigkeit	Prozentualer Anteil
Italien	15
Deutschland	14
Portugal	12
Frankreich	7
Kosovo	5
Spanien	4
Türkei	3
Nordmazedonien	3
Serbien	3
Österreich	2
andere	32

An der Schnittmenge der beiden Herangehensweisen stellt sich für einen Teil der Schweizer Wohnbevölkerung Deutsch als eine zweite oder weitere Sprache dar, da sie eine andere Landessprache zuerst erworben haben oder da sie oder ihre Eltern in die Schweiz eingewandert sind. Für manche davon ist nur Schweizerdeutsch neu, für den größeren Teil jedoch sowohl Schweizer Standard wie auch die verschiedenen Dialekte. Für geschätzt beinahe ein Viertel der Wohnbevölkerung in der Deutschschweiz sind folglich Fragen, wie sie in dieser Untersuchung zur

---

[2] https://www.sem.admin.ch/dam/sem/de/data/publiservice/statistik/auslaenderstatistik/monitor/2021/statistik-zuwanderung-2021-jahr.pdf, 1. März 2022.

Verwendung der verschiedenen Codes im Deutschschweizer Alltag gestellt werden, relevant. Bei einzelnen Untergruppen stellen sich jeweils andere interessante Fragen rund um den Gebrauch von Dialekt und Standard. In dieser Untersuchung werden jedoch nur Personen mit nicht-deutscher Herkunftssprache berücksichtigt, die selbst erst im späten Jugendalter bzw. als Erwachsene in die Deutschschweiz eingewandert sind und seither im alltäglichen Leben sowohl mit Schweizer Standard als auch mit alemannischen Dialekten als Zweitsprachen konfrontiert sind.

Insgesamt wurden 25 Personen für die Teilnahme an der Untersuchung gewonnen. Für die Auswertung wurden dann 20 Personen berücksichtigt, die sich jeweils einer größeren Sprach- bzw. Herkunftsgruppe zuordnen ließen. Dabei handelt es sich um zehn Frauen und zehn Männer vier verschiedener sprachlicher Herkunftsgruppen: Albanisch (allesamt aus dem Kosovo), Englisch (aus Kanada, den USA und Großbritannien), Portugiesisch und Türkisch. Die Teilnehmer/-innen der vorliegenden Untersuchung gehörten somit bezüglich der Hauptsprachen bzw. der anderen Staatsangehörigkeiten zu den oben genannten größeren Gruppen. Das durchschnittliche Alter der Teilnehmer/-innen war 40 Jahre (Bandbreite: 27 bis 65) und die durchschnittliche Lebenszeit in der Schweiz war 17 Jahre (Bandbreite: 1.5 bis 33). Die Gruppe war auch hinsichtlich des Bildungs- und Berufsstands der einzelnen Personen sehr heterogen; es nahmen manuell Arbeitende mit minimaler Grundschulbildung ebenso wie Hochschulabsolvent/-innen teil. Einen detaillierten Überblick über die Eckdaten der Personen gibt Tabelle 3.3.

Die Tabelle gruppiert die Personen nach ihrer genannten Erstsprache. Diese gibt natürlich keinen Hinweis darauf, welche weiteren Sprachen die Personen vor ihrer Einreise in die Schweiz neben der genannten Hauptsprache noch gesprochen haben. So hat beispielsweise eine der türkischen Frauen ebenfalls kurdische Wurzeln (Aylin), einer der englischsprachigen Männer hatte aus familiären Gründen in seiner Kindheit auch engen Kontakt mit Italienisch (Stan). Die Personen wurden außerdem zu ihren Sprachkenntnissen befragt: die Kenntnis weiterer Sprachen und Dialekte wird in einzelnen Fällen im Zuge der Analyse erwähnt, sofern sich die Angaben dazu für die Analyse des Erwerbs und Gebrauchs von Dialekt und Standard als wertvoll erweisen.

In der Arbeit werden die Personen mit anonymisierten Pseudonymen bezeichnet. Die verwendeten Namen sind der jeweiligen Herkunftsregion der Personen entnommen und übermitteln daher implizit auch Informationen zur Herkunft. Die Verwendung eines Personennamens macht gleichzeitig die Referenz auf die einzelnen Teilnehmenden in der Ergebnisdarstellung und Analyse persönlicher und leichter lesbar.

Die Angaben zu Alter und Aufenthaltsdauer sind im Wesentlichen unmissverständlich. Sie verdeutlichen, dass alle Personen einen späten Zweitspracherwerb durchlaufen haben, der zumeist nicht schulisch gestützt war. Siebzehn Personen

Tab. 3.3: Eckdaten der Teilnehmer/-innen der Untersuchung
(Alb = Albanisch, Eng = Englisch, Port = Portugiesisch, Türk = Türkisch; G = Geschlecht, AD = Aufenthaltsdauer, Std.-Unterricht = Unterricht in der Standardsprache, Dial.-Unterricht = Unterricht im Dialekt, PmSch = Partnerschaft mit Schweizer/-in)

L1	Pseudonym	G	Alter	AD	Std.-Unterricht	Dial.-Unterricht	PmSch
Alb	Arbid	m	27	7	mittel	nein	jein
Alb	Rezart	m	43	22	wenig	nein	nein
Alb	Milot	m	39	12	wenig	nein	nein
Alb	Behar	m	31	18	viel	nein	nein
Eng	James	m	28	1.5	mittel	nein	ja
Eng	Jean	w	65	29	viel	sehr wenig	ja
Eng	Beth	w	61	27	mittel	nein	ja
Eng	Loren	w	58	33	wenig	nein	ja
Eng	Stan	m	54	24	wenig	jein	ja
Eng	Joanna	w	29	5	mittel	nein	ja
Port	Julio	m	33	15	wenig	nein	nein
Port	Vitor	m	33	14	wenig	nein	nein
Port	Veronica	w	28	7	wenig	nein	nein
Port	Maria-Luisa	w	36	7	wenig	nein	nein
Port	Laura	w	46	26	wenig	nein	nein
Port	Camila	w	33	22	wenig	nein	nein
Türk	Yagmur	w	40	17	viel	nein	ja
Türk	Aylin	w	41	26	mittel	nein	nein
Türk	Hakan	m	37	8	mittel	nein	ja
Türk	Ahmed	m	36	16	viel	nein	ja

kamen als (junge) Erwachsene im Alter von 18 bis 36 in die Schweiz, nur drei Personen lebten bereits früher, nämlich noch als Jugendliche, im Deutschschweizer Kontext. Behar kam im Alter von 14 Jahren im Zuge der Einwanderung seiner Eltern in die Schweiz und erlebte nur noch eine sehr kurzen Phase der schulischen Integration, bevor er in den Arbeitsprozess übertrat. Camila wurde zwar als Jugendliche von ihren Eltern in die Schweiz nachgeholt, nachdem sie vorher einige Jahre bei ihren Großeltern in Portugal gelebt hatte. Da sie sich geweigert hätte, die Schule zu besuchen, wurde sie aber entsprechend ihren eigenen Angaben erst nach Ablauf der Schulpflicht in der Schweiz angemeldet und nahm auch erst dann intensiver am Schweizer Alltagsleben teil. Erst durch die Aufnahme einer Arbeitstätigkeit trat sie regelmäßig mit Deutsch in Kontakt, sodass ihr Spracherwerb erst einige Jahre nach Beginn des tatsächlichen Aufenthalts einsetzte. Aylin kam mit 15 Jahren in die Schweiz und trat dann unmittelbar in den Arbeitsprozess ein. Obwohl diese drei Personen im jugendlichen Alter bereits in der Schweiz lebten, hat keine von ihnen einen länger andauernden schulisch-gestützten Erwerb der Sprache erfahren.

Die Aufenthaltsdauer kann im natürlichen Kontext mit der Lerndauer gleichgesetzt werden. Da ohnehin von einem stetigen Lernprozess ausgegangen werden muss, muss die Aufenthaltszeit nicht zwangsläufig Auskunft über den Stand im Lernprozess geben, weil die individuelle Erwerbsgeschwindigkeit variieren kann. Gleichzeitig ist bekannt, dass viele Lernende nach dem Erreichen eines Sprachstands, der die alltäglichen kommunikativen Bedürfnisse in der Zielsprache abdeckt (*Basisvarietät*), kaum noch weitere Fortschritte machen (Klein & Perdue 1997). Manche Forschende gehen davon aus, dass der maximal erreichte Endstand des Zweitspracherwerbs nach einer gewissen Zahl von Jahren erreicht sei – DeKeyser (2000) spricht beispielsweise von zehn Jahren. Da von den teilnehmenden Personen keine longitudinalen Daten zur Verfügung stehen, können hier keine Aussagen davon gemacht werden, an welchem Punkt des Erwerbsprozesses die Momentaufnahmen jeweils tatsächlich durchgeführt wurden.

Hinsichtlich des Ausmaßes an standardsprachlichem Unterricht wurden die individuellen Angaben zur Menge an Kursen, Lektionen usw. in drei Gruppen kategorisiert. Der sporadische Besuch des Deutschkurses innerhalb der Firma oder sonstiger Unterricht, der eine insgesamt geringe, teilweise unklare Menge an Lektionen ergab, wurde als „wenig" kategorisiert. Viele der Personen besuchten ungefähr drei Monate lang intensiv Deutschkurse (meist direkt nach ihrer Ankunft), manche noch gekoppelt mit zusätzlichen Privat- oder Firmenlektionen; diese Fälle sind unter der Angabe „mittel" zusammengefasst. Manche besuchten zusätzlich zu anfänglichen Intensivkursen über längere Zeit hinweg weitere Sprachkurse; solche Fälle werden als „viel" wiedergegeben. Jean besuchte als einzige, allerdings nur sehr kurz – sie selbst spricht von „zwei vielleicht drei Mal" – einen Berndeutschkurs. Stan wurde nach eigenen Angaben offenbar von seiner Schwiegermutter beim täglichen Zvieri unterrichtet. Das bei ihm unter Dialektunterricht gesetzte „jein" veranschaulicht, dass die Grenze zwischen gesteuertem und natürlichem Spracherwerb nicht immer eindeutig zu ziehen ist. Natürlicher Spracherwerb wird häufig durch seinen Fokus auf Bedeutung und nicht auf Form des Mitgeteilten charakterisiert (Ellis 2008a: 238), wie es bereits in Abschnitt 2.1.2 ausgeführt wurde. Dennoch sehen sich Zweitsprachbenutzende in den Gesprächssituationen des Alltags manchmal mit potentiell lehrreichen Interaktionen und sprachlichen Erfahrungen konfrontiert, die sich eher auf einem Kontinuum von mehr oder weniger Form- bzw. Bedeutungsorientierung einordnen lassen.

Wie schnell und mit welchem Fokus der Spracherwerb voranschreitet, hängt ganz wesentlich vom Kontakt mit der Zielsprache ab. Dabei vermengen sich die Lerndauer und die Menge an Unterricht zusammen mit den sozialen Netzwerken, in denen sich die Lernenden bewegen, zu einem unterschiedlichen Gemenge an

Erfahrungen mit Dialekt, Standardsprache oder beidem. Und in dieser Hinsicht spielen etwa berufliche oder insbesondere familiäre Kontakte eine wesentliche Rolle.

Die Information, ob die teilnehmendeen Personen in einer Partnerschaft mit einer Schweizerin bzw. einem Schweizer leben und u. U. für sie/ihn in die Schweiz gekommen sind, gibt wichtige Anhaltspunkte über das soziale Umfeld (Familie, Freunde usw.) und die potentiellen Kontaktsituationen mit Dialekt und Standard. Arbid stellt mit seiner Situation eine Sonderrolle dar: Seine Frau erfüllt formal, d. h. auf dem Papier, nicht die Voraussetzungen, Schweizerin zu sein, da sie selbst ebenfalls Kind einer Einwandererfamilie ist. Er ist jedoch für seine Frau in die Schweiz gekommen, da sie sich ein Leben an einem anderen Ort, d. h. im Kosovo, nicht vorstellen kann. Durch die Verwurzelung seiner Frau in den lokalen Lebensumständen verfügen die beiden auch über ein schweizerisch geprägtes persönliches Netzwerk. Die Beschreibung von Arbids Lebensumständen legt folglich nahe, dass er den typischeren herkunftsgemischten Beziehungen zwischen einer eingewanderten Person mit einer Schweizerin oder einem Schweizer sehr nahe kommt.

Die Heterogenität der untersuchten Personengruppe kann zugleich als Stärke wie auch als Schwäche betrachtet werden. Für exemplarische Beschreibungen und auch für die Darstellung von Kontrasten sind Personen mit möglichst verschiedenen Merkmalen notwendig, da anhand von ihnen die Bandbreite der verschiedenen Möglichkeiten, Dialekt und Standard zu erwerben und zu gebrauchen, besser beleuchtet werden können. Die Personen, die sich beim Zusammenstellen eines *Convenience Samples*, d. h. einer Stichprobenzusammenstellung nach Verfügbarkeit, im natürlichen Umfeld zusammenfinden, sind naturgemäß sehr verschieden. Der Versuch, nicht einzelne Gruppen von Eingewanderten auszuschließen – wie z. B. beruflich hochqualifizierte Personen, die für ihre Lebenspartner/-innen in die Schweiz gekommen sind; diesen Kontext der „love migration" beschreibt Riaño (2003) ausführlich – ergibt mit Sicherheit ein holistischeres Bild. Angesichts der Kleinheit des Samples gestaltet sich das Auffinden von generalisierbaren Zusammenhängen und Kausalitäten jedoch sehr schwierig. Ziel dieser Untersuchung ist es vielmehr, einen Einblick in die Bandbreite des möglichen Umgangs mit Dialekt-Standard-Variation und in die verschiedenen Dimensionen zu erhalten, die den Erwerb beeinflussen.

Alle Personen nahmen freiwillig und ohne finanzielle Entschädigung an der Untersuchung teil. Die Hälfte der Gruppe, nämlich die Portugiesisch- und Albanischsprachigen, konnte über den persönlichen Kontakt an ihrem Arbeitsplatz, einer Aluminiumveredlungsfabrik im Aargau, für eine Teilnahme gewonnen werden. Zum Zeitpunkt der Erhebung und des Kontakts war diesem Unternehmen die Integration und sprachliche Weiterbildung seiner Arbeitnehmer/-innen ein

Anliegen, weshalb die ausländischen Beschäftigten auch in regelmäßigen Abständen während der Arbeitszeit einen Deutschkurs besuchen durften. Zu diesem Zweck kam eine Deutschlehrerin in die Firma, die für mich den Kontakt zum Unternehmen und in weiterer Folge auch zu einer Gruppe von dort beschäftigten allochthonen Personen aufbaute. Nicht alle davon besuchten zum Zeitpunkt der Datenerhebung Deutschlerngruppen. Dass die Personen mit Erlaubnis der Firma während ihrer Arbeitszeit an der Untersuchung teilnehmen konnten, erleichterte die Terminfindung mit den Personen und somit die Erhebung der Daten in hohem Maße.

3.2 Datenerhebung

Die Frage nach dem Umgang mit Dialekt-Standard-Variation machte eine Kombination von verschiedenen Methoden notwendig, die an dieser Stelle erklärt und begründet werden soll. Der Fokus der Studie liegt zunächst auf den Gesprächsdaten der Zweitsprachbenutzenden; durch das Hinzuziehen der Resultate, die sich anhand der Übersetzungs- und die Entscheidungsaufgabe ergeben, erfolgt eine Art von Triangulation (zu Triangulation in der Fremdsprachforschung siehe Mackey & Gass 2005: 181 und Chaudron 2003: 804), indem diese Daten als zusätzliche Evidenz zu den aus dem Gesprächsmaterial gewonnen Erkenntnissen dienen sollen. Die Selbstauskünfte der Personen in den Interviews werden schließlich ebenfalls für eine inhaltliche Analyse herangezogen. Die Einschätzungen der Personen zu ihrer sprachlichen Situation, zu ihren Motiven und Bedürfnissen werden verwendet, um die beobachteten Sprachgebrauchsmuster besser erklärbar zu machen.

3.2.1 Strukturierte Interviews

Das Kernstück der Untersuchung bilden die Gesprächsdaten, die mit Hilfe strukturierter Interviews gesammelt wurden. Dieses Material ist sowohl formal als auch inhaltlich von großem Interesse. Zum einen waren die Gespräche derart gestaltet, dass sie gesprochene Sprache der Migrantinnen und Migranten, aber gleichzeitig auch Evidenz über deren Umgang – eventuell ihren unterschiedlichen Umgang – mit Dialekt und Standard liefern konnten. Zum anderen waren natürlich auch ihre Antworten auf bestimmte inhaltliche Fragen von Bedeutung. Auf Basis der ersten Perspektive waren zwei Interviewerinnen anwesend: eine Berndeutschsprecherin und eine Standardsprecherin. Diese beiden Personen wechselten sich in thematischen Blocks im Laufe des Gesprächs ab. Das führte zwar zu einer gewissen Asymmetrie der Gesprächsbeteiligten, ermöglichte aber gleichzeitig eine Ge-

sprächssituation, in der sowohl Dialekt wie auch Standardsprache legitim waren, in der auf beide reagiert werden musste und in der im Falle von Verständnisschwierigkeiten auch eine unproblematische Intervention der Interviewerinnen möglich war. Ausgehend von der zweiten Perspektive wurden verschiedene Themenbereiche behandelt:
– Herkunft und Migration in die Schweiz,
– Ausbildung im Allgemeinen und Sprachenlernen im Besonderen,
– Sprachgebrauch im Alltag,
– Wahrnehmung der Unterschiede zwischen Dialekt und Standard,
– persönliche Erfahrungen mit den beiden Varietäten.

Einen genauen Überblick über die verschiedenen Fragen bietet der Gesprächsleitfaden im Anhang. Je nachdem, wie ausführlich oder mit welchen Assoziationen die Personen auf die Fragen antworteten, erforderte die konkrete Gesprächssituation eine Abweichung vom vorgeschlagenen Fragenkatalog, damit die Authentizität des Gesprächs nicht zu stark bedroht wurde. Der Wechsel der Dialekt- und Standardsprecherin innerhalb ein und derselben Gesprächssituation brachte gewisse Vorteile mit sich. Bei dialekt- oder standardbedingten Verständnisschwierigkeiten konnte sich die jeweils andere Interviewerin einschalten. Das erlaubte beiden Sprecherinnen, grundsätzlich bei ihrem Hauptcode zu verbleiben, und ermöglichte im Rahmen des Gesprächs ohne Gesichts- und Glaubwürdigkeitsverlust dennoch den kontinuierlichen Austausch und dadurch sowohl das Sammeln von Sprachmaterial wie auch das Zusammentragen von den Informationen zu den einzelnen Personen.

Der soziolinguistische Ansatz der Untersuchung ist grundsätzlich der Natürlichkeit und der guten Lautqualität der Aufgaben verpflichtet (Labov 1972). Daneben muss das Beobachterparadoxon (Labov 1972: 113) bestmöglich gelöst werden, indem versucht wird, die Unnatürlichkeit einer Sprechsituation, die auf systematische Beobachtung ausgerichtet ist, zu überwinden und in einem stark beeinflussten Kontext ein möglichst freies Gespräch zu produzieren. Gespräche mit Migrantinnen und Migranten über ihren Spracherwerbsprozess, ihre Sprachsituation in der Schweiz, ihre Einstellungen zu Sprachfragen und dergleichen können sicherlich nicht als natürlich und auch keinesfalls als frei gelten, denn der besondere Kontext hat mit großer Wahrscheinlichkeit Konsequenzen für das Sprachverhalten der einzelnen Personen. Es ist davon auszugehen, dass wir von seiten der Allochthonen in einer solchen Situation eine Sprechweise elizitieren, die sie ihren Normen und Einstellungen entsprechend als die ‚richtige' definieren. Die erhobenen Daten sind deshalb naturgemäß nicht absolut authentisch. Inwiefern überhaupt irgendein von Soziolinguist/-innen beobachtetes Sprechen – unter gleichzeitig informierten Bedingungen – als authentisch gelten kann, wird deshalb immer wieder diskutiert (Bucholtz 2003: 406). Es muss vielmehr davon ausgegangen werden, dass das beobachtete Verhalten ohnehin nur eine Annäherung an die Authentizität der Sprecher/-innen darstellen kann.

Eine wie oben beschriebene Gesprächssituation mit Universitätsmitarbeiterinnen ist für die befragten Personen nicht alltäglich, und ihr Sprachverhalten in der Situation kann sich nicht zwangsläufig auf andere, alltägliche Gesprächssituationen übertragen lassen. Die Personen kommen jedoch sicherlich immer wieder in Kontakt mit Menschen, die sie entweder mit Dialekt oder auch mit Standardsprache konfrontieren, wobei auch nicht ausgeschlossen ist, dass dies in sehr kurzen Zeitabständen geschieht. Damit die Konversation nicht zu formell wirkt, und mit einem alltäglichen Gespräch mit Fremden vergleichbar ist, wurde versucht, das Arrangement dementsprechend zu gestalten. Zudem waren die Themen so gewählt, dass sich die Befragten relativ persönlich angesprochen und zum Erzählen motiviert fühlen sollten. Da die Themen und Fragen vorgegeben sind, eben darauf eine Antwort gewissermaßen erwartet wird und die gesamte Situation in einem fix definierten Kontext eingebettet ist, handelt es sich natürlich nicht um Rede, die zur Gänze mit freier alltäglicher Kommunikation verglichen werden kann. Ein solcher Vergleich ist jedoch auch nicht das Ziel der Untersuchung. Vielmehr steht im Vordergrund, dass die beschriebene Situation den Zweck erfüllt, die Sprachwahl und den Sprachgebrauch von Allochthonen gegenüber einer Sprecherin des Dialekts und des Standards zu vergleichen und dabei beobachten zu können, wie die Sprache beschaffen ist und ob sie sich je nach Adressatin unterscheidet.

Bei den erhobenen Daten ist jedoch nicht nur das „Wie" von zentraler Bedeutung. Auch das „Was" wird einer qualitativen Analyse unterzogen, indem die kommunizierten Einstellungen, Ideologien usw. im Kontext des Gesprächs in den Mittelpunkt gerückt werden. Die Daten des Interviews stellen somit nicht nur ein sprachlich zu analysierendes Produkt dar, sondern die Gesprächsinhalte werden ebenfalls qualitativ untersucht und als Erklärungshinweise für sprachliche Evidenz betrachtet.

Die Gespräche wurden in literarischer Umschrift, die dialektale und standardsprachliche Äußerungen möglichst treffend wiedergeben kann, transkribiert. Entsprechend der Zielsetzung und Fragestellung wurden diese Transkriptionen dann annotiert. So wird beispielsweise festgehalten, ob Äußerungen in einer Gesprächssequenz mit der dialekt- oder standardsprechenden Interviewpartnerin getätigt werden oder ob darin spezifische sprachliche Merkmale auftreten. Entsprechend der Annotationen können anschließend weitere qualitative und quantitative Analysen vorgenommen werden.

3.2.2 Übersetzungsaufgabe

Im Gespräch können die Personen, auch wenn sie mit Dialekt und Standard konfrontiert sind, grundsätzlich entscheiden, ob sie mehr Dialekt oder Standard sprechen wollen. Natürlich gibt die Sprachform der Person, die die Frage stellt, eine gewisse Richtung vor, sie verpflichtet die Interviewten aber gleichzeitig nicht dazu, dieser zu folgen. Sie können grundsätzlich selbst entscheiden, ob sie eher Dialekt oder Standard sprechen und sollten sie Präferenzen für das eine oder andere haben, kann sich dies in ihrer Sprachwahl niederschlagen. Deshalb wurde eine Übersetzungsaufgabe mit ins Erhebungsdesign aufgenommen, die explizit die Fähigkeit ins Auge fasst, Dialekt und Standard zu produzieren.

Die Übersetzungsaufgabe bestand aus jeweils fünf auditiv präsentierten Sätzen im Dialekt, gesprochen von einer Berner Sprecherin, und fünf Sätzen im Standard. Diese Aufgabe wurde grundsätzlich nach den Fragen zu den wahrgenommenen Unterschieden zwischen Dialekt und Standard eingeführt. Die Personen wurden zunächst von der standardsprechenden Person gebeten, die Sätze im Dialekt auf Hochdeutsch zu übersetzen. Die standardsprechende Interviewerin bat die interviewten Personen, sich vorzustellen, sie selbst hätte den Satz gerade nicht verstanden und müsste ihn noch einmal auf Hochdeutsch hören. Im Anschluss daran sollten sie auch versuchen, den Satz in ihre Erstsprache zu übersetzen. Die Übersetzung in die Erstsprache erfüllte den Zweck, festzustellen, ob das Verständnis grundsätzlich gesichert war, denn die erwartete Produktion setzt voraus, dass die Personen den Stimulus inhaltlich erfasst haben. Durch diese Übersetzungen hätte überdies ein großer Schwierigkeitsunterschied zwischen einzelnen Sätzen auffallen sollen. Zugleich könnten unter Umständen durch die Übersetzung in die Erstsprache auch mögliche Interferenzen oder Präferenzen für sprachstrukturelle Eigenschaften des Dialekts oder des Standards erklärt werden. Die Befragten standen während der Übersetzung nicht unter Zeitdruck und die Sätze wurden bei Bedarf auch wiederholt abgespielt.

Die Sätze integrierten unterscheidende sprachstrukturelle Merkmale zwischen Dialekt und Standardsprache auf phonologischer, morphologischer und syntaktischer Ebene – wie sie etwa in Relativsätzen oder bei der Verwendung des Perfekt/Präteritum zu Tage treten –, ebenso wie einige häufige, spezifische lexikalische Unterschiede. Eine genaue Auflistung der analysierten Merkmale findet sich im Abschnitt 3.3 zur Datenaufbereitung. In diese ausgewählten Sätze eine Reihe von möglichen eindeutigen Markern für Dialekt und Standard einzubauen und die Übersetzungsleistung auf eben diese hin zu untersuchen, stellt natürlich eine Komplexitätsreduktion der vorher dargestellten Unterschiede zwischen den Codes dar. Gleichzeitig soll es eine arbeitspraktische, nachvollziehbare und überindividuell vergleichbare Analyse ermöglichen.

Die folgenden Listen (1a–e) und (2a–e) präsentieren Transkriptionen der dialektalen und der standardsprachlichen Stimuli.

(1)   a. *Chennsch du vilech öpper, wo hüüt Ziit het?*
      b. *I bache e guete Chueche für miini Muetter.*
      c. *D'Lehrerinne hei de Chinder di gliiche Uufgabe wöue gää.*
      d. *Am Sunntig chunnt mi Vater cho luege.*
      e. *S'Mässer isch süberer gsi aus d'Gable.*
(2)   a. *Wir kennen vielleicht nicht alle Leute, die mit uns im Haus wohnen.*
      b. *Ich sehe einen braunen Vogel auf dem Baum.*
      c. *Die Schülerinnen wollten dem Lehrer eine Blume schenken.*
      d. *Am Dienstag geht meine Mutter einkaufen.*
      e. *Du warst braver in der Schule als deine Tochter.*

Die Beobachtung, welche Varianten Lernende in den Übersetzungen realisieren, soll Rückschlüsse darauf geben, was als Merkmal der Zielvarietät erachtet bzw. was als besonders typisch oder salient angesehen wird. Eine sehr ähnliche Prozedur wurde von Werlen et al. (2002) verwendet, um den Erwerb eines weiteren/zweiten Dialekts im inner-alemannischen Kontext zu erfassen. Grundsätzlich wurde ebenfalls davon ausgegangen, dass die Übersetzungsaufgabe neben den Gesprächsdaten auch weitere Hinweise darauf geben kann, welcher der beiden Codes dominanter ist. Eindrücke aus dem Gespräch können durch die Aufgabe bestätigt oder ergänzt werden. Es ist zu erwarten, dass die Wahl der Varietät in den Gesprächen nicht in allen Fällen das abbilden muss, was den Personen in ihrem Repertoire insgesamt zur Verfügung steht, sofern ihnen die Verwendung von Dialekt und Standard nicht freigestellt wird.

Die Übersetzungsaufgabe ist als eine Form der *elicited translation* angelegt (Chaudron 2003: 794) und basiert analog zu Aufgaben zur *elicited imitation* auf der Annahme, dass die zu übersetzenden Sätze durch das sprachliche System der Zweitsprachbenutzenden gefiltert werden – „sentences are filtered through the L2 user's grammatical system" (Gass & Mackey 2007: 27). Es wird also angenommen, dass die Sprecher/-innen die Sätze durch deren Rezeption und Produktion verändern. Um eine Auskunft darüber zu erhalten, ob die Personen die Sätze in den jeweiligen Codes verstanden haben, sollen alle Sätze auch in die Erstsprache übersetzt werden.

Die Übersetzungen in die jeweils andere Varietät und die Erstsprache der Teilnehmer/-innen wurden ebenfalls transkribiert – für die Transkription der vier verschiedenen Erstsprachen wurden Personen mit zielsprachlicher Kompetenz beigezogen, die die Sätze transkribierten und Auskunft über die Angemessenheit der Übersetzung gaben. Innerhalb der fünf Sätze wurde dann jeweils ein Set von zwanzig Items ausgewählt, die spezifische unterscheidende Merkmale des Dialekts und Standards repräsentieren. Unter Items sind nicht einzelne Stimulussätze oder Wörter zu verstehen, sondern Einheiten, die für bestimmte sprachliche Merkmale stehen, z. B. für die Realisierung eines Mono- vs. Diphthongs. Für jedes dieser Items wurde anschließend erfasst, ob es zielsprachlich, d. h. im Zielcode Dialekt oder Standard, realisiert wurde.

Tabelle 3.4 gibt wieder, welche Einheiten aus den oben genannten Dialektsätzen (1a–e) und aus den Standardsätzen (2a–e) hierzu verwendet wurden. Bei der Auswahl der Merkmale wurde darauf geachtet, dass sich die Zieleinheiten aus den Dialekt- und Standardsätzen bezüglich ihres Schwierigkeitsgrads, d. h. auch der Frequenz, Position und Länge der betroffenen Einheiten, einigermaßen entsprachen. Im Vergleich zu früheren Analysen (Ender 2012) wurde die Zahl an Items, die auf phonologische Merkmale fokussierten, geringfügig reduziert, um das Ungleichgewicht zwischen den einzelnen sprachlichen Ebenen zu verringern.

Die Entscheidung, die Analyse auf einzelne Merkmale einzuschränken, basiert auf Überlegungen zur Machbarkeit und methodischen Klarheit. Alle potentiell unterscheidenden Merkmale von Dialekt und Standard in den Sätzen ausfindig zu machen und zu zählen, wäre zum einen schwierig und würde eine größere und heterogenere Menge an Merkmalen ergeben, die dann aufgrund von Natur und Menge der betroffenen Einheiten unregelmäßiger auf die beiden Sätze verteilt wären. Zudem müsste entschieden werden, wie mit Varianten umzugehen ist, die sich eventuell nicht in allen alemannischen Varianten vom Standard unterscheiden, wie etwa *als* in (2e). Die *l*-Vokalisierung ist zwar im Berndeutschen üblich, in vielen alemannischen Varianten sind die dialektale und die standardsprachliche Form jedoch identisch. Deshalb wird in der vorliegenden Untersuchung für einen ersten Einblick, der durch eine solche Übersetzungsaufgabe geleistet werden kann, mit einer eindeutigeren und eingeschränkteren Menge an spezifisch ausgewählten Varianten gearbeitet. Dass die ausgewählten Sätze und die darin ausgezählten Merkmale natürlich nicht umfassend sowohl für die Rezeptions- wie auch die Produktionsfähigkeiten im jeweiligen Code stehen können, darf bei der Analyse und Interpretation der Daten nicht vergessen werden.

3.2.3 Entscheidungsaufgabe

Um noch genauer Aufschluss darüber zu gewinnen, inwiefern die Personen Repräsentationen von einzelnen grammatischen Strukturen abrufen können und inwiefern diese darüber hinaus auch hinsichtlich der beiden verschiedenen Codes spezifiziert sind, wurde eine Entscheidungsaufgabe kreiert. Bei dieser wurden den

Tab. 3.4: Die für die Analyse der Übersetzung Dialekt > Standard und Standard > Dialekt ausgewählten Items

	Merkmal	von Dialekt nach Standard		von Standard nach Dialekt	
		Item	Satz	Item	Satz
1	Di- vs. Monophthong (ua–u)	*Chueche > Kuchen*	b	*Blume > Blueme*	c
2	Mono- vs. Diphthong (i–ei)	*miini > meine*	b	*meine > miini*	d
3	Mono- vs. Diphthong (ü–eu)	*hüüt > heute*	a	*Leute > Lüüt*	a
4	Mono- vs. Diphthong (u–au)	*Uufgabe > Aufgaben*	c	*auf > uuf*	b
5	Nebentonsilbenrealisierung	*i > Schwa (meine)*	b	*Schwa > i (miini)*	d
6	Palatalisierung (sch–st)	*chennsch > kennst*	a	*warst > bisch gsi [oder auch warsch]*	e
7	auslautendes -en	*Lehrerinne > Lehrerinnen*	c	*Schülerinnen > Schülerinne*	c
8	auslautendes -en	*guete > guten*	b	*braunen > bruune*	b
9	Präteritum vs. Perfekt	*isch gsi > war*	e	*warst > bisch gsi*	e
10	Artikelrealisierung	*d > die*	c	*die > d*	c
11	Artikelrealisierung	*e > einen*	b	*einen > e*	b
12	Artikelrealisierung	*de > den*	c	*dem > em*	c
13	Relativsatzverknüpfung	*wo > der*	a	*die > wo*	a
14	Wortstellung	*hei wöue gää > haben geben wollen*	c	*wollten schenken > hei wöue schänke*	c
15	Bewegungsverbverdoppelung	*chunnt cho > kommt*	d	*geht > geit/goht go*	d
16	Wochentag	*Sunntig > Sonntag*	d	*Dienstag > Tsiischtig*	d
17	Bewegungsverb	*chunnt > kommt*	d	*geht > geit/goht*	d
18	Pronomen	*i > ich*	b	*ich > i*	b
19	Adverb	*vilech > vielleicht*	a	*vielleicht > vilech*	a
20	Pronomen	*öpper > jemand*	a	*mier > wir*	a

Personen jeweils zwei Sätze präsentiert und sie sollten sich entscheiden, welcher der beiden Sätze „besser" klingt. Es wurde bewusst die sehr allgemeine Bezeichnung „besser" verwendet, um Attribute wie „richtig" und „falsch" zu vermeiden. Manchmal wurde sofort nachgefragt, was mit „besser" genau gemeint sei, woraufhin die grundsätzliche Information wiederholt wurde, dass man bitte angeben sollte, welcher der beiden Sätze wohl eher von Sprecherinnen und Sprechern des Dialekts – beziehungsweise der Standardsprache für das zweite Set an Sätzen – produziert würde.

Für diesen punktuellen Einblick wurden grammatische Merkmale ausgewählt, die sich in den beiden Systemen deutlich unterscheiden. So wurden die Teilnehmer/-innen im Dialekt wie auch im Standard mit Relativsätzen konfrontiert, die in beiden Codes durch unterschiedliche Relativsatzanschlüsse charakterisiert sind; im Dialekt zusätzlich mit Bewegungsverbkonstruktionen, bei denen es im Alemannischen typischerweise zu einer Verdoppelung des Bewegungsverbs in der Form einer zusätzlichen Infinitivpartikel kommt. Für die Standardsprache wurde als zusätzliches strukturelles Merkmal die Nominativ-Akkusativ-Unterscheidung bei maskulinen Nominalphrasen präsentiert. Insgesamt hörten die Personen zu jeder der erwähnten Strukturen zwei aufgenommene Satzpaare, die ohne Zeitdruck und auf Wunsch auch wiederholt wiedergegeben wurden.

Die Personen wurden zunächst mit den folgenden Satzpaaren im Dialekt konfrontiert:

(3) a. * *I gseh d Frou, die näb dr steit.*
     b. *I gseh d Frou, wo näb dr steit.*
(4) a. *I ga ga schaffe.*
     b. * *I ga schaffe.*
(5) a. *Du kennsch dr Maa, wo verbi geit.*
     b. * *Du kennsch dr Maa, dä verbi geit.*
(6) a. * *Du chunnsch am Namitag schwümme.*
     b. *Du chunnsch am Namitag cho schwümme.*

In einem zweiten Schritt wurden die folgenden Satzpaaren im Standard für sie wiedergegeben:

(7) a. *Ich male einen Baum aufs Papier.*
     b. * *Ich male ein Baum aufs Papier.*
(8) a. * *Ich kenne den Mann, wo vorbeigeht.*
     b. *Ich kenne den Mann, der vorbeigeht.*
(9) a. * *Du trägst ein Sack bis zum Auto.*

    b. *Du trägst einen Sack bis zum Auto.*
(10) a. *Du siehst die Frau, die neben mir steht.*
    b. * *Du siehst die Frau, wo neben mir steht.*

Die Übung wurde kurz gehalten, um ausgewählte inhaltliche Einblicke zu bekommen, aber auch um zu erfahren, ob eine solche Aufgabe im gegebenen Kontext ein nützliches Erhebungsinstrument darstellt. Diese Daten können höchstens als Ergänzung zu den zuvor erwähnten Aufnahmen betrachtet werden. Insgesamt musste bei diesen konkreten Elizitierungsaufgaben Vorsicht walten, da negative Reaktionen der nicht an schulische Kontexte gewohnten Personen vermieden werden sollten. Für viele der interviewten Personen ist Sprachkompetenz ein sensibles Thema, mit dem sie im Alltag immer wieder konfrontiert sind. Die Interviewerinnen wollten die Zweitsprachbenutzer/-innen daher nicht in eine Situation bringen, in der sie sich in eine negative Testsituation gedrängt fühlten und Gesichtsverlust zu befürchten hatten.

 Die Ergebnisse der Entscheidungen wurden schließlich als zielsprachliche oder nicht-sprachlich adäquate Wahl codiert. Dadurch kann analysiert werden, bei welchen Phänomenen und in welchem Ausmaß die Befragten die zielsprachliche Variante gewählt haben.

3.3 Transkription

3.3.1 Allgemeine Vorbemerkungen zum Transkribieren

Diese Arbeit basiert in weiten Teilen auf Sprachmaterial von verschiedenen Zweitsprachgebrauchenden, das im Rahmen von Gesprächen aufgezeichnet wurde. Es kommen daher Aspekte der Weiterverarbeitung des Datenmaterials zum Tragen, die bei jeglichem Umgang mit gesprochensprachlichem Material wichtig sind. Da gesprochene Sprache flüchtig ist, verlangt die Analyse der Daten zunächst die Verdauerung der mündlichen Äußerungen. Gesagtes geht zu rasch vorüber, während Geschriebenes bleibt und erst durch die Verschriftlichung kann Gesprochenes einer intensiven Analyse unterzogen werden: „Mittels einer Transkription wird die Flüchtigkeit des Gesprochenen überwunden, die mündliche Kommunikation verdauert und so einer sorgfältigen Betrachtung zugänglich gemacht" (Redder 2001: 1038).

 Transkriptionen erfüllen für die Forschenden im Wesentlichen vier verschiedene Funktionen (Jenks 2011: 6): Mit ihrer Hilfe repräsentieren Forschende das gesprochene Material schriftlich und machen so die Dynamik der Echtzeitkommunikation zugänglich. Die Transkriptionen unterstützen im weiteren Verlauf den

Analyseprozess mit Informationen, die in Echtzeit unmöglich zu erfassen sind. Außerdem müssen sie verwendet werden können, um die gewonnenen Beobachtungen und Erkenntnisse vorzustellen und für andere Forschende nachvollziehbar zu machen. Umgekehrt kann schließlich auch die Aussagekraft der Beobachtungen und Erkenntnisse auf der Basis der Transkripte überprüft werden. All diese Funktionen sind naturgemäß auch in der hier vorliegenden Untersuchung des Sprachmaterials von Zweitsprachbenutzenden zentral.

Die beiden ersten Funktionen sind allgemeiner Natur und grundsätzlich für den Umgang mit Sprechdaten jeglicher Studien relevant. Im Hinblick auf die beiden letztgenannten Funktionen für die Präsentation und Validierung der Ergebnisse müssen aber spezifische forschungsfragenrelevante Informationen repräsentiert werden. Für die zentrale Frage der vorliegenden Studie, ob und inwiefern in den Äußerungen von Zweitsprachgebrauchenden Dialekt und Standard interagieren, braucht es eine Notationsweise, die diesen Anforderungen Rechnung tragen kann. Auf die Besonderheiten und notwendigen Anpassungen der Transkription wird deshalb im nächsten Abschnitt noch detaillierter eingegangen.

Transkribieren hat wichtige theoretische, methodische und praktische Aspekte für unsere Datenanalyse und den Forschungsprozess, da nicht mit jeder Art der Verschriftlichung jede Analyse durchgeführt werden kann. Als logische Konsequenz daraus folgt, dass „[d]er Beschreibungsfokus einer Untersuchung [...] eng mit der dokumentarischen Methode des Transkribierens verbunden ist" (Dittmar 2004: 51). Phonetische, syntaktische oder gesprächsanalytische Untersuchungen verlangen jeweils nach Details auf anderen sprachlichen und gesprächsbasierten Ebenen. Eine Transkription kann es deshalb aus zeit- und darstellungsökonomischen Gründen meistens nur leisten, den spezifischen Fragen einer Untersuchung bestmöglich zu genügen.

Forschende müssen auf verschiedenen Ebenen Entscheidungen darüber treffen, wie Angaben gemacht und in welcher Detailtreue Informationen bei der schriftlichen Repräsentation der gesprochenen Sprache festgehalten werden. Es müssen die Art der graphischen Darstellung der Lautkette und des parasprachlichen Verhaltens konkretisiert und Kriterien für die Einteilung von Lautketten in kommunikative Einheiten fixiert werden; auch darüber hinausgehende kontextspezifische Kommentare können notwendig sein (Dittmar 2004: 52). So wertvoll und wegweisend Transkripte in den verschiedenen Phasen des Forschungsprozesses sind, müssen sie dennoch aus den oben genannten Bedingungen ihrer Entstehung stets als unvollständig betrachtet werden. Denn jegliche Transkription ist ungeachtet ihrer Detailliertheit dennoch keine exakte Wiedergabe des Mündlichen. Vielmehr besteht eine ihrer wichtigsten Funktionen darin, dass sie gesprochene Sprache auf eine Art und Weise standardisiert wiedergibt, die es möglich macht, Formen und Strukturen zu lokalisieren und zu analysieren (Dittmar 2004: 54).

Angesichts der Fragen zu Art und Menge der verdauerten Informationen der gesprochenen Sprache ist das Erstellen von Transkripten eine Gratwanderung zwischen dem Anspruch auf Umfassendheit und den inhaltlichen und zeitlichen Möglichkeiten der Forschenden. Im Rahmen der Variation, die bei der Erstellung von Transkripten auftritt, bestimmen Fragestellung und Forschungstradition den Grad der Adäquatheit. Transkripte sind als Konstrukte für unsere Forschung anzusehen; sie geben die gesprochene Sprache nicht objektiv wieder, da sie nie ohne theoretische Annahmen und forschungsideologische Vorprägungen gemacht werden. Sie besitzen fortlaufend Arbeitscharakter, nachdem im Prozess der Verschriftlichung der gesprochenen Sprache Informationen zunehmend feinkörniger erfasst werden und im Hinblick auf verschiedene Fragestellungen auch fortlaufend ergänzt werden können. In diesem Sinne präsentiert Jenks (2011: 13) offene und geschlossene Transkripte (*open* und *closed transcripts*) als die Endpunkte eines Kontinuums (siehe Abbildung 3.1). Während offene Transkripte den Anspruch hätten, sämtliche Merkmale der Sprache zu repräsentieren, hielten geschlossene Transkripte nur die für spezifische Forschungsfragen wichtigen Merkmale fest. Die gesamte Fülle an Information bei offenen Transkripten macht einen allgemeinen, nicht durch spezifische Fragen motivierten Blick auf das Datenmaterial möglich, geschlossene Transkripte erlauben hingegen nur einen selektiven Blick (*unmotivated* und *selective looking*).

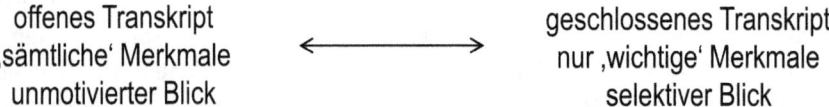

Abb. 3.1: Kontinuum der Darstellung von sprachlicher Information in Transkripten (nach Jenks 2011: 13)

Forschende bewegen sich stets auf diesem Kontinuum zwischen offenen und geschlossenen Transkripten. Sie verfolgen das Anliegen, alle Informationen abzubilden, die für die eigene Fragestellung und den ausgewählten Blick auf die Daten notwendig sind, und zusätzlich noch möglichst viele Informationen wiederzugeben, die den Gesprächsablauf und die Realisierung der Äußerungen genauer nachvollziehbar machen und Analysen über die eigene Fragestellung hinaus ermöglichen. Bei den schließlich dargestellten Informationen handelt es sich aber immer um eine Auswahl – und selbst bei einer sehr umfassenden Vorgehensweise können nicht alle Merkmale des Gesprochenen wiedergegeben werden, was den idealisierten Charakter des offenen Transkripts verdeutlicht. Für die besondere Fragestellung der vorliegenden Arbeit, inwiefern Zweitsprachsprecher/-innen Dialekt und Standard verwenden, mussten bei der Verschriftlichung bestimmte Aspekte berücksichtigt werden, die im Folgenden genauer erläutert werden.

3.3.2 Eigene Transkriptionsweise

Bei der Verschriftlichung der aufgezeichneten Gespräche zwischen einer Standardsprecherin und einer Dialektsprecherin auf der einen und einem/einer Zweitsprachgebrauchenden auf der anderen Seite mussten bei der lautlichen Repräsentation und der Segmentierung der Lautketten in syntaktisch relevante Einheiten besondere Entscheidungen getroffen werden, die an dieser Stelle näher genannt werden.

Es ist von großer Wichtigkeit, kenntlich zu machen, ob von der jeweils sprechenden Person Dialekt oder Standard verwendet wird. Es wurde aus Gründen der inhaltlichen Ausrichtung und der zeitlichen Machbarkeit dennoch keine phonetische Umschrift gewählt, sondern eine orthographische, die sich für Standardpassagen an der Standardorthographie und für Dialektpassagen an der orthographischen Umschrift von Dieth (1986) orientiert. Zusätzlich wurde insbesondere für den dialektalen fallenden *ie*-Diphthong wie in [liəp] ‚lieb' ein Schwa herangezogen. Durch die Nutzung des „e" zur Kennzeichnung der Länge im Standarddeutschen wären hier ambivalente Formen entstanden. Die zusätzliche Nutzung des Schwas zur Kennzeichnung von unbetonten Nebensilben wird in anderen Forschungsarbeiten, in denen Dialekt und Standard im Schweizer Kontext auseinandergehalten werden soll, ebenfalls – und häufig sogar noch in breiterem Umfang – für die Repräsentation von unbetonten Nebensilben eingesetzt (Christen et al. 2010; Petkova 2016). Bei der Unterscheidung zwischen Dialekt und Standard ist im gegebenen Kontext vor allem phonologische Differenz von Bedeutung, nicht jedoch die phonetische Realisierung. Denn in den phonetischen Details sind darüber hinaus bei den Zweitsprachgebrauchenden viele Variationen und auch Abweichungen von der Aussprache von autochthonen Personen beobachtbar, die jedoch nicht für die Unterscheidung von Dialekt oder Standard herangezogen werden können.

Wenn beispielsweise eine Zweitsprachsprecherin mit anglophonem Hintergrund die palatalen und velaren Frikative für <ch> eher als Plosive realisiert, markiert dies keinen Unterschied zwischen Dialekt und Standard. Die lernersprachliche phonetische Abweichung kann bei intendiertem Standard ebenso wie intendiertem Dialekt auftreten. Die abweichende Aussprache von <gemacht> als /ge'makt/ in „vielleicht habe ich das vier fünf mal gemakt" der Sprecherin Jean wurde entsprechend transkribiert. Für die Analyse wird dies aber als (intendierter) Standard betrachtet, da die darüber hinaus realisierte lautliche und morphologische Gestalt des Wortes standardsprachlich ist. Phonetische Abweichungen kamen auch dort vor, wo sie mit der aus phonetischer Sicht sehr reduzierten Umschrift teilweise nicht wiedergegeben werden: Wenn etwa Jean in <mehrmals im jahr> die /r/-Phoneme „amerikanisch" mit retroflexem Approximanten realisiert, wird dem in der Transkription nicht Rechnung getragen. Es handelt sich aber auch hier um eine phonetische Abweichung, die die standardsprachliche Intention der Realisierung nicht in Frage stellt.

Die lernersprachlichen Abweichungen von dialektalen oder standardsprachlichen Gebrauchsnormen sind somit insgesamt für die hier vorgenommene Kategorisierung nicht prioritär und werden vernachlässigt, sofern die Unterschiede nur phonetischer und gleichzeitig nicht code-unterscheidender Natur sind. Es wird angenommen, dass solche Realisierungen auf die grundsätzliche hörerseitige Kategorisierung als Standardsprache keinen Einfluss ausüben, obwohl eine entsprechende empirische Absicherung zur Frage, wie viel lernersprachliche phonetische Abweichung geduldet ist, um noch als Dialekt oder Standard eingestuft zu werden, bislang aussteht. Eine genaue Abgrenzung von sprecherseitig intendiertem Dialekt/Standard und hörerseitig rezipiertem Code kann in dieser Arbeit nicht vorgenommen werden, weshalb zumeist nur vereinfacht von Standard oder Dialekt die Rede sein wird. Erst wenn die lautlichen Abweichungen zusammen mit Abweichungen auf anderen sprachlichen Ebenen eine Zuordnung sehr fragwürdig oder unmöglich machen, werden einzelne Äußerungen für die Kategorisierung als „problematisch" und somit nicht zuordenbar eingestuft.

Auf phonetische Unterschiede soll somit kein großes Gewicht gelegt werden, vielmehr steht im Vordergrund, die phonologischen Unterschiede zwischen den beiden beteiligten Codes so zu repräsentieren, dass an den verschiedenen Stellen bestmöglich wiedergegeben werden kann, welchem Code die Aussage zuzurechnen ist. Für eine solche Kategorisierung ist schließlich – wie ebenfalls bei der späteren Analyse in Kapitel 4 „Gebrauch von Dialekt und Standard" deutlich gemacht wird – auch die unmittelbare Umgebung der jeweils realisierten Einheiten zentral. Eine ganze Reihe von isoliert geäußerten lexikalischen Elementen, sogenannte homophone Diamorphe (Muysken 2000: 131), kann nämlich grundsätzlich ebenso zum Dialekt wie zur Standardsprache gezählt werden. In den folgenden Beispielen 11 und 12 von James und Loren sind *ja, es, mir* und *wichtig* grundsätzlich oder für sich genommen nicht kategorisierbar. Durch die jeweils unmittelbar benachbarten Einheiten in der Form von eindeutig standardsprachlichen (*gefällt*) bzw. dialektalen (*isch*) Elementen ist es jedoch plausibel, die gesamte Äußerung von James als Standardsprache und die von Loren als Dialekt zu betrachten.

(11) *ja, es gefällt mir.* (James)

(12) *und es isch mir wichtig.* (Loren)

Es soll somit in Summe trotz der Reduktion von phonetischen Details eine Transkription möglich werden, die für die angestrebten Ziele aussagekräftig und zugleich auch lesbar ist.

In die Umschrift werden darüber hinaus ebenso Informationen zur Strukturierung der Einheiten einbezogen. Für die Quantifizierung bestimmter sprachlicher Eigenschaften ist insbesondere die Segmentierung in kommunikative Einheiten zentral. Die Segmentierung von gesprochensprachlichem Material stellt auch bei Einsprachigen eine Schwierigkeit dar und welche Art davon sinnvoll und machbar ist, wird kontrovers diskutiert (siehe hierzu etwa Auer, 2010). Da in der Rede von Personen mit Deutsch als Zweitsprache Zögerungssignale, Abbrüche, Korrekturen und ähnliche Phänomene häufig verstärkt vorkommen, erschwert dies die Aufteilung zusätzlich und macht viele Probleme der Segmentierung von gesprochener Sprache an sich noch offensichtlicher. Die Transkription ist hierfür an der AS-Unit (*analysis of speech unit*) nach Foster et al. (2000) orientiert, die besonders auf die Verschriftlichung von gesprochener Lernendensprache ausgerichtet ist. Die dort vorgeschlagene Definition einer Äußerungseinheit und ihren möglicherweise inkludierten Satzteilen entsteht vor allem auf der Basis von syntaktischen Kriterien und beinhaltet die Möglichkeit, Charakteristika von fragmentarischen gesprochenen Daten in der Analyse zu berücksichtigen. Syntaktische Einheiten werden als zentral für die Planung und Verarbeitung von Sprache betrachtet. Die Möglichkeit, mehrere Satzteile in ihrer Relation zueinander zu analysieren, ist insbesondere für Analysen zur Komplexität und Sprachfähigkeit von Lernenden zentral. Für die hier präsentierte Analyse ist weniger die Gesamtkomplexität von Äußerungen interessant, sondern die Zusammengehörigkeit von einzelnen sprachlichen Elementen auf niederschwelligeren Niveaus der Planung und Realisierung. Deshalb wird in Äußerungseinheiten und in die darin enthaltenen Satzteile segmentiert und schließlich die Menge und Beschaffenheit von Satzteilen in Bezug auf die Beteiligung von Dialekt und Standardsprache bei einzelnen Sprecherinnen und Sprechern verglichen.

Wie dies schon bei Ausschnitt 1 in der Einleitung dargestellt wurde, werden nach der Definition von Foster et al. (2000: 365) Satzteile und Äußerungseinheiten unterschieden. Eine Äußerungseinheit ist ein unabhängiger Satz mit einem finiten Verb oder ein Satzteil (*sub-clausal unit*), der aus einer oder mehreren Phrasen besteht, welche durch Vervollständigung von elliptischen Elementen im Kontext zu einem Satz ausgebaut werden können. Dies inkludiert auch alle dazugehörigen untergeordneten Sätzen, die sich zumindest aus einem verbalen Bestandteil und einem dazugehörigen Argument zusammensetzen. Wie am unteren Beispiel illustriert, wird das Ende von Äußerungseinheiten mit | und jenes von Satzteilen mit : : markiert. Entsprechend stehen in Z. 01 und 02 eine Äußerungseinheit, die aus einem Satz mit einem finiten Verb und einem untergeordneten Satz – in dem

Falle ein uneingeleiteter Satz mit V2-Stellung, der für das Akkusativobjekt des übergeordneten Satzes steht – besteht. Danach äußert der Sprecher in Z. 03 einen Satzteil bestehend aus einer Präpositionalphrase, die durch *das war so...* oder *... war das so* auch zu einem Satz mit finitem Verb ausgebaut werden könnte. Darauf folgt in Z. 04 und 05 wieder eine Äußerungseinheit, die aus einem vorangestellten untergeordneten Satz (Interrogativsatz mit Objektfunktion) und einem Hauptsatz besteht. Im Falle einer Koordination von Verbalphrasen, werden die Satzteile zu einer Äußerungseinheit gefasst. Dementsprechend wird im unteren Beispiel der letzte Satzteil in Z. 08 noch zur vorherigen Äußerungseinheit hinzugezählt, wenngleich das „wo" im Satzteil in Z. 07 für ein Objekt steht und es in der Subjektrolle im zweiten Satz weggelassen ist. Wenn untergeordnete Sätze oder Satzteile Subjekt- oder Objektfunktionen im übergeordneten Satz erfüllen (wie unten im Beispiel in Z. 01 bis 02 und 04 bis 05) oder attributiv einen klaren Bezug zum übergeordneten Satz hergestellt ist (Z. 06 und 07), dann ist es unproblematisch, diese zu einer Äußerungseinheit zusammenzufassen. Bei vorangestellten Adverbialsätzen kann dies ebenfalls ohne Schwierigkeit erfolgen. Nachgestellte Adverbialsätze werden zur selben Äußerungseinheit gerechnet, wenn ihr Status als Nebensatz mit der Verbstellung eindeutig gekennzeichnet ist oder wenn sie intonatorisch bzw. ohne Pausenmarkierung an die vorangehende Äußerungseinheit angeschlossen sind.

Ausschnitt 2: Beispiel zur Segmentierung, Behar (37:56)
(Beh = Behar, Erstsprache: Albanisch)

```
01    Beh:    ma cha SÄge,::
02            AImol im johr gömmer ganz sicher (.) ja (--).|
03            bis JETZT no.|
04            was no CHUNNT,::
05            WÜSse mer no ned.|
06            susch hon i no n_ONkel in dütschland (.) bim berlin,::
07            wo mir BSUEche-::
08            oder ÖIS öis bsuecht.|
```

In diesem kurzen Beispielausschnitt können somit vier Äußerungseinheiten und insgesamt acht Satzteile ausgemacht werden.

Innerhalb und zusätzlich zu dieser Segmentierung wurde im Wesentlichen ein Basistranskript nach GAT2-Konventionen erstellt (Selting et al. 2009), das auch die Wiedergabe von groben prosodischen Informationen gewährleisten kann. Intonatorische Details wurden abgesehen davon nicht weiter markiert. Gesprächsanalytische Details wie geringfügige Überlappungen, genaue Anzahl von Rückmeldungssignalen, die Länge von Gesprächspausen und Pausen beim Turnwechsel usw. wurden vergleichsweise grob gekennzeichnet, da diese nicht im Zentrum der Analyse stehen. In dieser Hinsicht soll die Transkription insbesondere den Ablauf des Gesprächs darstellen, um zu verdeutlichen, wer auf wen antwortet, reagiert oder von welcher Interviewpartnerin gerade die Frage gestellt wurde.

Wenn etwa in Kapitel 6 zur Realisierung der Relativsätze nur einzelne kurze Redebeiträge zur Illustration der Analyse und Diskussion präsentiert werden, so wird im Hinblick auf die einfachere Lesbarkeit auf die zusätzliche Segmentierungsinformation (ebenso wie auf die Hauptakzente im Gesprächsverlauf) verzichtet. Diese ist jedoch bei der Darstellung von längeren Gesprächsausschnitten ausgewiesen und bildet natürlich etwa auch bei der Analyse zur Häufigkeit von Relativsätzen und bezüglich des Zusammenspiels von Dialekt und Standard innerhalb von syntaktischen Einheiten die Basis für verschiedene quantitative Analysen.

4 Gebrauch von Dialekt und Standard

Wie in den einleitenden Abschnitten bereits ausgeführt wurde, ist es für eine kompetente Sprecherin oder einen kompetenten Sprecher einer Sprachgemeinschaft notwendig, auch soziolinguistische Kompetenz zu erwerben; das bedeutet die Fähigkeit, Sprache entsprechend der sozialen Bedingungen zu variieren. Diese Fähigkeit ist zentral, da sie erlaubt, sprachliche Strukturen auf bedeutungsvolle Art und Weise in der Interaktion einzusetzen und dabei gleichzeitig Beziehungen aufzubauen:

> This ability [...] permits people to interact in a meaningful way with others, and includes the knowledge of how and when to speak, to whom, how to shift style, register and so on. Above and beyond knowledge of linguistic structures alone, it enables humans to bond with others: identifying with others, accommodating to their speech, indicating empathy and solidarity (Regan 2010: 22).

Das Zusammenwirken von sprachlichen, sozialen und kognitiven Aspekten, die für die Fähigkeit, Variation im Input zu reproduzieren, notwendig sind, machen das Erreichen von soziolinguistischer Kompetenz zu einer herausfordernden Aufgabe für Zweitsprachlernende (siehe hierzu auch die Erläuterungen in Abschnitt 2.3 „Vom Umgang mit Variation im Zweitspracherwerb", die beispielhaft auch durch die Erkenntnisse von Schleef (2017) und Regan (2010) repräsentiert werden).

Sprachen in verschiedenen Kontexten zu lernen und zu gebrauchen, führt zur Herausbildung von sprachlichen Repertoires. Der Terminus *linguistic repertoire* wurde von John Gumperz in den 1960er-Jahren zunächst als verbales Repertoire geprägt und in interaktional soziolinguistischen Untersuchungen eingesetzt. Da das sprachliche Repertoire für die Spannbreite an akzeptierten Möglichkeiten steht, die ein Individuum besitzt, um Mitteilungen zu formulieren, ist die Annahme von Variation inhärenter Bestandteil des Repertoire-Konzepts. Das sprachliche Repertoire

> contains all the accepted ways of formulating messages. It provides the weapons of everyday communication. Speakers choose among this arsenal in accordance with the meanings they wish to convey (Gumperz 1964: 138).

Das Konzept des sprachlichen Repertoires hebt damit Vielfalt und Variation im Gebrauch von Sprachen und Varietäten hervor und wurde seither in verschiedenen soziolinguistischen Ansätzen angewandt und weiterentwickelt (Busch 2012). Gumperz' Definition impliziert auch, dass die Sprachbenutzenden die Mittel, die ihnen zur Verfügung stehen, gezielt einsetzen, um die gewünschte Bedeutung auszudrücken, wobei die Wahl der Mittel durch soziale und sprachliche Konventionen eingeschränkt sein kann.

Für Sprachbenutzende im deutschsprachigen Gebiet der Schweiz liegt nun eine Spezifik ihres sprachlichen Repertoires darin, dass ihre alltäglichen Interaktionen – neben eventuell anderen Sprachen und Varietäten – von lokalem Dialekt und (Schweizer) Standarddeutsch geprägt sind. Um eben den Raum, den die beiden Codes im sprachlichen Repertoire der Sprachbenutzenden einnehmen, geht es auch in weiterer Folge bei der Beantwortung folgender Fragen:

- In welchem Ausmaß produzieren Zweitsprachbenutzer/-innen – gemessen an möglichen Kriterien zur Unterscheidung von Dialekt und Standard – die beiden Codes oder eine Mischung davon?
- Variieren die Zweitsprachbenutzer/-innen darüber hinaus das Muster ihrer Codeverwendung in Abhängigkeit vom sprachlichen Gegenüber?
- In welcher Form beachten oder verletzen Zweitsprachbenutzer/-innen die strikte Separation der Codes, wie sie in den autochthonen Normen angelegt ist?
- Wie können die durch Verstöße entstehenden Mischungen veranschaulicht und erklärt werden?

Es ist offensichtlich, dass die Grenzlinie zwischen den Sprachen und Varietäten innerhalb eines Individuums nicht einfach zu ziehen ist und dass das Wissen im Gebrauch interagiert. Dass bei mehrsprachigen Personen nicht nur das Nebeneinander von Codes untersucht werden soll, sondern der Prozess, wie Personen sich ihrer sprachlichen, kognitiven und semiotischen Ressourcen bedienen, um Bedeutung zu vermitteln, betonen Forschende im Rahmen des *Translanguaging*-Konzepts (Wei 2018). Die hier vorgenommene Analyse von einzelnen Codes soll auch nicht im Widerspruch dazu stehen, dass sich bei mehrsprachigen Individuen nicht einfach nur verschiedene Codes addieren. Ganz im Sinne der Vorstellung von *Multi-Competence* (Cook 1991; 2016) wird natürlich davon ausgegangen, dass alle Sprachen eines Individuums Teil eines gemeinsamen Systems sind, mit komplexen und variablen gegenseitigen Verbindungen, die die Herkunftssprache wie auch sämtliche weitere Sprachen betreffen. Es geht darum, genauer zu ergründen, wie die verschiedenen Sprachen (oder Codes) verwendet werden und wie diese die Personen mit der mehrsprachigen Umgebung verbinden.

Im gegebenen Kontext ist der Versuch, den Sprachgebrauch von Personen auf die Zuordnung zu Dialekt und Standard hin zu untersuchen und Kategorisierungen zu wagen, deshalb sinnvoll begründet. Da die umgebende Sprachgemeinschaft relativ strengen impliziten Normen zur Trennung der Codes folgt, ist es für die soziale Positionierung durchaus folgenreich, ob in der individuellen Sprachverwendung Dialekt oder Standard eingesetzt wird. Natürlich mag die Unterscheidung nicht jedes Individuum gleichermaßen bewusst beschäftigen und das von der Umgebungsgemeinschaft aufgebaute Bild nicht für alle Zweitsprachbenutzenden von gleichem Interesse sein, dennoch können sie sich der Bewertung nicht entziehen. Wie und in welchem Umfang sie die verschiedenen in der Umgebung vorhandenen Codes in ihr eigenes lernersprachliches System integrieren, ist somit eine sprachlich wie auch sozial zentrale Frage. Während in Ender (2021) die Dialekt-Standard-Repertoires von acht Personen mit englisch- und türkischsprachigem Hintergrund präsentiert wurden, werden im Folgenden die Analysen und die Fragen nach dem möglichen Bedingungsgefüge auf alle teilnehmenden Personen ausgeweitet.

4.1 Ein Entweder-Oder? Die Analyse

Die Daten, die im Rahmen der Studie erhoben wurden, umfassen auf explorative Art und Weise insgesamt elizitierte Rede aus strukturierten Interviews und in Aufgaben erhobene Entscheidungs- und Übersetzungsdaten. In einem ersten Schritt sollen nun die Gesprächsdaten unter die Lupe genommen und im Hinblick auf die Realisierung der Codes genauer analysiert werden, um das sprachliche Repertoire der Zweitsprachbenutzenden darstellen zu können. Dabei wird auf die verwendeten sprachlichen Mittel fokussiert, wobei grundsätzlich keine Aussage darüber gemacht werden kann, wann und wie diese erworben wurden. Das ist auch der Grund, warum bei der Bezeichnung der Teilnehmer/-innen häufig von Zweitsprachbenutzenden (*L2 user*) gesprochen und dieser Ausdruck im Wechsel mit Zweitsprachlernenden (*L2 learners*) verwendet wird. Während Cook (2002: 4) im Zusammenhang mit der terminologischen Wahl davon spricht, dass es herabsetzend wirken kann, „to call someone who has functioned in an L2 environment for years a 'learner' rather than a 'user'", werden diese beiden Termini hier ohne Wertung abwechselnd verwendet.

Die folgende Analyse ist, sofern es ausreichend Gesprächsmaterial gibt, auf den ersten Teil der Interviews beschränkt, der vor dem Beginn der Aufgaben geführt wurde. Bei Personen wie James, die deutlich weniger gesprochen haben, wird auch der Rest des Interviews einbezogen, um der Analyse ebenfalls etwa 20 bis 25 Minuten an Sprachmaterial zugrunde legen zu können.

Transkription. An dieser Stelle wird die Transkriptionsweise besonders relevant, die Dialekt und Standard auf bedeutungsvolle Art und Weise repräsentieren kann. Es ist wichtig, die beiden intendierten Codes zu erkennen, aber nicht sämtliche phonetische Abweichungen von Dialekt- oder Standardnormen exakt darstellen zu können (für weitere Angaben zur Transkription siehe auch Kapitel 3.3.2 „Eigene Transkriptionsweise"). Phonetische lernersprachliche Abweichungen sind keine Ausnahmen in den hier besprochenen Daten, gleichzeitig aber auch nicht Kern des Interesses. Da das Ziel in den folgenden Ausführungen darin besteht, zu identifizieren, welche Codes von den Zweitsprachbenutzenden intendiert sind, wurde eine weitere Transkription, die besonders die zentralen Unterschiede zu kennzeichnen vermag, als ausreichend betrachtet.

Ob eine Sprecherin ein wortfinales /n/ für <en> wie etwa in *bringen* realisiert, ist relevant, ob jedoch der auslautende unbetonte Vokal stärker oder weniger geöffnet ist, stellt kein zentrales Kriterium dar. In der Phrase /jedən tak zwaɪ draɪ ʃtʊndən/ <jeden Tag zwei drei Stunden> von Ahmed markieren die wortfinalen /n/ in /jedən/ oder /ʃtʊndən/ oder mögliche Varianten /jedn/ oder /ʃtʊndn/ die Phrase als standardsprachlich. Dies ist ungeachtet der Aussprache des Vokals <e> als [ə], [ɐ] oder [ɛ] der Fall, weshalb diesbezüglich keine genauere Transkription notwendig ist.

Die lernersprachlichen Abweichungen von dialektalen oder standardsprachlichen Gebrauchsnormen sind für die Kategorisierung nicht prioritär und werden vernachlässigt, sofern die Unterschiede nur phonetischer und gleichzeitig nicht code-unterscheidender Natur sind. Wenn beispielsweise eine Person den palatalen und velaren Frikativ für <ch> eher als Plosiv ausspricht – etwa /aktse:n/ vs. /axtse:n/ <achtzehn> (etwa bei Joanna) – dann ist dies für die Unterscheidung der Codes nicht relevant. Eine dialektale Variante wäre /ɑxtsɛni/ und würde auch als dialektal kategorisiert, wenn die Sprecherin /ɑktsɛni/ realisieren würde. Solche Unterschiede werden in der literarischen Transkription bestmöglich repräsentiert, sind jedoch für die Code-Kategorisierung nicht zentral. Erst wenn die lautlichen Abweichungen eine Zuordnung sehr fragwürdig oder unmöglich machen, werden einzelne Äußerungen als problematisch für die Kategorisierung eingestuft und aus der Zählung ausgeschlossen.

Segmentierung. Da es aufgrund der großen Anzahl an uneindeutigen oder geteilten Elementen nicht sinnvoll ist, lediglich auf der Wortebene zu kategorisieren, wird auch für diese Analyse eine Segmentierung in Äußerungseinheiten vorgenommen. Hierfür wird die im Methodenteil unter 3.3 „Transkription" beschriebene Segmentierung von Foster et al. (2000) von Äußerungseinheiten (*analysis of speech unit*) angelegt. Kurz gefasst besteht eine solche aus einem unabhängigen Satz oder einem satzteilartigen Element zusammen mit allen abhängigen und zugeordneten Satzteilen (Foster et al. 2000: 365). Die Äußerungseinheit ist somit eine Einheit höherer Ebene, die aus satzteilartigen Elementen aufgebaut ist. Diese satzteilartigen Einheiten eigenen sich für die Kategorisierung in Dialekt oder Standard am besten. Wie in den folgenden Beispielen dargestellt wird, bilden sie greifbare und nicht zu umfassende Einheiten von mehreren im Verbund geplanten und realisierten sprachlichen Elementen.

Die Abwägungen, ob auf Ebene der mentalen Planungseinheiten oder auf Wörterebene kategorisiert wird, fielen zugunsten der größeren Planungseinheiten aus. Dies nimmt zum einen in der Kategorisierung von einzelnen Wörtern, die teilweise stark lernersprachlich geprägt sind, die Last von Einzelentscheidungen. Gleichzeitig ist auch die große Menge an sprachlichen Einheiten, die zu Dialekt und Standard gezählt werden können, per se nicht aussagekräftig. In Bezug auf das Nebeneinander von Dialekt und Standard innerhalb von Äußerungseinheiten wird aber klar werden, dass auch Information über das Verhältnis auf Wortebene durchaus interessant sein kann. Dies gilt insbesondere, wenn in längeren Passagen nur einzelne Wörter im jeweils anderen Code eingefügt werden. Deshalb wird schließlich eine genauere qualitative Beschreibung etwa von Mischmustern erfolgen.

Annotierung. Die segmentierte Transkription wird schließlich auch noch mit Information zur Gesprächsparterin ergänzt, d. h. ob die Äußerung an die Dialekt oder Standard sprechende Person gerichtet ist. In die Kategorisierung werden die einzelnen Bestandteile der Satzteile miteinbezogen. Wie in den folgenden Beispielen ersichtlich ist, gibt es ambige (A) Elemente aus dem geteilten Pool von Dialekt und Standard, standardsprachliche (S) Elemente und dialektale (D) Elemente, die im Verbund zur Kategorisierung einer Einheit führen. Daneben gibt es Elemente, die Einheiten von Dialekt und Standard vereinen und daher als gemischt (G) gekennzeichnet werden. Schließlich gibt es auch einzelne nicht kategorisierbare Elemente, die aus der Analyse ausgeschlossen werden, wenn sie aufgrund ihrer Gestalt weder an einem dialektalen noch einem standardsprachlichen Ziel gemessen werden können. Die Kategorisierung des gesamten Satzteils erfolgt dann auf der Basis aller daran beteiligten Einheiten.

Homophone Diamorphe + standardsprachliche Einheiten -> Kategorisierung des Satzteils als standardsprachlich:

(13) ja, es gefällt mir. (James)
     A A S   A

Homophone Diamorphe + dialektale Einheiten -> Kategorisierung des Satzteils als dialektal:

(14) und das isch mir wichtig. (Loren)
     A   A   D   A   A

Dialektale + standardsprachliche Einheiten -> Kategorisierung des Satzteils als gemischt:

(15) jein, ich habe ei kurs uf der uni gnommen. (Joanna)
     A   S S   DA   DS A G

Satzteile im Dialekt oder Standard mit ‚bedeutungsvollen' Switches/Einfügungen:

(16) a. ich spreche english [engl.] mit kindern. (James)
       S S   Englisch   S S

b. einfach keine ahnung gehabt über die sprache also über
    S   S   S   S   S S   S S

schwiizerdütsch und so. (Ahmed)
    D   S   S

Beispiele 13 und 14 bestehen mehrheitlich aus Einheiten, die nicht klar als dialektal oder standardsprachlich identifiziert werden können. Weshalb bei *ja* in Beispiel 13 eine Markierung als ambig vorgenommen wird, soll kurz erläutert werden: Auch wenn die Partikel im Alemannischen zumeist mit verdumpftem /a/ realisiert wird, existiert im Berndeutschen im Umfeld von James auch eine unverdumpfte dialektale Variante. Somit gibt erst und ausschließlich das eindeutig standardsprachliche Element *gefällt* ein klares Indiz für den intendierten Code des Satzteiles und ermöglicht damit standardsprachliche Kategorisierung. In seltenen Fällen können ganz kurze Satzteile keinem Code zugewiesen werden und werden dann als uneindeutig von der weiteren Analyse ausgeschlossen. Beispiel 15 verdeutlicht das Nebeneinander von beiden Codes innerhalb einer Äußerung. Darüber hinaus beinhaltet die Äußerung sogar eine Einheit, in der Merkmale von beiden Codes vereint werden: *gnommen* <genommen>. Wie in Abschnitt 2.2.2 beschrieben, ist das Präfix /g-/ anstelle von /gə/ für die Markierung des Partizip Perfekt zumeist ein eindeutiges Dialektmerkmal, während der Rest des Wortes standardsprachlich realisiert ist – die dialektale Variante von *genommen* wäre *gno*.

    Die Beispiele 16 a und b illustrieren Wechsel zu anderen Sprachen und zwischen den Codes, die etwa durch die psycholinguistische Funktion von Triggerwörtern erklärt werden können. In den gegebenen Fällen wird eine Sprache in jeweils ihrer eigenen Variante benannt. Der Wechsel der Codes ist in diesem Falle an solchen Stellen durchaus bedeutungsvoll. Das nimmt die Definition von Auer (1999: 310) auf, der Codeswitching im Gegensatz zu Codemischungen als ein „locally meaningful event" beschreibt, als welches es von Gesprächsteilnehmer/-innen auch wahrgenommen und interpretiert wird. Im Allgemeinen werden solche Wechsel als sozial, konversationell oder psychologisch begründet angesehen, wobei das Auftreten von anderen Sprachen oder Codes innerhalb einer Äußerung dementsprechend als Switchen kategorisiert wird.

    Durch die genaue Analyse von längeren Sprechsequenzen mit beiden interviewenden Personen kann bei den verschiedenen teilnehmenden Personen somit ein Eindruck von deren sprachlichen Repertoires gewonnen werden. Die Sprachverwendung der Zweitsprachbenutzer/-innen wird in der Folge in Gruppen entsprechend der Erstsprache dargestellt. Dieser Gruppierung entspricht zunächst kein

Erklärungspotential, vielmehr soll in einem ersten Schritt einfach ein deskriptiver Überblick über die verschiedenen Gebrauchsmuster geschaffen werden. Dieser Eindruck vom Sprachverhalten wird im nächsten Schritt durch die Ergebnisse der Übersetzungs- und Präferenzaufgaben ergänzt, bevor schließlich in Form einer Clusteranalyse der Ähnlichkeit von Personen genauer nachgegangen wird.

4.2 Das Dialekt-Standard-Repertoire: Quantitative Analyse

Wenn nun die verschiedenen Sprecher/-innen im Gespräch mit einer Dialekt- und einer Standardsprecherin beobachtet werden, zeigen sich verschiedene Muster der Sprachverwendung. Zunächst fällt die große Variabilität zwischen den einzelnen Individuen auf, insgesamt zeichnen sich jedoch auch interessante Gruppeneffekte ab, die an dieser Stelle genauer in den Blick genommen werden sollen. Die quantitativen Details zur Anzahl von jeweils analysierten Satzteilen finden sich in der Tabelle zu Sprachgebrauchsmustern im Anhang.

So sticht beispielsweise bei den sechs Personen mit Englisch als Erstsprache ins Auge (vgl. Abbildung 4.1), dass sie keinem gemeinsamen Grundmuster zu folgen scheinen. Ob viel Dialekt oder Standard gesprochen wird, scheint sich hier von Individuum zu Individuum stark zu unterscheiden. James, der Zweitsprachsprecher mit der kürzesten Kontaktdauer, spricht mit beiden Interviewerinnen hohe Anteile von Standardsprache. Während sein Anteil von Switches stabil ist, weist er im Gespräch mit der Standardsprecherin eine Reduktion von Mischungen und Dialekt zugunsten des Standards (von 86 auf 82 %) auf. Joanna zeigt einen gleichermaßen hohen Anteil von etwa 45 bis 49 % von Standard und Mischungen sowie einen sehr geringen Anteil von dialektalen Äußerungen oder Switches mit beiden Interviewerinnen. Loren hingegen produziert im Gespräch mit der Dialektsprecherin viel Dialekt (74 %) und daneben niedrige Anteile von Standard, Mischungen und Switches. Ihr Gebrauch von Dialekt ist jedoch im Austausch mit der Standardsprecherin deutlich reduziert (auf 45 %), wo sie dann mehr Standard (von 6 auf 29 % angestiegen), aber auch mehr Mischungen (von 15 auf 21 %) produziert. Stan weist im Gespräch mit beiden Gesprächspartnerinnen überaus hohe und stabile Anteile von Dialekt auf (97 und 98 %). Im Gegensatz dazu steht Jean mit sehr stabilen und hohen Standardwerten. Sie verwendet im Gespräch mit beiden Interviewerinnen nur vereinzelt Mischungen oder Code-Switches und äußert sich fast ausschließlich standardsprachlich (zu mind. 96 %). Das Codeverwendungsmuster von Beth schließlich gleicht dem von James, insbesondere im Hinblick auf die hohe Standardverwendung auch im Kontakt mit der Dialektsprecherin. Gleichzeitig verringert Beth ebenfalls den Anteil von Standard im Vergleich zu den Gesprächsanteilen mit der Standardsprecherin und erhöht den Anteil von gemischten Äußerungen; der auch mit der Dialektsprecherin geringe Anteil von dialektalen Äußerungen schwindet im Gespräch mit der Standardsprecherin fast zur Gänze.

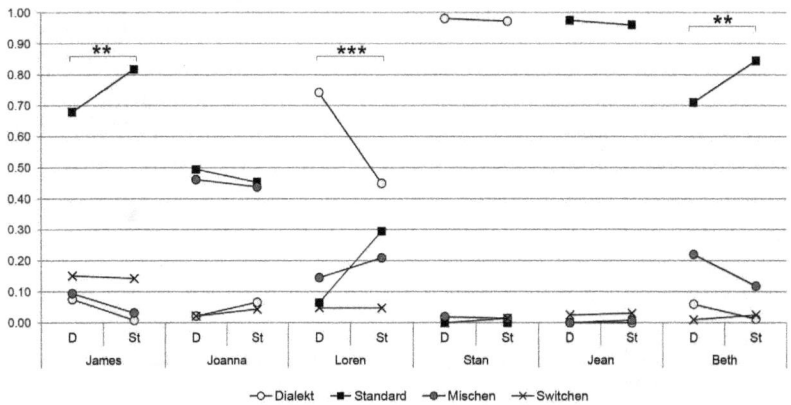

Abb. 4.1: Relativer Anteil von Dialekt, Standard, Mischungen und Switches in der an die Dialekt (D) oder Standard (St) sprechende Interviewerin gerichtete Rede bei den Personen mit Englisch als Erstsprache

Im Gegensatz zu dieser Variabilität weisen die vier Zweitsprachbenutzenden mit Türkisch als Erstsprache sehr viel mehr Ähnlichkeit in den Gebrauchsmustern der verschiedenen Codes auf (vgl. Abbildung 4.2). Sie produzieren alle sehr hohe Anteile von Standardsprache (über 80 %), beinahe keine dialektalen Äußerungen, aber einige Mischungen und selten Code-Switches. Aylin, Ahmed und Hakan zeigen ein sehr konsistentes Verhalten im Gespräch mit den beiden Interviewerinnen – die Unterschiede in den standardsprachlichen Anteilen liegen bei maximal drei Prozentpunkten. Yagmur produziert einige gemischte Äußerungen (7 %) im Gespräch mit der Dialektsprecherin, wenngleich insgesamt der Großteil ihrer Rede standardsprachlich ist. Hakan ist der Sprecher mit den höchsten Anteilen von Mischungen (19 und 15 %), die zugleich im Gespräch mit beiden Gesprächspartnerinnen sehr stabil sind.

Wiederum deutlich variabler sind die Codegebrauchsmuster der vier Sprecher mit Albanisch als Erstsprache (vgl. Abbildung 4.3). Einerseits lassen sich sowohl bei Arbid wie auch bei Behar sehr hohe Anteile von Dialekt im Kontakt mit beiden Interviewerinnen beobachten. Bei Arbid fällt darüber hinaus auf, dass er den Anteil von Dialekt mit der Standardsprecherin sehr deutlich reduziert (von 92 auf 79 %). Mit der Standardsprecherin verwendet er auch mehr gemischte (11 %) und

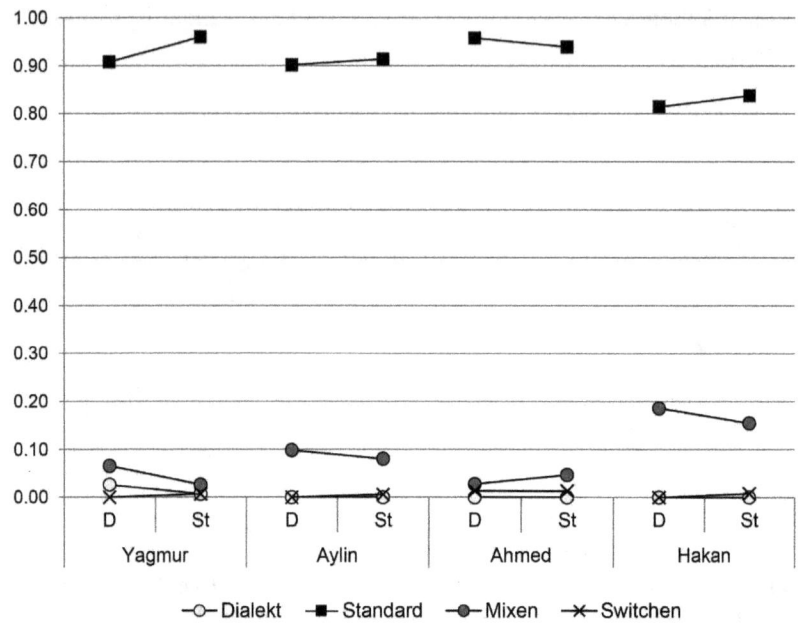

Abb. 4.2: Relativer Anteil von Dialekt, Standard, Mischungen und Switches in der an die Dialekt (D) oder Standard (St) sprechende Interviewerin gerichteten Rede bei den Personen mit Türkisch als Erstsprache

standardsprachliche (9 %) Äußerungen, die im Austausch mit der Dialektsprecherin hingegen sehr gering sind (jeweils 4 %). Behar weist bei einer vergleichsweise ähnlichen Präferenz für den Dialekt nur eine sehr geringe Veränderung des Sprachgebrauchs mit den beiden Interviewerinnen auf. Ebenfalls relativ unveränderliche Muster zeigen Rezart und Milot, bei denen jedoch die Verteilung von Dialekt, Standard und Mischungen sehr unterschiedlich ausfällt. Rezart verwendet mit beiden Gesprächspartnerinnen relativ viel Dialekt (um die 50 %), gut ein Drittel gemischte Äußerungen und wenig Standardäußerungen (13 und 11 %). Bei Milot überwiegen die gemischten Äußerungen mit einem Anteil von jeweils etwa der Hälfte, nicht ganz ein Drittel lässt sich als Standardsprache kategorisieren und die verbleibenden 19 und 15 % können dem Dialekt zugeordnet werden.

Bei den sechs Personen mit Portugiesisch als Herkunftssprache ist die Homogenität der Verwendungsmuster wieder deutlich stärker ausgeprägt, insbesondere in der Hinsicht, dass sich der Anteil von gemischten Äußerungen bei allen Sprecher/-innen zumindest auf ein Drittel beläuft (vgl. Abbildung 4.4). Dennoch

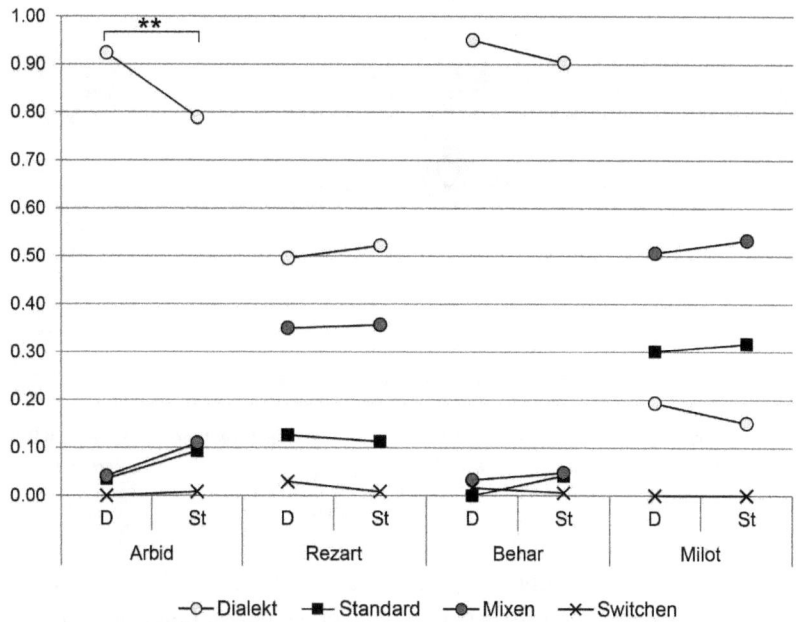

Abb. 4.3: Relativer Anteil von Dialekt, Standard, Mischungen und Switches in der an die Dialekt (D) oder Standard (St) sprechende Interviewerin gerichteten Rede bei den Personen mit Albanisch als Erstsprache

gibt es einige augenscheinliche Unterschiede. Während Julio im Gespräch mit der Standardsprecherin einen hohen Anteil von Standardäußerungen (38 %) und sehr wenig Dialekt (10 %) einsetzt, verschieben sich die Proportionen von Dialekt (28 %) und Standard (23 %) im Kontakt mit der Dialektsprecherin deutlich. Vitor ist derjenige Sprecher, der ungeachtet von der Gesprächspartnerin am meisten Standard verwendet (39 und 47 %). Bei Veronica und Maria-Luisa lässt sich mit beiden Interviewerinnen jeweils ein leicht höherer Anteil von gemischten Äußerungen (zwischen 45 und 53 %) als von Standardäußerungen (zwischen 35 und 40 %) und Dialekt (höchstens im Ausmaß von 15 %) beobachten. Laura und Camila hingegen verwenden jeweils etwa gleich viel Mischungen und Dialekt (um die 40 %) und reine Standardäußerungen in einem geringeren Ausmaß von maximal einem Fünftel.

Das Repertoire der Zweitsprachbenutzer/-innen wird auf unterschiedliche Art von den im Input vorhandenen Codes beeinflusst. Aylin, Ahmed, Hakan, Yagmur und ebenfalls Jan, James und Beth stützen sich in hohem Ausmaß auf die Stan-

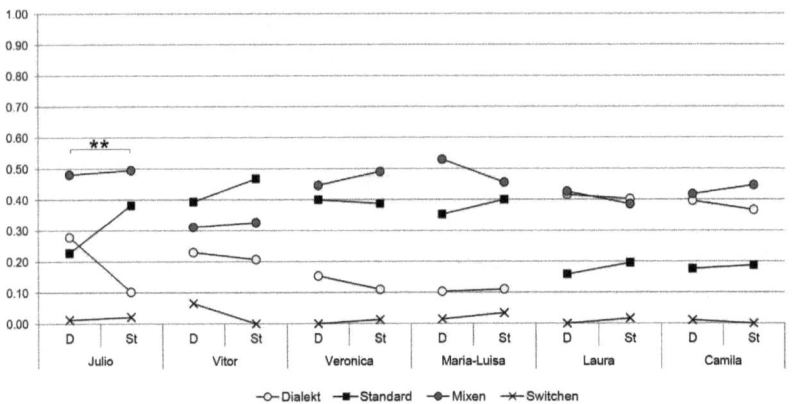

Abb. 4.4: Relativer Anteil von Dialekt, Standard, Mischungen und Switches in der an die Dialekt (D) oder Standard (St) sprechende Interviewerin gerichteten Rede bei den Personen mit Portugiesisch als Erstsprache

dardsprache. Auch Joanna und Vitor, Veronica, Maria-Luisa und Julio verwenden im Gespräch mit der Standardsprecherin noch einen hohen Anteil von Standardsprache; daneben weisen sie aber allesamt hohe Anteile von Mischungen auf. Bei Laura und Camila liegt der hohe Anteil von Mischungen im Gegensatz dazu etwa gleichauf mit der Dialektverwendung. Den am weitesten über den anderen Codes liegenden Anteil von Mischungen zeigt Milot. Stark an Dialektverwendung orientiert sind Loren und Rezart, während man sich bei Stan, Arbid und Behar mit ausgeprägten Dialektsprechern konfrontiert sieht.

Nur einige der Zweitsprachbenutzenden legen Flexibilität und Konvergenz mit dem Gesprächsgegenüber an den Tag. Die Sensitivität gegenüber der Interviewerin ist bei Loren am ausgeprägtesten, sie spricht im Gespräch mit der Standardsprecherin weniger Dialekt. Die Differenz im Anteil der verschiedenen Codes und somit die unterschiedliche Nutzung des Repertoires mit den beiden verschiedenen Gesprächspartnerinnen ist auch in einem exakten Fischer-Test für Zähldaten hochsignifikant ($p < 0.001$). Adressatenabhängige Veränderungen sind ebenfalls bei James zu beobachten. Die Redeanteile, die im Gespräch mit den beiden Interviewerinnen als Dialekt, Standard, als Mischungen oder Switches kategorisiert werden, unterscheiden sich auch bei ihm in einem exakten Fischer-Test signifikant ($p = 0.01973$). Sehr ähnlich verhält es sich bei Beth. Ihr Codeverwendungsmuster unterscheidet sich in der Interaktion mit den beiden Interviewerinnen bedeutsam, indem der Anteil standardsprachlicher Äußerungen mit der Standardsprecherin um 13 Prozentpunkte höher liegt und die gemischten Äußerungen entsprechend niedriger sind – der Unterschied im Codeverwendungsmuster ist in einem exakten Fischer-Test signifikant (p = 0.0075). Daneben gehört auch Arbid zu denjenigen Personen, die ihr Verwendungsmuster von Dialekt, Standard, Mischen und Switchen abhängig vom Gegenüber verändern. Er reduziert den Dialekt mit der Standardsprecherin bzw. erhöht mit dieser den Anteil von gemischten und standardsprachlichen Äußerungen zulasten der bei ihm grundsätzlich dialektalen Sprechweise. Dieser Unterschied des Codeverwendungsmusters ist bei ihm ebenso statistisch signifikant (Fischer-Test p = 0.0012). Julio schließlich weist auch deutliche Anpassungen an die Gesprächspartnerinnen auf; er verwendet zwar am meisten Mischungen, verändert aber dennoch den Anteil von Dialekt und Standard im Kontakt mit den beiden Sprecherinnen, was zu einer schlussendlich signifikant abweichenden Häufigkeitsverteilung führt (Fischer-Test p = 0.0017).

Ein Viertel der Zweitsprachbenutzenden zeigt somit insgesamt eine Anpassung im Gebrauch von Dialekt und Standard mit den beiden Interviewerinnen. Der deskriptiv kleine Überhang von Standard im Gespräch mit der Standardsprecherin, der bei Yagmur beobachtet werden kann, ist hingegen ebensowenig statistisch signifikant wie leichte Musterveränderungen bei Behar, Vitor, Veronica oder Maria-Luisa. Alle verbleibenden Zweitsprachbenutzenden weisen unabhängig von den beiden Gesprächspartnerinnen noch stabilere Muster auf. Das bedeutet, sie passen ihr linguistisches Repertoire und die Codewahl in den analysierten Sequenzen nicht an das Gegenüber an. Hierbei soll hervorgehoben werden, dass es abgesehen von den Personen mit türkischsprachigem Hintergrund in allen Gruppen Sprecher/-innen gibt, die je nach Gesprächspartnerin die Verwendungshäufigkeiten von Dialekt und Standard bedeutsam verändern. Gleichzeitig soll die nach Sprachgruppen aufgeteilte Präsentation nicht vorgeben, dass die Variationsmuster überwiegend durch die Erstsprache erklärt werden können. Die Frage, welche Rolle diese jedoch spielen kann – und welche Hinweise sich in den präsentierten Mustern dafür finden lassen –, wird nachfolgend in der qualitativen Analyse der beobachteten Sprachgebrauchsmuster aufgegriffen.

4.3 Mischen ist nicht gleich Mischen: Qualitative Analyse

Nicht ganz die Hälfte der Zweitsprachsprechenden, nämlich neun von 20, sprechen mit einem hohen Anteil von gemischten Äußerungen von bis zu 50 %. Wenngleich diese Sprecher/-innen dennoch in einer Vielzahl von Äußerungen die Codes auseinanderhalten, und dies bei den restlichen Personen sogar in der großen Mehrheit der Fälle zu beobachten ist, so werden dennoch die Grenzen zwischen den Codes an vielen Stellen und wiederholt im Gespräch überschritten. Für die erwachsenen allochthonen Sprecher/-innen scheint das Nebeneinander von Dialekt und Standard insgesamt keine einfache Ausgangslage im Lernprozess darzustellen. Abgesehen davon, dass sie ihren Platz in der Sprachgemeinschaft oftmals grundsätzlich erst finden müssen oder ihn im Verlauf des Lern- und Sprachverwendungsprozesses sogar stetig neu definieren, ist die Frage nach der Trennung von Dialekt und Standard nicht so klar wie in den idealisierten Vorstellungen von Autochthonen. Verschiedene Formen der Mischung sollen an dieser Stelle aufgezeigt und genauer besprochen werden.

Die Analyse der verschiedenen Übertretungen zwischen den Codes soll mit einem Beispiel von Joanna begonnen werden, einer Sprecherin angloamerikanischer Herkunft, die seit fünf Jahren in der Schweiz wohnt. Sie ist eine der Sprecherinnen mit einem sehr hohen Anteil von Mischungen. Im untenstehenden Beispiel „Ich mach es nicht bewusst" beschreibt sie den Unterschied zwischen Dialekt und Standard aus ihrer Perspektive, was inhaltlich wie auch bezüglich der formalen Realisierung sehr interessant ist.

Joanna beginnt ihre Ausführungen zum Unterschied zwischen Dialekt und Hochdeutsch in einer standardsprachlichen Sprechweise, mischt dann allerdings im weiteren Verlauf immer wieder berndeutsche Bruchstücke (im Transkript unterstrichen) ins Gesagte. Die zwei kurzen Äußerungen in Zeile 10 und 11 können als dialektal kategorisiert werden, danach setzt sie in standardnaher Form fort. Die inhaltlich angedeutete Schwierigkeit, zwischen Dialekt und Standard zu unterscheiden, drückt sich somit gleichzeitig auf sprachlich-formaler Ebene im Untermischen von nicht-standardsprachlichen Elementen aus, wie mehrfach den dialektalen (mhd.) langen Monophthongen *ziit* [tsiːt] statt *zeit* [tsaɪt] in Zeile 9 und 26, *gliich* [gliːç] statt *gleich* [glaɪç] (Zeile 21) oder *uusdrückt* [uːsdrʏkt] statt *ausgedrückt* [aʊsɡədrʏkt] (Zeile 22), *s*-Palatalisierungen wie in Zeile 22, die Partikel *denn* [dɛn] anstelle von *dann* [dan] (Zeile 23) und *ned* [nɛd] statt *nicht* [nɪçt] (Zeile 20) ebenso wie der mit *wo* dialektal realisierte Relativsatzanschluss in Zeile 24.

Ausschnitt 3: „Ich mach es nicht bewusst." Joanna (10:29)
(I-S = Standard sprechende Interviewerin, Joa = Joanna, Erstsprache: Englisch)

```
01    I-S:    u:nd (.) wie findest du es SELber,
02            den unterschied zwischen BERNdeutsch und HOCHdeutsch?
03            findest du den=
04    Joa:    am anfang ich hab_es ganz KLA:R,:: (.) [STD]
05            konnte TRENnen,:: [STD]
06            was is BERNdeutsch-:: [STD]
07            was is HOCHdeutsch-:: [STD]
08            weil mein vokabülar war so KLEIN.| [STD]
09            mit dem ZIIT bin ich nicht bewüsst,:: [M]
10            was ISCH es;| [DIA]
11            SO isch es.| [DIA]
```

```
12            proBIER ich hochdeutsch noch-:: [STD]
13            aber ich bemerke (.) so ITZA statt jetzt,:: [SWI]
14            es kommt manchmal einfach (-) BERNdeutsch.| (lacht 1.0) [STD]
15            ich mach es nicht beWÜSST.| [STD]
16    I-S:    und findest du den unterschied GROSS?
17            oder findest du den NICHT so groß?
18    Joa:    TEILweise.| [STD]
19            was ich finde sehr SCHWIERig zum Beispiel (--)
              weiss und WIISS,| [SWI]
20            einfach (--) WEISS ned,| [M]
21            is GLIICH geschrieben,:: [M]
22            aber (---) irgendwie isch es anders (--) UUSdrückt,| [M]
23            und denn klar gibt es SAchen-:: [M]
24            wo einfach GANZ speziell berndeutsch sind;| [M]
25            aber vielleicht weil ich beides GLEICHzeitig gelernt hät-:: [STD]
26            bemerk ich mit dem ziit den UNterschied nicht so.| [M]
```

Damit wird ihr Sprachgebrauch nicht der strengen Grenze zwischen Dialekt und Standard gerecht, die Autochthone grundsätzlich ziehen. Neben dem Untermischen von dialektalen Elementen auf den verschiedenen sprachlichen Ebenen verwendet sie im Rahmen des quantitativ analysierten Abschnitts auch hybride Formen, so etwa *schriiben* oder auch *uufpassen*, die als Kreuzungen von [ʃriːbə] vs. [ʃraɪbən] und [uːfpasə] vs. [aʊfpasən] betrachtet werden können. Im Kontext ihres vorher beschriebenen Sprachgebrauchsmusters (viele Mischungen, viel Standard, wenig ausschließliche Dialektäußerungen) lassen sich viele ihrer Mischungen als ein Einfügen von dialektalen Elementen in ansonsten vornehmlich standardsprachliche Äußerungen beschreiben.

In ihrer Beschreibung, wie sie den Unterschied wahrnimmt, übertritt die Zweitsprachbenutzerin mehrfach die Grenzen, die generell zwischen den Varietäten angesetzt werden. Ihr Verstoß gegen die impliziten muttersprachlichen Normen ist im Hinblick auf die Kommunikationsfähigkeit kein Hindernis, alle Schweizer/-innen verstehen Dialekt und Standard und das Mischen von den beiden stellt funktional prinzipiell keine Beeinträchtigung dar. Eine solche funktional orientierte Sprachverwendung steht bei vielen Zweitsprachbenutzenden im Vordergrund und soll weiter unten anhand eines Ausschnitts von Julio noch einmal aufgenommen werden.

Bei den meisten Sprecherinnen und Sprechern mit einem hohen Anteil von Mischungen ist zudem ein präferierter Code auszumachen. Bei Loren, ebenfalls einer Sprecherin mit einem vergleichsweise hohen Anteil von Mischungen, handelt es sich dabei um Dialekt. Im folgenden kurzen Beispiel „Wörter werden geboren und ich bin nicht dabei" lässt sich erkennen, dass dialektales Sprechen überwiegt; daneben verwendet sie jedoch auch gemischte Äußerungen. Eindeutig Dialektales wird unterstrichen, Standardsprachliches kursiv gedruckt und ambige Elemente sind in Normalschrift gesetzt. Die Passage illustriert außerdem, wie sie sich dem Gegenüber anpasst, während sie berichtet, wie sich ihr Englisch durch den langen Aufenthalt in der Schweiz zu verändern scheint. Der von ihr gewählte Code im Austausch mit der Dialektsprecherin (Zeile 5, 6 und 7) ist sehr klar dialektal intendiert. Das bedeutet nicht, dass alles zielsprachlich realisiert ist; vielmehr sind wir hier in der Wortstellung oder in der Wahl des Relativsatzmarkierers mit lernbezogenen Abweichungen konfrontiert. Auf die Zwischenfrage der Standardsprecherin hin setzt Loren ihre Ausführungen in standardnaher Sprache fort, bevor sie dann *Lüüt* anstatt *Leute* verwendet und im Dialekt weiterspricht. Die darauffolgende Passage ab Zeile 13 erscheint zunächst als Versuch, sich an der Standardsprecherin zu orientieren, wobei sich von stärker standardnahen Äußerungen mit dialektalen Einschüben ein Shift zu wieder stärker dialektal realisierten Äußerungen (Zeile 15 bis 17) beobachten lässt.

Ausschnitt 4: „Wörter werden geboren und ich bin nicht dabei" Loren (15:05)
(I-D = Dialekt sprechende Interviewerin, I-S = Standard sprechende Interviewerin, Lor = Loren, Erstsprache: Englisch)

```
01    I-D:    und heit ihr s_GFÜU,
              und haben sie den eindruck,
02            dass sich eues englisch verÄNdert hät,
              dass sich ihr englisch verändert hat,
03            sit ihr HIə ir schwiiz sit?
              seit sie hier in der schweiz sind?
04            dass ihr anders redet aus diə daHEImə no?
              dass sie anders reden als die, die noch daheim sind?
05    LOR:    miini SCHWOSCHte hät gseit,:: [DIA]
              meine schwester hat gesagt,
06            dass i töne nit wiə ÖPper,:: [DIA]
              dass ich nicht wie jemand klinge,
07            wä DERT wohnt hät de ganz ziit.| [DIA]
              der die ganze zeit dort gewohnt hat.
08    I-S:    sondern WIE?
09    LOR:    ahm (.) ich GLAUbe,:: [STD]
10            dass man andere wörter WÄHLT (.) für lüüt da;:: [M]
11            dä ka nid VIIL.| [DIA]
              [...]
12            und ma tuet irgendwiə viil WÄniger.| [DIA]
              und man macht irgendwie viel weniger.
13            und ja nach so viel jahr es wird WÖRter,:: [M]
                         so vielen jahren
14            dass sie si irgendwie geboren DERT-| [M]
                         sind                dort
```

```
15          und i bi_NED dabii.| [DIA]
            und ich bin nicht dabei.
16          und i muess ja anderes streetwise LERnen.| [M]
            und ich muss ja gerissen sein, um anderes zu lernen.
17          ja (.) spraach isch ANders worde in diə driisg jahr.| [DIA]
            ja, sprache ist anders geworden in diesen dreißig jahren.
```

Doch anhand der besprochenen Muster wurde bereits klar, dass nicht alle Sprecher/-innen einen dermaßen flexiblen Einsatz der verschiedenen Codes aufweisen. Beth etwa verwendet deutlich mehr Standard und fügt nur selten dialektale Elemente ein. Viele ihrer Mischungen entstehen durch die dialektale Realisierung von *dann* als *denn*. Die starke Öffnung des Vokals könnte aufgrund der Ähnlichkeit zum Temporaladverb *then* in der Erstsprache der Sprecherin natürlich auch als zwischensprachlicher Einfluss betrachtet werden. Daneben weist sie vereinzelt auch Realisierungen mit *s*-Palatalisierung wie *günschtig*, die dialektale Partikel *ender* statt *eher* oder einzelne dialektale Phrasen auf, wenn sie beispielsweise die Vergleichsphase *wie ich* berndeutsch mit Hiatustilgung und dem betonten Personalpronomen *iig* äußert (*wiəniig*).

Die einzige Äußerung, die bei Jean als Mischung kategorisiert werden könnte, entsteht durch ein reduziertes Personalpronomen *mi* anstelle von *mich*. Dabei muss jedoch einschränkend hinzugefügt werden, dass das reduzierte Personalpronomen — siehe Zeile 3 des folgenden Ausschnitts – eventuell durch einen Abbruch und eine Wiederaufnahme zustande gekommen sein könnte. Weiters kann auch hier zwischensprachlicher Einfluss nicht ausgeschlossen werden. Seltene Switches können bei Jean beobachtet werden, wenn sie für und rund um einzelne Termini wie *chamber of commerce* oder *language lab* kurzfristig ins Englische wechselt oder den lokalen Dialekt vereinzelt als *Schwiizerdütsch* bezeichnet.

Ausschnitt 5: „Respekt vor Bergen" Jean (08:18)
(Jea = Jean, Erstsprache: Englisch)

```
01    Jea:    ja es ist so FLAK wie diese diesen tisch,| [S]
02            und ich habe KEIN zugang zu (.) bergen-| [S]
03            und das war für mi das war nicht LUStig-::| [?M]
04            und ist IMmer noch nicht lustig.| [D]
05            ich habe die bergen äh ich habe SEHR viel respekt von BERgen,| [S]
06            HÜgel habe ich gern,:: [S]
07            BERge weniger;| [S]
```

Bei den Sprecherinnen und Sprechern mit Englisch als Erstsprache ist auch bei den Arten der Mischungen eine große Bandbreite feststellbar. Während bei Loren und Joanna Mischungen über alle linguistischen Ebenen hinweg auftreten, obwohl sie gleichzeitig in Bezug auf den am häufigsten verwendeten Code ein anderes Grundmuster aufweisen, sind Mischungen bei James, Beth und Stan sehr viel seltener. James produziert einige s-Palatalisierungen, seine weiteren Mischungen entstehen größtenteils durch die unmittelbare Wiederaufnahme von Teilen der Äußerungen der dialektalen Sprecherin.

Die Sprecher/-innen mit Türkisch als Erstsprache fallen ebenfalls durch insgesamt wenig Mischungen bei gleichzeitig ausgeprägter Standardnutzung und wenig Gebrauch von Dialekt auf. Hakan spricht dabei mit einem vergleichsweise hohen Anteil von Mischungen, wobei seine Mischungen in den meisten Fällen durch die Nutzung der dialektalen Partikel *aso* ‚also' zustande kommen und dem Gebrauch von *nid/ned* anstelle von *nicht*. Dieser Gebrauch der dialektalen Partikel *aso* ist auch der Grund für die seltenen Mischungen von Ahmed und für einige der gemischten Äußerungen von Yagmur. Bei Aylin schließlich fällt auf, dass sie eine sehr konsequente dialektale Markierung von Relativsätzen mit *wo* vornimmt, die im Rahmen ihrer sonst sehr standardsprachlichen Sprechweise heraussticht. Daneben verwendet sie einige wenige dialektale lexikalische Einheiten, z. B. die Partikel *äbe* ‚eben'.

Ein entsprechendes Beispiel für das vereinzelte Untermischen von dialektalen Partikeln soll durch einen Ausschnitt von Hakan gegeben werden. In diesem erzählt er, dass er manchmal im Gespräch mit Personen seinen bevorzugten Code angeben könne und dass er sich in solchen Fällen Hochdeutsch wünsche. Er verstehe Dialekt zwar meistens – wie er dann auch auf die Rückfrage der dialektsprechenden Interviewerin hin bestätigt –, wolle aber in wichtigen Situationen das Risiko verringern, etwas zu verpassen. Die eingemischten dialektalen Partikeln wie *aso* ‚also' in den Zeilen 10 und 14 und *ned* ‚nicht' in Zeile 10 sind durch Unterstreichung markiert.

Ausschnitt 6: „Aso Schweizerdeutsch versteh ich ned so ganz gut." Hakan (19:03)
(Hak = Hakan, Erstsprache: Türkisch, I-S = standardsprechede Interviewerin, I-D = dialektsprechende Interviewerin)

```
01    I-S:    wird das manchmal THEmatisiert,
02            was dir LIEber ist?
03            also FRAgen sie danach,
04            was dir LIEber ist?
05            ob du l=
06    Hak:    ja manchmal FRAgen sie-::: [S]
07            welche LIEber ist oder.| [S]
08    I-S:    was= was SAGST du dann?
09    Hak:    ja (.) HOCHdeutsch klar,| (lachen) [S]
10            aso SCHWEIzerdeutsch verstehe ich ned so ganz gut;| [M]
11            DArum;| (3 Sek.) [S]
```

```
12   I-D:    aber MI häsch bis jetz ämu verstande (.) oder?
13   Hak:    ja ja bis jetzt ALles;| [S]
14           aso ich versteh SCHON;| [M]
15           aber MANCHmal (.) vor allem wenn etwas (.) ganz wichtig is,:: [S]
16           dann ich möchte auch nicht etwas verPASsen und oder zwei (.)
                drei mal-| (lacht) [S]
```

Es wurde zuvor schon erwähnt, dass nicht alle Sprecher/-innen eine vergleichsweise hohe Orientierung hin zu einem der Codes aufweisen. Das verdeutlicht auch das folgende Beispiel von Julio, einem Zweitsprachbenutzer portugiesischer Herkunft, der seit 15 Jahren in der Schweiz lebt und arbeitet. In der Passage „Man hört es dann schon" erklärt er, dass ihm die Unterscheidung beim Sprechen Schwierigkeiten bereite und er jenen Code verwende, den er in der Situation gerade abrufen könne. Es scheint gar nicht in seiner Absicht zu liegen, Dialekt und Standard auseinanderzuhalten. Sein oberstes Ziel besteht vielmehr darin, sich verständigen zu können, in welchem der beiden Codes auch immer. Er gibt an, einfach das zu verwenden, was ihm aus seiner Sicht gerade zur Verfügung stehe, wobei er es anderen überlasse zu beurteilen, ob es sich dabei um Dialekt oder Standard handle. Ganz offensichtlich wird auch hier wieder, dass die von Autochthonen strikt gezogene Grenze zwischen Dialekt und Standard bei den Allochthonen einem großen Graubereich gegenübersteht, denn in seinem Gesprächsausschnitt lässt sich ein häufiges Wechseln zwischen dialektal und standardsprachlich realisierten Elementen und eine Reihe von diskutierbaren Grenzfällen beobachten, die genauer besprochen werden sollen.

Nach der dialektalen Diskurseinleitung mit *jo aso* in Zeile 3 beginnt er zunächst im Standard und mit einem ambigen Satzteil, bevor er dann die Bezeichnung für Schweizerdeutsch dialektal realisiert (Zeile 5) und teilweise dialektal fortfährt. Die Einheit *sprich* ist einer von vielen Zweifelsfällen, da *sprechen* an sich kein dialektales Lexem ist, die Kategorisierung als Dialekt wäre hier aber angesichts der Apokope und vor allem im Kontrast zu *spreche* in Zeile 14 denkbar. Die dialektalen Passagen, von denen nur die eindeutigen durch Unterstreichung markiert sind, setzen sich dann im weiteren Verlauf des Ausschnittes etwa durch *s*-Palatalisierung (*isch* in Z. 7 und 20), *nid* in Zeile 8, dialektale Lexeme wie *ghöre* ‚hören' (Zeile 15), die dialektalen Formen von *ich* und *man* fort.

Ausschnitt 7: „Man hört es dann schon." Julio (16:45)
(I-S = Standard sprechende Interviewerin, Jul = Julio, Erstsprache: Portugiesisch)

```
01   I-S:   und GIBT_s situationen,
02          in denen sie hochdeutsch sprechen MÜSsen? (--)
03   Jul:   jo aso (.) ich SPRECH einfach-:: [M]
```

```
04              was ich (-) was ich WEISS;| [A]
05              hochdeutsch oder schwiizerdütsch (-) sprich i EIFACH.| [M]
06    I-S:      und mit wem/ mit wem sprechen sie diaLEKT (-) also schwiizerdütsch?
07    Jul:      das isch eine schwierige FRAge. (lacht)| [M]
08              mhm (.) ich weiss nid,| [DIA]
09              aso gleich wie DAS (-) dass i i (-) i aso-:: [M]
10              sie SAge;=oder?:: [STD]
11              ich sprich EINfach,:: [STD]
12              was i CHENN;=oder?| [DIA]
                was ich kenne/kann
13              ich weiss NICHT,:: [STD]
14              ich das HOCHdeutsch spreche oder schwiizerdütsch.| [SWI]
15              wenn ich GHÖre,:: [M]
                        höre
16              denn merkt ma denn SCHO;=oder?| [DIA]
17              bisch du GSI (-) eifach ja;| (---) [DIA]
                bist du gewesen (--) einfach ja;
18              oder im radio da MERKT ma-:: [M]
19              wie das isch einfach SCHWIzerdütsch;=oder?| [M]
20              jetzt mit die CH ch ch;=oder?| [STD]
21              und i MERKE;=oder? (--)| [M]
22              aber wenn ich das REde-| [STD]
```

An einem solchen Ausschnitt wird einmal mehr klar, dass es zwar eine interessante, aber keine unproblematische Frage ist, wo genau die Grenze zwischen Dialekt und Standard gezogen wird. Dies ist vor allem offensichtlich, wenn sich in diese grundsätzlich schon nicht immer ganz eindeutige Thematik noch Einflüsse von Lernersprache mischen. An welcher Norm werden die Äußerungen gemessen und wie wird mit dem großen Bereich der isomorphen Elemente umgegangen? Im Aargauer Umgebungsdialekt des oberen Sprechers ist beispielsweise die Form der 1. P. Sg von *wissen* isomorph mit dem Standard (Z. 4, 8 und 13); im Berndeutschen wäre dies nicht der Fall. Wie geschlossen muss dort allerdings der *e*-Laut im Diphthong sein, um es dann als Dialekt zu beurteilen? Bei solchen Kategorisierungen von Lernendenäußerungen in Dialekt und Standard spielen zweifelsohne Idealisierungen und Vereinfachungen sowie Einschätzungen davon, was im Umgebungskontext wahrscheinlicher ist, eine nicht unbedeutende Rolle.

Treten Abweichungen von Dialekt wie auch von Standard auf, so sind dies nicht automatisch Mischungen. Arbid verwendet etwa im Kontakt mit der Dialektsprecherin sehr konsequent eine dialektale Sprechweise. Wenngleich diese teilweise von der dialektalen Norm abweicht, scheint sie dennoch klar dialektal intendiert, wie der folgende Ausschnitt illustriert, und wird entsprechend auch als dialektal kategorisiert.

Ausschnitt 8: „I ha gseit, mir rede nur Dütsch." Arbid (12:36)
(Arb = Arbid, Erstsprache: Albanisch)

```
01    Arb:    mir hän_s IMmer dütsch gredet.| [D]
              wir haben immer deutsch geredet.
02            i han im GSEIT-:: [D]
              ich habe ihm gesagt,
03            er ka GUET dütsch-:: [D]
              er kann gut deutsch,
04            er isch DA erwachse;| [D]
              er ist hier aufgewachsen;
05            i ha GSEIT-:: [D]
              ich habe gesagt,
06            mir rede nur DÜTSCH-:: [D]
              wir reden nur deutsch,
07            wel ich BRUUCH das;| [D]
              weil ich das brauche;
08            äh (.) denn han mir immer DÜTSCH gredet.| [D]
              äh (.) dann haben wir immer deutsch geredet.
09            aber jetzt mir SCHAFfe nümme zämme,| [D]
              aber jetzt arbeiten wir nicht mehr zusammen,
10            er isch IMmer no do,:: [D]
              er ist immer noch da,
11            aber i schaff öppis (.) mach ÖPpis anders;| [D]
              aber ich arbeite etwas (.) mache etwas anderes;
```

Bereits in Zeile 1 fällt eine Abweichung in der Form von *hän's* von der dialektalen Norm auf, da das angehängte klitische Pronomen hier nicht notwendig ist. Das Lexem *erwachse* statt *uufwachse* in Zeile 4 ist zwar zielsprachlich abweichend (ebenso wie etwa *aacho* ‚angekommen' in Zeile 2 des unten folgenden Ausschnitts anstelle von *aagfo* ‚angefangen'), aber dennoch klar dialektal intendiert. Die erwähnten Abweichungen lassen sich jedoch als lernersprachlich klassifizieren und sind keine Wechsel zum oder Mischungen mit Standard, wie sie etwa im folgenden Beispiel beobachtet werden können, in dem Arbid von der Sprachverwendung seines Sohnes berichtet. In diesem Falle werden die eingemischten Standardelemente zur besseren Sichtbarkeit durch Unterstreichung markiert.

Ausschnitt 9: „Er versuecht n'bisschen Dütsch" Arbid (13:33)
(Arb = Arbid, Erstsprache: Albanisch)

```
01    Arb:    und wenn er USsegoht,:: [D]
              und wenn er hinausgeht,
02            er hät scho aacho verSTANde;::: [D]
              er hat schon angefangen zu verstehen,
```

```
03            wenn die andere verschton kai alBAnisch;:: [D]
              wenn die anderen kein albanisch verstehen;
04            wenn er bim SPIELplatz und so-| [D]
              wenn er auf dem spielplatz und so-
05            ich MERK_s halt ihm-:: [D]
              ich merke es bei ihm-
06            so bei= beim kind und spielplatz er verSUACHT mit hand oder
              von paar dütsche worte,:: [M]
              so bei einem kind und auf dem spielplatz versucht er mit händen oder
              ein paar deutschen worten,
07            weil er verSTOHT-:: [D]
              weil er versteht-
08            dass die andere verSTOHN kai albanisch.| [D]
              dass die anderen kein albanisch verstehen.
09            aber wenn mir gönde ga Ichaufe und so an der kassa und so,:: [D]
              aber wenn wir einkaufen gehen und so an der kassa und so,
10            er versuecht n_bisschen DÜTSCH.| [M]
              er versucht ein bisschen deutsch.
11            ned gue= also ned VIIL,:: [D]
              nicht gu= also nicht viel,
12            wel albanisch redt er AU ned so viil;| [D]
              weil albanisch redet er auch nicht so viel;
```

Sowohl in Zeile 6 wie auch in Zeile 10 fügt Arbid einzelne klar als standardsprachlich identifizierbare Elemente ein, die durch Unterstreichung hervorgehoben sind. Bei *versuecht* in Zeile 6 und 10 ist es hingegen aufgrund des dialektalen Diphthongs plausibel, das Element als dialektal einzustufen, wenngleich das eindeutiger dialektale Verb *probiere* wäre. Mit *n bisschen* anstelle von *e chli*, das er abgesehen davon mehrfach verwendet, mischt Arbid an dieser Stelle eingebettet in dialektales Sprechen die standardsprachliche Phrase.

Schließlich soll noch einmal auf einzelne Sprecher/-innen und Gesprächsabschnitte zurückgekommen werden, bei denen sich ein präferierter Code nicht so gut beobachten lässt, da die Wechsel zwischen Dialekt und Standard in viel höherer Intensität auftreten bzw. die Kategorisierung, wo der eine Code beginnt und der andere aufhört, phasenweise sehr viel schwieriger zu bestimmen ist. Bei Milot etwa folgt in vielen Äußerungen Dialekt unmittelbar auf Standard und es lässt sich wie im folgenden Ausschnitt, in dem er beschreibt, dass er sich eigentlich von Anfang an in der Schweiz wohl gefühlt hat, keine Präferenz für Dialekt oder Standard bestimmen. Die eindeutig dialektalen Elemente sind einfach unterstrichen, die standardsprachlichen kursiv, und was beiden Codes zugeordnet werden könnte, ist in Normalschrift wiedergegeben.

Ausschnitt 10: „Eine gute Lösung mitenand" Milot (11:05)
(Mil = Milot, Erstsprache: Albanisch)

```
01    Mil:    weil han i scho überlebt diese schlechte LEben oder
              schlechte (.) irgendwas.| [M]
02            hier is SUper oder.| [S]
03            ja super (--) moment i bin GUT oder;| [M]
04            und am anfang AU gut.| [M]
05            weil mein frau (.) han i nid zum beispiel SCHWErig;::| [M]
06            mir ham_mer scho GELD (.) oder nid-| [D]
07            beide nid mit ar= mit ARbeit und so is schwierige-| [M]
08            mir ham_mer scho geLEBT-::| [M]
09            mir ham_mer eine gute lösung mitenand geFUNden,::| [M]
10            und immer mitenand REden dialog und so und-| [M]
```

In diesem Ausschnitt folgen Elemente, die aufgrund der festgelegten Kriterien eindeutig dem Dialekt oder dem Standard zugeordnet werden müssten, unmittelbar aufeinander. So verwendet Milot mit *nid* etwa konsequent eine dialektale Variante der Verneinungspartikel, ebenfalls die dialektalen Pronomen *i* ‚ich' und *mir* ‚wir' zusammen mit der dialektalen Realisierung von *haben* als Hilfsverb, während die Vollverben mit Ausnahme des Partizips *überlebt,* welches uneindeutig ist, immer standardsprachlich realisiert werden: *gelebt, gefunden, reden* und nicht *glebt, gfunde, rede*. Bei *han i* oder *ham mer*, zu welchem er in diesem Fall noch zusätzlich das Pronomen verwendet, könnte es sich um feste Verbindungen handeln. Die Kombination mit einem standardnahen Vollverb lässt sich häufig bei Milot beobachten, etwa auch in der Form von *hammer gereden, hammer finanzieren*. Im genannten Ausschnitt verwendet er auch noch das Adverb *miteinander* in seiner dialektalen Variante.

Sehr ähnlich kurze Intervalle mit Elementen der verschiedenen Codes lassen sich mancherorts auch bei Laura beobachten, deren Sprechweise sich an mancher Stelle des Interviews ebenfalls als sehr hybrid zwischen Dialekt und Standard präsentiert. Auch hier werden wieder als dialektal kategorisierte Elemente einfach unterstrichen, die standardsprachlichen kursiv gesetzt und die ambigen in Normalschrift wiedergegeben. Das Beispiel soll zudem noch als Illustration für das Vorkommen von Switching bei einer Codebezeichnung – in diesem Fall *Hochdeutsch* in Zeile 7 – dienen. Sowohl Dialekt wie auch Standard werden häufig ungeachtet des unmittelbaren sprachlichen Kontexts mit ihren Eigenbezeichnungen benannt (vgl. hierzu auch bereits das Beispiel 16). Da die Wahl dieser Bezeichnungen und der damit verbundene kurzfristige Codewechsel an dieser Stelle durchaus bedeutungsvoll sind, wurde der entsprechende Satzteil als Switchen kategorisiert. Dass die Verwendung der Eigenbezeichnung nicht ausschließlich zum Zug kommt, verdeutlicht dieser Abschnitt ebenso. Laura verwendet etwa für den lokalen Dialekt sowohl eine gemischte Variante *Schwiizerdeutsch* in Zeile 5 wie auch die dialektale Bezeichnung *Schwiizerdütsch* in Zeile 6.

Ausschnitt 11: „Hochdeutsch isch es bizeli komisch." Laura (15:24)
(Lau = Laura, Erstsprache: Portugiesisch)

```
01    Lau:    wir SAgen aso aso so wenn mit de zunge-:: [M]
02            ich WEISS nid ganz genau,:: [M]
03            STIMme (--) ich weiss nid?:: [M]
04            ich FINde,:: [S]
05            ich haben VIEL mehr kontakt mit schwiizerdeutsch,:: [M]
06            und schwiizerdütsch isch für MICH scho (.) normal.| [D]
07            und hochdeutsch isch es bizeli KOmisch.| [SWITCH]
08            äh (.) wiə SÄge_mer,:: [D]
09            ich weiss NID,:: [D]
10            wie SAgen soll;| [S]
11            die die STIMme oder?| [S]
```

Diese Beispiele zeigen auf, dass Mischungen sehr verschiedenartig durch das gleichzeitige Auftreten von beiden Codes entstehen können. Während zum einen nur sporadisch einzelne Elemente wie etwa dialektale Partikeln eingefügt werden, kommt es in anderen Fällen in höherer Frequenz zu Mischungen, aber dennoch im Rahmen eines präferierten Umgegungscodes, wie es durch die Ausschnitte von Joanna, Loren oder Arbid illustriert wurde. Bei einigen Sprecher/-innen wie etwa bei Milot können bestimmte feste Formulierungen, die vorwiegend in einem der Codes realisiert werden, zu häufigen Mischungen führen. Schließlich wechseln sich bei manchen Sprecherinnen und Sprechern Dialekt und Standard in sehr kurzen Intervallen gegenseitig ab. Den ermittelten Anteil von gemischten Äußerungen im Repertoire durch genauere Analysen zu ergänzen, vermittelt somit greifbarere Einblicke in die Bandbreite des individuellen Mischverhaltens.

4.4 Zusammenfassung zu den beobachteten Dialekt-Standard-Repertoires

Im Fokus dieses Kapitels stand die Analyse des Dialekt-Standard-Repertoires der verschiedenen Sprecher/-innen. Dabei konnten bei den verschiedenen Zweitsprachbenutzenden auf individueller Ebene, aber auch im Hinblick auf die Erstsprachen und teilweise in Abhängigkeit von individuellen Gebrauchsumständen sehr unterschiedliche Muster in der Sprachverwendung mit einer Dialekt- und einer Standardsprecherin beobachtet werden.

Zunächst gibt es offensichtliche Unterschiede, wie homogen bestimmte Gebrauchsmuster bei Sprecherinnen und Sprechern derselben Erstsprache auftreten. Bei den Zweitsprachbenutzenden mit Englisch als Herkunftssprache zeichnen sich sehr unterschiedliche Repertoires mit einer Dominanz von Dialekt bei Stan und Loren, der Standardsprache bei Jean, James und Beth oder einem hohen Anteil von Standard und Mischungen bei Joanna ab. Die Gruppe der albanischsprachigen Personen zeigt ebenfalls unterschiedliche Muster, während die Variationsbreite bei den portugiesischsprachigen Teilnehmenden wiederum geringer ist und hier sehr häufig intensives Mischverhalten beobachtet werden kann. Besonders auffallend ist jedoch das sehr ähnliche Muster bei allen Personen mit Türkisch als Erstsprache, wenngleich sich diese hinsichtlich ihrer persönlichen Merkmale (Aufenthaltsdauer, Menge an Sprachkurs, Partnerschaft mit Schweizer/-in usw.) durchaus wesentlich unterscheiden. Offensichtlich haben sie sich ein sehr ähnliches sprachliches Instrumentarium – oder in den Worten von Gumperz (1964: 138) „weapons of everyday communication" – aufgebaut, um die notwendigen und beabsichtigten (sozialen) Bedeutungen zu vermitteln. Daher soll der mögliche Einflussbereich der Erstsprache genauer in den Blick genommen werden. Um diese Art von Variation oder auch Heterogenität im sprachlichen Repertoire zu erfassen, kann schließlich ebenfalls eine genauere Betrachtung der Sprachideologien und der metalinguistischen Interpretationen (*language ideologies and metalinguistic interpretations*) der Personen nützlich sein (Busch 2012: 510). Was an dieser Stelle zum Zwecke einer ersten Reflexion des sprachlichen Repertoires insbesondere im Hinblick auf den Einfluss der Erstsprache erörtert wird, soll in Kapitel 7 „Dialekt und Standard aus der Perspektive der Lernenden" noch einmal detaillierter aufgegriffen werden.

Wenn erwachsene Personen eine Zweit- oder Fremdsprache lernen, so stehen ihnen bereits soziolinguistische Kategorisierungen aus ihrer Erstsprache zur Verfügung. Durrell (1995) hat in diesem Zusammenhang das Konzept der soziolinguistischen Interferenz eingeführt, das die Vorstellung verfolgt, dass Zweitsprachbenutzende die soziosymbolischen Werte und Interpretationen aus ihrer Erstsprache auf die verschiedenen Codes (lokal dialektal und überregional standardsprachlich) im zweitsprachlichen Umfeld übertragen. Obwohl diese Zuweisungen in der Herkunftssprache nicht deterministisch wirken müssen (vgl. etwa Baßler & Spiekermann (2001)), könnte die durchgängige Neigung in Richtung Standardsprache in der Gruppe der türkischsprachigen Personen durchaus aus dieser Perspektive betrachtet werden. Es wäre möglich, dass diese Präferenz für die Standardsprache durch soziale Kategorisierungen von Dialekt und Standard aus ihrer erstsprachlichen Sozialisierung beeinflusst ist. Die Vorstellung, dass die Standardsprache allen anderen Varietäten aufgrund ihrer höheren Wertigkeit, Korrektheit und dergleichen zu bevorzugen ist, bezeichnet man als *Standardspra-*

chideologie, wie sie von Maitz & Elspaß (2011: 9) und Siegel (2006: 160–162) im pädagogischen Kontext oder etwa im allgemeinen soziolinguistischen Kontext von Lippi-Green (1997) diskutiert wird. Es ist bekannt, dass das Türkische im 20. Jahrhundert eine sehr umfangreiche Sprachreform durchlaufen hat und dass das gegenwärtige Türkisch durch eine Reform des Alphabets und eine Purifizierung des Lexikons und der Grammatik geprägt wurde. Gleichzeitig kam es in diesem Zusammenhang zu einer sehr erfolgreichen Förderung und Forcierung von Standardisierung und Kodifizierung des Türkischen (Bayyurt 2010; Doğançay-Aktuna 2004). Vor diesem Hintergrund scheint bei den türkischsprachigen Individuen eine starke Standardsprachideologie und darauf aufbauende soziolinguistische Interferenz in der Form einer Präferenz des Standards und eines beinahe kompletten Ausschlusses von Dialekt in der Zweitsprache plausibel. Für die Gruppe der Personen mit Portugiesisch als Erstsprache wäre grundsätzlich eine stärkere Orientierung an der Standardsprache ebenfalls aufgrund einer sehr starken Standardsprachideologie in der Herkunftssprache denkbar gewesen (Silva 2020); dort lässt sie sich allerdings nicht beobachten.

Wenn hingegen die Sprachideologien, über die Zweitsprachsprecher/-innen bereits verfügen, weniger ausgeprägte Bewertungen von einzelnen Codes beinhalten, wirken im Hinblick auf die Übernahme oder die Veränderung von Sprachvariationsmustern andere soziale und identitätskonstruierende Aspekte (Regan 2010). Diese sollen hier kurz anhand von anderen Sprecher/-innen angedeutet werden. Im Falle von Stan oder von Arbid kann beispielsweise eine hohe Wertschätzung des Dialekts und eine von ihnen wahrgenommene hohe Relevanz des lokalen Codes für den Aufbau von Nähebeziehungen beobachtet werden. Joanna hingegen unterstreicht die Tatsache, dass sie Standard im beruflichen Kontext benötige und dass sie sich keine große Mühe gebe, Dialekt zu sprechen, obwohl sie Berndeutsch gerne möge. Das könnte ihren gemischten Code-Gebrauch und die Integration von dialektalen Elementen bei einem gleichzeitigen Schwerpunkt auf der Standardsprache erklären. Ihr sprachliches Repertoire stellt dann eine Form der Anpassung an die lokal umgebende Sprachgemeinschaft sowie eine – trotz des Verstoßes gegen autochthone Normen durch zahlreiche Mischungen – strategische und effiziente Art der Kommunikation dar. Die portugiesischen Sprecher/-innen der vorliegenden Stichprobe bringen ebenfalls keine starke Standardsprachideologie mit und diese Tatsache gekoppelt mit wenig Sprachunterricht, wenig Bezug zu Schriftlichkeit und gleichzeitig auch weniger starken persönlichen Verbindungen zu dialektsprechenden Personen könnte der Grund für die große Offenheit gegenüber jeglicher im Alltag funktionsfähigen Codeverwendung darstellen, wie sie auch von Julio angesprochen wird.

Inwiefern im Laufe der Erwerbszeit und in Abhängigkeit von der sprachlichen Entwicklung allgemein ein Ausbau des Dialekt-Standard-Repertoires erfolgt, lässt sich anhand der vorliegenden Sprachgebrauchsmuster schwer bestimmen. Regan (2010: 23) und Howard et al. (2013: 355) räumen aufgrund von vereinzelten Studienergebnissen die Möglichkeit ein, dass der Erwerb von Variation bereits sehr früh in der zweitsprachlichen Entwicklung einsetzen könnte. Unter den beschriebenen Personen sind keine Zweitsprachbenutzenden mit sehr geringer Aufenthaltszeit vorhanden. Allerdings weist diejenige Person mit der kürzesten erfassten Aufenthaltszeit – James – im Gespräch bereits Anpassungsfähigkeit auf. Seine Sprachverwendung nähert sich jedoch nur in sehr geringem Maße an das Variationsmuster der umgebenden Sprachgemeinschaft an, da er neben geringen Anteilen von Mischungen und Dialekt auch mit der Dialektsprecherin überwiegend Standard verwendet. Die Tatsache, dass James als Person mit der kürzesten Kontaktzeit zu Deutsch zum Zeitpunkt des Interviews zukünftige berufsbegleitende Sprachkurse in Betracht zieht und sich lediglich in einer kurzen Wartephase zwischen ebensolchen befindet, kann in seinem Fall die Dominanz der Standardvarietät in seinem Repertoire erklären. Gleichzeitig zeugt sein hoher Anteil von Standard und sein geringer Anteil von Mischungen davon, dass er zwar die Variation (noch) nicht in vollem Umfang erworben hat, allerdings in beträchtlichem Maße implizit über die richtige Zuordnung von Varianten verfügt und sich in geringem, aber signifikantem Maße an die Gesprächspartnerin anpasst. Sehr ähnlich, wenn auch codebezogen in umgekehrtem Sinne verhält es sich bei Arbid. Er befindet sich mit sieben Jahren Aufenthaltszeit unter den teilnehmenden Personen im unteren Drittel und variiert hinsichtlich der Anpassung an die Gesprächspartnerin in ähnlichem Ausmaß wie James. Ob beide ihr Repertoire auch auf der horizontalen Achse, d. h. im Hinblick auf soziolinguistische Variation ausweiten werden, wenn sie auf der entwicklungsbezogenen Achse noch eine höhere Sprachfertigkeit erreichen, muss an dieser Stelle jedoch offen bleiben. Eine derartige Entwicklung wäre entsprechend der beschriebenen Beobachtungen bei fortgeschrittenen Lernenden denkbar und plausibel. Gleichzeitig lassen sich bei vielen der beobachteten langjährigen Zweitsprachbenutzenden, die in einem der Codes sehr effizient und kompetent kommunizieren, wenig direkte Hinweise auf spontansprachliche Variationsfähigkeit finden, was darauf hindeutet, dass diese tatsächlich nur bedingt als ein Zeichen von fortgeschrittener Sprachfähigkeit betrachtet werden kann bzw. dass fortgeschrittene Sprachfähigkeit im Deutschschweizer Kontext nicht automatisch ausgebaute gesprächsgebundene Variationsfähigkeit zwischen Dialekt und Standard impliziert.

Der Umstand, im Input Dialekt und Standard ausgesetzt zu sein, führt bei erwachsenen Zweitsprachbenutzenden nicht zwangsläufig dazu, die beiden Codes auf die für Autochthone beschriebene diglossische Art (Christen et al. 2010; Hove 2008) zu lernen und zu gebrauchen. Nur wenige der interviewten Personen zeigen einen signifikant variablen Gebrauch der Codes abhängig vom Gesprächsgegenüber. James, Loren, Beth, Arbid und Julio weisen dabei keine invertierten Gebrauchsmuster auf, aber sie erhöhen jeweils die Verwendung des Codes, den auch die aktuelle Interviewerin spricht, was zu signifikanten Veränderungen im Gebrauchsmuster von Dialekt, Standard und gemischter Rede führt. Darüber hinaus besitzen einige Sprecher/-innen – etwa Joanna, Milot, Veronica und Maria-Luisa fallen hier auf – einen hohen Anteil von gemischter Rede. Bei einigen Zweitsprachbenutzenden bleibt der Anteil von Mischungen hingegen gering und in wenigen Fällen entsprechen die Mischungen von dialektalen Elementen im standardsprachlichen Umfeld sogar einem Sprachverhalten, das auch bei Autochthonen beobachtet werden kann. So stellen etwa auch Christen et al. (2010: 203) bei Deutschschweizer Polizeibediensteten den Gebrauch von dialektalen Partikeln wie *aso* ‚also' oder *äbe* ‚eben' fest. Sie erklären dies auf zwei mögliche Arten: Zum einen besitzen diese Partikeln durch ihre Häufigkeit eine hohe Zugänglichkeit. Gleichzeitig kann ihr Gebrauch eine sozial entspannende Wirkung ausüben und als Möglichkeit der sozialen Annäherung betrachtet werden. Solche Gebrauchsmuster könnten folglich auch Zweitsprachbenutzenden im Schweizer Sprachalltag begegnen, ihnen als Vorbild dienen und die Kategorisierung als standardsprachlich unterstützen. Insgesamt soll an dieser Stelle betont werden, dass Verstöße gegen die impliziten Normen in der Form von Mischungen der übergeordneten kommunikativen Absicht nicht abträglich sind, da den Schweizer Sprecher/-innen beide Codes geläufig sind und somit Mischungen der verschiedenen Arten zwar nicht ihren eigenen Gewohnheiten entsprechen mögen, aber verstanden werden können.

Dass sich die Variationsfähigkeit an die idealisierte, adressatenbezogene Trennung von Dialekt und Standard nur annähert, mag auch der Komplexität der beteiligten Variation in der Form von Unterschieden zwischen Dialekt und Standard auf sämtlichen sprachlichen Ebenen geschuldet sein. Die hier beschriebene Variation kann nur bedingt mit anderen Studien im Zweitsprachkontext verglichen werden. Dass dort lediglich Variation von einzelnen lautlichen Realisierungen oder morphologischen Elementen betrachtet wird (Schleef 2017; Drummond 2010), ist nicht als Kritik an eben diesen Untersuchungen und ihren Erkenntnissen, sondern vielmehr als Erklärung dafür zu verstehen, dass sich die hier beobachteten Sprecher/-innen den Variationsmustern der umgebenden Personen nur annähern, diese jedoch nicht zur Gänze übernehmen. So sind zwar die Codes sprachlich ausreichend weit voneinander entfernt, dass die Variation Mehrsprachigkeitssituationen ähnelt, durch die rezeptiven Fähigkeiten der sie umgebenden Sprachbenutzer/-innen ist jedoch gleichzeitig die Notwendigkeit, beide Sprachsysteme gleichermaßen aufzubauen, verhältnismäßig gering.

Dialekt und Standard adressatenbezogen und in einer relativ strikten Trennung zu verwenden, wie dies bei autochthonen Personen beobachtet wird, stellt für die beobachteten Zweitsprachbenutzer/-innen oft eine große Herausforderung dar. Loren ist eine der Personen, die einem solchen erstsprachlichen Muster am nächsten kommen, bei James, Arbid, Vitor oder Beth sind die Veränderungen deutlich geringer ausgeprägt. Durch Anpassung an das Gegenüber im Gespräch kann eine kurzzeitige Veränderung des Sprachgebrauchs beobachtet werden, die bei häufiger Wiederholung auch zu längerfristiger Akkommodation und sprachlicher Entwicklung führen kann (Zuengler 1991; Atkinson 2010). Beim Großteil der Sprecher/-innen ist das kurzfristige Anpassungspotential jedoch gering ausgeprägt; längerfristig scheinen sie sich unterschiedlich stark an Sprecher/-innen der beiden beteiligten Codes orientiert zu haben.

Insgesamt lassen die beobachteten sprachlichen Repertoires darauf schließen, dass viele Zweitsprachbenutzende über Wissen bezüglich Variation verfügen. Insbesondere bei den Sprecherinnen und Sprechern mit geringen Raten an Mischungen scheint eine hohe grundsätzliche Diskriminationsfähigkeit vorzuliegen. Dass die Personen mit starker Präferenz für einen der Codes keinen Kontakt mit dem jeweils anderen hatten, ist auszuschließen, zumal sechs von sieben mit Schweizer Familienanschluss leben. Vielmehr deutet dieses Sprechverhalten darauf hin, dass sie im eigenen Erwerbsprozess den jeweils anderen größtenteils vernachlässigt haben. Gleichzeitig scheinen bei den Zweitsprachbenutzenden die sozioindexikalischen Interpretationen der Codes teilweise von den autochthonen Zuschreibungen abzuweichen, was in ihrem Sprachgebrauch zu einem Vorzug von entweder Dialekt oder Standard führen kann. Die Tatsache, dass Zweitsprachbenutzer/-innen im Gespräch einen präferierten Code aufweisen, lässt jedoch keine Aussage darüber zu, ob bzw. wie gut sie den jeweils anderen sprechen können. Sie gibt nur einen Hinweis darauf, was sie für den gegebenen Gesprächskontext als die beste Variante betrachten, um (soziale) Bedeutung zu vermitteln.

Dass eine relativ große Menge von Zweitsprachbenutzenden einen hohen Anteil von gemischten Äußerungen aufweist, die in dieser Form im Input nicht vorhanden sind, lässt sich grundsätzlich aus der funktional-dominierten sprachlichen Auseinandersetzung heraus erklären. So wurde im Zusammenhang mit ungesteuertem Erwerb bereits wiederholt beobachtet, dass Merkmale des Inputs nicht automatisch zu Intake werden und den eigenen Sprachgebrauch verändern (VanPatten 2004; Ellis 2008a). Insbesondere im ungesteuerten Kontext führt der Mangel an Rückmeldungen durch Lehrpersonen oder Interaktionspartner/-innen, die sich auf die Form der Äußerungen beziehen, dazu, dass die Variation zwischen Dialekt und Standard nicht in den Fokus der Aufmerksamkeit gelangt. Die Vermittlung der Bedeutung rückt somit im Vergleich zur systematischen Unterscheidung der beiden Codes in den Hintergrund und Elemente aus Dialekt wie Standard treten in solchen Fällen nebeneinander auf. Diese Mischungen vermitteln im Gegensatz zu vergleichsweise wenigen Code-Switches lokal nicht den Eindruck, bedeutungsvoll zu sein. Da die miteinander gemischten Elemente jedoch keinen stabilen Form-Funktionsbeziehungen folgen – und häufig die Alternativen aus dem anderen Code ebenfalls verwendet werden – sind die Bedingungen für ein tatsächlich fusioniertes Sprachsystem nach Auer (1999: 321) nicht gegeben. Viel eher kann zum einen davon ausgegangen werden, dass bei einzelnen sprachlichen Konstruktionen teilweise ambige Zuweisungen vorgenommen wurden und der Pool an Elementen und Wörtern, die gleichermaßen in beiden Codes verwendet werden können, zu breit definiert ist. Zum anderen können die Assoziationen zwischen potentiell kombinierbaren Elementen zu wenig stark ausgeprägt sein. Ein Beispiel für Ersteres wäre eine Kategorisierung des Adverbs *denn* ‚dann' auch als standardsprachlich, wie es etwa bei Hakan beobachtet wurde; Zweiteres könnte etwa erklären, warum beispielsweise Milot neben der dialektalen Realisierung *i han* ‚ich habe' auch die gemischte Variante *i habe* verwendet und er keine ausreichend feste gegenseitige Assoziation zwischen *i* und *han* einerseits und *ich* und *habe* andererseits aufgebaut hat.

Zusammenfassend kann an dieser Stelle festgehalten werden, dass die beobachteten Muster bei vielen Personen grundsätzliche Unterscheidungsfähigkeit belegen. Da nur wenige flexibel und adressatenabhängig zwischen den Codes wechseln, kann über die Beherrschung der weniger gebrauchten Varietät wenig ausgesagt werden. Wie gut die Fähigkeit, zwischen den Varietäten zu unterscheiden und beide Varietäten in eingeschränktem Maße zu verwenden, konkret beschaffen ist, soll deshalb mit der folgenden Analyse der Übersetzungs- und Entscheidungsaufgaben genauer untersucht werden. Ebenso soll zu späterem Zeitpunkt in Kapitel 7 noch genauer unter die Lupe genommen werden, wie einerseits soziale und linguistische Erfahrungen mit den Zielcodes, aber andererseits auch die sozioindexikalische Interpretation von Dialekt und Standard die Zieldefinitionen des individuellen Lernens und Gebrauchs bestimmen.

5 Übersetzungs- und Entscheidungsaufgabe

Im vorangegangenen Kapitel 4 „Gebrauch von Dialekt und Standard" wurde gezeigt, dass Personen im Gespräch sehr unterschiedliche Muster und Präferenzen in der Verwendung der beiden Codes aufweisen. Daraus lässt sich jedoch nicht automatisch ableiten, über wie viel Wissen sie über den jeweils weniger verwendeten Code verfügen bzw. wie leicht ihnen die Unterscheidung der beiden Codes fällt. Die kurzen Sprachaufgaben, in denen die Personen explizit dazu aufgefordert sind, zwischen Dialekt und Standard zu unterscheiden, sie auseinanderzuhalten und aufgrund von ausgewählten sprachlichen Merkmalen über die jeweilige Zuweisung zu entscheiden, können hierzu mehr Klarheit bringen.

Dementsprechend werden in den Abschnitten 5.1 „Übersetzungsaufgabe" und 5.2 „Entscheidungsaufgabe" die Ergebnisse der Aufgaben präsentiert und diskutiert, mit denen die Produktion von Dialekt und Standard elizitiert oder Wissen zu unterscheidenden Merkmalen der beiden Codes abgerufen werden sollte. Darauf folgt eine kritische methodische Rekapitulation in Abschnitt (5.3), bevor die Daten zusammen mit den freien Gesprächsdaten in eine Analyse von verschiedenen Typen von Zweitsprachsprechenden einfließen (5.4).

5.1 Übersetzungsaufgabe

Wie in den methodischen Erläuterungen zur Übersetzungsaufgabe in 3.2.2 dargestellt wurde, bestand diese Sprachaufgabe aus jeweils fünf Sätzen in Berndeutsch und in Standarddeutsch, wobei die Personen angehalten waren, sie in den jeweils anderen Code zu übersetzen. Aus der resultierenden Produktion wurde jeweils für ein ausgewähltes Set an sprachlichen Merkmalen festgehalten, ob eine zielsprachliche Übertragung stattgefunden hatte.

Die einzelnen Befragten variieren unterschiedlich stark in ihren Fähigkeiten, zwischen Dialekt und Standard zu übersetzen. Diese Fähigkeit basiert natürlich auf der Voraussetzung, dass die jeweiligen Sätze im Ursprungscode auch verstanden werden, weshalb die Personen zudem gebeten wurden, die Sätze in ihre Erstsprache zu übersetzen. Dadurch lässt sich feststellen, ob Schwächen und Lücken in der Übersetzung vielmehr das Resultat von mangelnder Kompetenz im Ursprungscode als im Zielcode darstellen.

Anhand von 20 ausgewählten Items wird mit je einem Punkt festgehalten, ob die Übersetzung dem Zielcode – Dialekt oder Standard – entspricht, während eine Auslassung oder abweichende Realisierung keinen Punkt ergibt. In Abbildung 5.1 werden die Werte, die bei der Übersetzung in beide Richtungen erreicht wurden, für

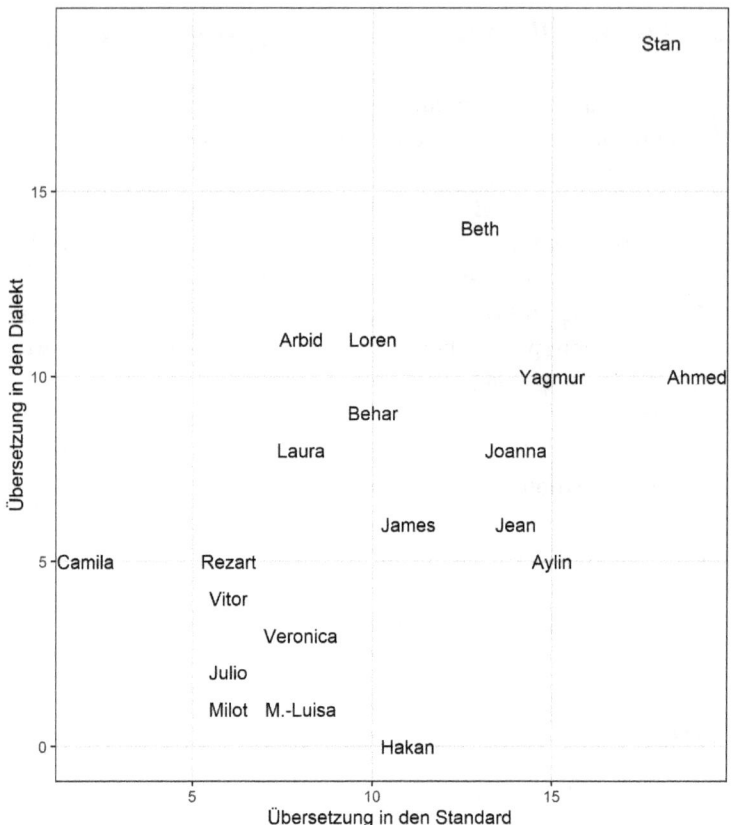

Abb. 5.1: Erreichte Punktewerte in der Übersetzungsaufgabe in Richtung Standardsprache und Dialekt

jede Person gegeneinander aufgetragen. So zeigt sich, wie sich die Fähigkeiten der Personen, in den jeweils anderen Code zu übersetzen, zueinander verhalten. Die detaillierten Ergebnisse für alle Personen befinden sich in Tabelle 9.5 im Anhang.

Einigen Personen bereitet die Aufgabe in beide Richtungen verhältnismäßig viel Mühe. Camila zeigt dabei die größten Schwierigkeiten und kann in Richtung des Standards nur zwei Punkte erreichen, im Vergleich zu fünf Punkten bei der Übersetzung in den Dialekt. Für sechs weitere Personen (Milot, Maria-Luisa, Julio, Veronica, Rezart, Vitor) ist die Aufgabe in beide Richtungen herausfordernd, wenngleich es ihnen in Richtung Standard noch etwas leichter fällt (Werte zwischen sechs und acht) als umgekehrt (Werte zwischen eins und fünf). Bei Hakan fällt auf, dass er die dialektalen Sätze offensichtlich relativ gut verstehen und im Standard wiedergeben kann, die Übersetzung in den Dialekt jedoch nicht einmal versuchen will und deshalb auch keine Punkte erreicht. Arbid und Loren, Behar und Laura platzieren sich mit den Punkten aus beiden Teilaufgaben im mittleren Bereich, wobei die ersteren in die Richtung Dialekt mehr Punkte erreichen; James liegt zwar bei der Übersetzung in den Standard im mittleren Bereich, während er beim Dialekt nur niedere Werte aufweist. Fünf weitere Personen zeigen überdurchschnittlich hohe Werte in Richtung Standard (mindestens 13), können aber unterschiedlich gut dialektale Sätze produzieren. Jean und Aylin fällt dies mit nur fünf bzw. sechs Punkten etwas schwerer als Joanna (acht Punkte). Yagmur besitzt mit Werten im mittleren Bereich (zehn Punkte) eine gewisse Vertrautheit mit dem Dialekt; bei Beth ist diese mit 14 Punkten noch ausgeprägter zu beobachten. Ahmed ist ein Sprecher, der bei einem mittleren Wert für die Dialektübersetzung fast alle Punkte in der Übersetzung in den Standard erreicht. Lediglich den Punkt für die Veränderung der Wortstellung bei einem mehrteiligen Prädikat mit Modalverb *hat geben wollen* erreicht er nicht, da er das Vergangenheitstempus in dem Fall mit *geben wollten* ins Präteritum auflöst und sich die Frage nach der Reihenfolge von Voll- und Modalverb in der rechten Klammer damit erübrigt, wenngleich natürlich eine standardkonforme Wiedergabe gewählt wird. Stan schließlich erreicht in beide Richtungen sehr hohe Werte; im entgeht bei der Übersetzung in den Standard lediglich die Vergangenheitsmarkierung, weshalb er *isch gsi* nicht zu *war*, sondern zu *ist* verändert. Bei der Übersetzung in den Dialekt realisiert er zusammen mit dem Bewegungsverb keine zusätzliche erstarrte Bewegungsverbpartikel. Er präsentiert zwar für den Ausdruck *einkaufen* neben dem dialektal angepassten *iichoufe* auch noch die berndeutschen Varianten *poschte* oder *chömmerle*, realisiert aber keine zusätzliche Partikel *go* oder dergleichen.

Insgesamt fallen den Zweitsprachbenutzenden die Übersetzungen in den Standard etwas leichter (im Durchschnitt 3,5 Punkte Differenz zwischen den Teilaufgaben zugunsten der Übersetzungen in den Standard); entgegen dieser Tendenz verhalten sich Camila, Arbid, Loren und Beth. Umgekehrt ist bei Jean, Maria-Luisa, Yagmur, Aylin, Hakan und Ahmed der Unterschied (zwischen sechs und elf Punkte Differenz) ausgesprochen groß. Was unter den teilnehmenden Personen nicht beobachtet werden kann, sind ausgesprochen gute Fähigkeiten, die Sätze in den Dialekt zu übertragen, bei gleichzeitig wenig Punkten im Standard. Der umgekehrte Fall ist ansatzweise bei Hakan zu beobachten. Er kann zwar die dialektalen Sätze relativ gut verstehen und im Standard wiedergeben, lehnt aber Dialektproduktion zur Gänze ab. Dass die Personen bei den dialektalen Sätzen keine grundsätzlichen Verstehensschwierigkeiten hatten, zeigt jedoch die Analyse der Übersetzungen in die Erstsprachen der Personen.

Werden die Übersetzungen in die Erstsprachen miteinbezogen, so wird deutlich, dass tatsächlich nicht alle Ursprungssätze gleich viel Schwierigkeiten bereiteten. Es wird insbesondere darauf geachtet, ob die Verben und die semantischen

Mitspieler inklusive ihrer Anzahl ebenso wie die Tempusmarkierung richtig verstanden wurden. Bei den dialektalen Übersetzungssätzen sind dementsprechend a) und b) verhältnismäßig unproblematisch, da nur jeweils drei und vier Personen grundsätzliche Verständnisschwierigkeiten haben. Mit Satz e) gibt es insbesondere mit der Vergangenheitsmarkierung Schwierigkeiten, die mit Ausnahme von zwei Personen von allen ignoriert wird. Verhältnismäßig mehr Schwierigkeiten werden bei den Sätzen c) und d) offenbar, bei denen je etwa zwei Drittel bis die Hälfte der Personen Schwierigkeiten mit der sinngemäßen Wiedergabe zeigen. Bei c) sind es insbesondere die Tempusmarkierung am Verb, aber auch die Anzahl und das Geschlecht der Mitspieler, die Schwierigkeiten bereiten, während bei Satz d) insbesondere die Kombination *chunnt cho luege* nicht angemessen – beispielsweise im Sinne oder in Form von *kommt (vorbei)schauen* – mit einem Bewegungsverb plus einem anderen Verb und ohne die erstarrte Bewegungsverbinfinitivpartikel wiedergegeben wird.

Sehr ähnlich fallen jedoch auch die Ergebnisse für die standardsprachlichen Ausgangssätze aus. Hier sind ebenfalls die Sätze a) und b) vergleichsweise unproblematisch, da nur jeweils vier Personen Schwierigkeiten mit der Übertragung haben. Im Satz c) haben wiederum gut zwei Drittel der Personen Schwierigkeiten, die Tempusmarkierung und auch die Anzahl und das natürliche Geschlecht der Personen wiederzugeben. Verhältnismäßig unproblematisch ist Satz d) und wiederum deutlich größere Schwierigkeiten ergeben sich bei Satz e) mit der Vergleichskonstruktion und den daran beteiligten Personen, aber weniger mit der Tempusmarkierung.

Die Verständnisleistung der meisten Personen unterscheidet sich entsprechend dieser groben Einschätzung kaum zwischen den beiden Teilaufgaben, was bedeutet, dass die Anzahl der Sätze, die sie grundsätzlich verstanden haben, um höchstens einen Satz voneinander abweicht. Lediglich bei Milot, Vitor, Veronica und Camila war der Unterschied zwischen der grundsätzlichen Verstehensleistung größer, wobei mit Ausnahme von Vitor jeweils die Schwierigkeiten mit dem Verstehen der Hochdeutschsätze etwas größer waren. Diese Tendenz ist generell über alle Personen hinweg gegeben, bereiten doch im Mittel zwei der hochdeutschen Sätze Schwierigkeiten und nur einer der dialektalen Sätze. Insgesamt wurde in der Auswertung von beiden Teilaufgaben in den Fällen, in denen es möglich war, auf alternative und gewissermaßen gleichwertige Items für die Auswertung auf die Sätze ausgewichen, mit denen weniger Schwierigkeiten auftraten (insbesondere a, b und d). Gerade bei den morphologischen Merkmalen wie reduzierten oder auch vollen Artikelformen war dies nur sehr eingeschränkt möglich. In der Zusammenschau mit den Ergebnissen zur Itemauswertung ergibt sich ein nicht ganz einfach zu erklärendes Gesamtbild: Obwohl die standarddeutschen Sätze gemessen an den Übersetzungen in die Erstsprache rezeptiv geringfügig mehr Schwierigkeiten bereiten (im Schnitt sind 3,31 Sätze pro Person unproblematisch, während es bei den Dialektsätzen 3,1 sind), wird Standard eher produziert. Das steht in einem gewissen Gegensatz zu üblicherweise anzunehmenden Zusammenhängen und der Tatsache, dass Rezeption normalerweise weiter entwickelt ist als Produktion; eine Varietät, mit der rezeptiv mehr Schwierigkeiten bestehen, sollte daher nicht produktiv besser beherrscht werden. In der Situation der vorliegenden Teilnehmenden ließe sich diese Diskrepanz – unter der Annahme, dass die Stimulussätze tatsächlich ähnlich schwierig sind – jedoch durchaus einordnen: Sie scheinen zwar bedingt durch ihre Alltagserfahrungen Routine im Dialektverstehen zu haben, produktiv aber dennoch eine etwas stärkere Standardorientierung vorzuweisen. Im Hinblick auf die stärkere Ausrichtung hin auf die Standardsprache darf auch nicht vergessen werden, dass im Deutschschweizer Alltag natürlich standardsprachliche Schriftlichkeit allgegenwärtig ist.

Auch wenn eine an den Merkmalen orientierte Analyse über die verschiedenen Personen hinweg nur bedingt aussagekräftig ist, sollen zunächst wichtige Auffälligkeiten im Hinblick auf die Realisierung von dialektalen oder standardsprachlichen Merkmalen besprochen werden. Betrachtet man nämlich näher, welche der 20 Items von den Personen eher im jeweiligen Zielcode realisiert werden konnten, so fällt auf, dass dies bei manchen davon sehr viel eher der Fall ist als bei anderen. Bei der Übersetzung in den Standard fällt auf (vgl. hierzu auch die Abbildung 9.1 im Anhang), dass sämtliche lautlichen Merkmale von (a) bis (g) von zumindest der Hälfte der Personen standardsprachlich realisiert werden, bei den morphologischen Merkmalen brechen die Häufigkeiten dann jedoch stark ein, abgesehen von der Realisierung von *die* anstatt der reduzierten Form und von *ein/eine/einen*.

Die Personen verwenden folglich einen nicht-reduzierten unbestimmten Artikel, wenngleich teilweise mit zielsprachlichen Abweichungen in der Genus- bzw. Kasusmarkierung. Von den syntaktischen Merkmalen werden die Relativsatzmarkierung und die Wortstellung nur sehr selten angepasst, das Entfernen der erstarrten Infinitivpartikel beim Bewegungsverb hingegen wird häufig vorgenommen. Die zielsprachliche Veränderung der Wortstellung von *hei wöue gää > haben geben wollen* findet sogar nur bei einer einzigen Person statt. Vier Personen führen eine zielsprachliche Vergangenheitsmarkierung etwa mit *wollten ... geben* durch, was natürlich ebenso dem Zielcode entspricht, hier jedoch nicht die intendierte Wortstellungsfrage beantworten konnte. Bei den weiteren Befragten fehlen entweder das Modalverb und/oder die Tempusmarkierung in der wiedergegebenen Konstruktion. Die lexikalischen Merkmale werden alle mit relativ hohen Häufigkeiten standardsprachlich realisiert, der im Stimulus als *Sunntig* präsentierte Wochentag wurden gar von allen Personen als *Sonntag* wiedergegeben. Das reduzierte Adverb *vilech* wird nur von sieben Personen überhaupt übertragen, dann aber jeweils standardsprachlich. Auf lautlicher und lexikalischer Seite fällt es ihnen insgesamt offenbar leichter, in die Standardsprache zu übersetzen, während im morphologischen und syntaktischen Bereich die dialektalen Elemente entweder gleich belassen werden oder gar nicht Teil der standardsprachlichen Realisierung sind.

In eine ähnliche Richtung weisen die Ergebnisse der Übersetzungsaufgabe in den Dialekt, wenn die Übertragungen im lautlichen und lexikalischen Bereich hier auch deutlich niedriger ausfallen (vgl. die Abbildung 9.2 im Anhang). Im lautlichen Bereich werden der dialektale lange *i*-Monophthong in *miini* am häufigsten produziert. Da in der Standardteilaufgabe sehr häufig *meine* gesagt wurde, kann angenommen werden, dass hier ein relativ auffälliger und bekannter Dialekt–Standard-Kontrast vorliegt, ähnlich beim Kontrastpaar mit bzw. ohne *s*-Palatalisierungen. Interessant ist die Diskrepanz zwischen den beiden untersuchten *en*-Auslauten. Im Falle von *die Schülerinnen* produziert nur eine einzige Person die reduzierte Schwa-Endung, während dies bei der Übersetzung von *braunen* in *einen braunen Vogel* von immerhin neun Personen durchgeführt wird, wobei die Endung im ersteren Fall häufiger standardsprachlich beibehalten wird. Bei den anderen morphologischen Merkmalen sind die Übertragungen verhältnismäßig selten. Betreffend der lexikalischen Einheiten können hingegen etwas höhere Häufigkeiten bemerkt werden: Sechzehn Personen verändern *Dienstag* zum dialektalen *Tsiischtig*, bei den Pronomen und den Bewegungsverben sind es jeweils nur (knapp) die Hälfte. Das Adverb *vielleicht* wird häufig ganz getilgt; die vier Personen, die das Adverb in reduzierter Variante aussprechen, haben allesamt in der anderen Teilaufgabe die standardsprachliche Variante produziert.

Eine solche personenübergreifende Darstellung bezieht jedoch nicht mit ein, welche Variantenpaare den einzelnen Individuen tatsächlich bekannt sind, da sich die Realisierung von einzelnen Merkmalen oder Einheiten über verschiedene Personen hinweg sehr unterschiedlich verteilen könnte.

Es bleibt daher noch genauer zu analysieren, inwiefern die einzelnen Personen bei den jeweiligen Kontrastpaaren wechseln, beide Male im Standard oder Dialekt realisieren oder fehlende/uneinheitliche Werte aufweisen. Damit soll ein Einblick in die Frage gewagt werden, welche sprachlichen Kontraste und Dialekt–Standard-Varianten die Zweitsprachlernenden tatsächlich erworben haben und in der Produktion entsprechend einsetzen können. Denn erst, wenn eine Person den Kontrast von *meine* vs. *miini* in beiden Übersetzungsrichtungen markiert, kann davon ausgegangen werden, dass sie in diesem sprachlichen Bereich Wissen über die Variation zwischen Dialekt und Standard ausgebildet hat. Wenn eine Person in beiden Fällen eine dialektale oder standardsprachliche Variante verwendet, deutet dies hingegen darauf hin, dass sie die jeweils andere Variante zwar verstanden und entsprechend verarbeitet hat, diese jedoch in der eigenen Sprachproduktion nicht bewusst manipulieren kann. Fehlende oder ungleiche Markierung – d. h.

schlichte Wiederholungen dessen, was im Ausgangssatz vorhanden ist – kann als Zeichen für gering ausgeprägte Unterscheidungsfähigkeit betrachtet werden. Natürlich kann angesichts der kleinen Datenmenge sowie der Unterschiede zwischen den jeweiligen Einheiten, die trotz angestrebter (aber nicht immer erreichter) Parallelität in den Teilaufgaben vorhanden sind, jeweils nur von Hinweisen darauf die Rede sein.

Die 20 teilnehmenden Personen unterscheiden sich in der Variationsfähigkeit bei den zwanzig kodierten Merkmalspaaren in beide Richtungen stark (vgl. Abb 5.2). Die Abbildung repräsentiert für die einzelnen Personen, in welchem Ausmaß sie bei den 20 insgesamt kodierten Variantenpaaren in den beiden Aufgabenteilen jeweils einen Wechsel vollzogen, in beiden Fällen dialektal oder standardsprachlich realisiert haben oder die Variante uneinheitlich wiedergegeben haben. Wenn also eine Person bei der Übersetzung in den Dialekt ausgehend von *meine* dann *miini* produziert und in Richtung Standard ausgehend von *miini* dann *meine* verwendet, so wird dies als vollzogener Wechsel dargestellt. Wenn jemand auch bei der Übersetzung in Richtung Dialekt *meine* beibehält und bei der Übersetzung in Richtung Standard aus *miini meine* macht, so gilt dies als konsequent standardsprachliche Realisierung, während die Verwendung von *miini* in beiden Teilaufgaben als dialektale Realisierungen kategorisiert wird. Fehlt die Realisierung in einer der Teilaufgaben oder wird es uneinheitlich einmal bei der Form aus dem Stimulussatz belassen und einmal geändert, dann wird es als uneinheitliche/fehlende Realisierung gewertet. Da Hakan in Richtung Dialekt nicht übersetzen wollte, lassen sich bei ihm hierbei ausschließlich fehlende Werte ausweisen. Welche Merkmale im Detail von den einzelnen Personen realisiert werden, wird im Anhang in den Detailtabellen 9.6 und 9.7 wiedergegeben.

Jeweils maximal 70 % uneinheitliche Realisierungen und nur sehr wenige – wenn überhaupt vorhandene – Wechsel nehmen Rezart, Milot, Julio, Vitor, Veronica, Maria-Luisa und Camila vor. Arbid, Behar, Loren und Laura zeigen bei 20 bis 35 % der Merkmale Wechsel und darüber hinaus noch wenige durchgängig dialektale oder standardsprachliche Realisierungen. Diese Zweitsprachbenutzenden haben offensichtlich große Schwierigkeiten, die beiden Codes in der Produktion bewusst auseinanderzuhalten, zusätzlich treten teilweise noch Rezeptionsschwierigkeiten zutage. Bei James, Jean, Joanna und Aylin lassen sich jeweils wenige (15 bis 30 %) Wechsel und daneben ein beträchtlicher Anteil von standardsprachlichen Äußerungen (jeweils weitere 25 bis 30 %) beobachten. Sie alle scheinen über eine geringe bewusst steuerbare Variationskompetenz zu verfügen. Ein etwas höherer Anteil von Wechseln bei einer gleichzeitigen Reihe von durchgängig standardsprachlichen Realisierungen werden bei Beth, Yagmur und Ahmed verzeichnet. Mit Wechselanteilen von 40 bis 55 % besitzen diese Personen offenbar beträchtliches Wissen über die beiden beteiligten Codes. Deutlich hervor sticht

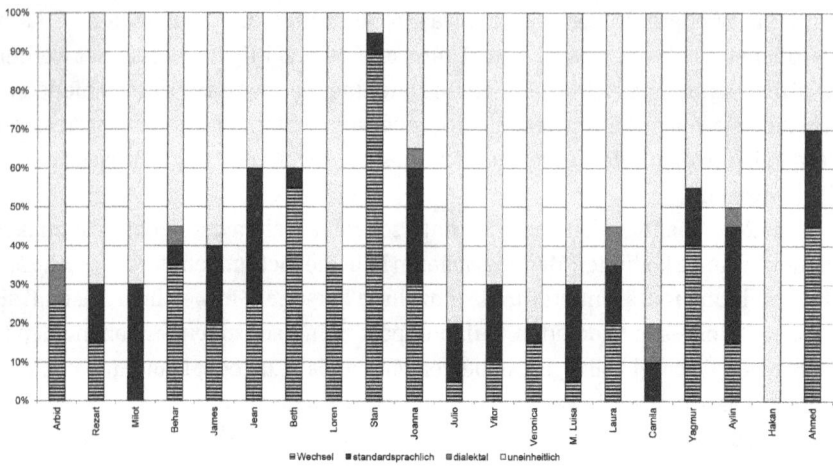

Abb. 5.2: Anteile von vollzogenen Wechseln, standardsprachlichen oder dialektalen Realisierungen in beiden Aufgabenteilen sowie uneinheitlichen/fehlenden Realisierungen in den Übersetzungsteilaufgaben bei den 20 teilnehmenden Personen

Stan, der bei 90 % der kodierten Merkmale Dialekt und Standard wechselseitig und jeweils zielcodeartig verändert.

Die bei den einzelnen Teilnehmerinnen und Teilnehmern beschriebenen Wechsel verteilen sich jedoch nicht gleichmäßig über alle Merkmalspaare. Deshalb sollen die Ergebnisse aus der Perspektive der Variantenpaare noch dargestellt werden. In Abbildung 5.3 wird dargestellt, in welchem Anteil bei einem Variantenpaar (etwa *miini* vs. *meine* bzw. Mono- vs. Diphthong) gewechselt wird – ob hier also variiert wird – oder ausschließlich die standardsprachliche oder dialektale Variante verwendet wird oder wie viele uneinheitliche und fehlende Realisierungen sich beobachten lassen.

So lässt sich erkennen, dass die lexikalischen Variantenpaare von (p) bis (t) mit Ausnahme des Adverbs *vielleicht* vs. *vilech* – das wohl aufgrund seiner Fakultativität im Satz öfter wenig Aufmerksamkeit bekam und gar nicht realisiert wurde – etwas häufiger in beiden Teilaufgaben zielcodeartig verändert werden als lexikalische Einheiten, die für lautliche Merkmale von (a) bis (f) stehen. Bei den morphologischen Varianten fällt das Variantenpaar *einen – e* mit etwas höheren Anteilen von Wechseln auf. Die syntaktischen Varianten schließlich werden sehr variabel gehandhabt. Der Relativsatzanschluss wird nur von einer Person jeweils zielcodeartig verändert, während die standardsprachliche Variante in 20 % der Fälle in beiden Teilaufgaben realisiert und in 25 % der Fälle – ein im Vergleich mit den anderen Paaren hoher Wert – die dialektale Variante produziert wird. Mit 25 %

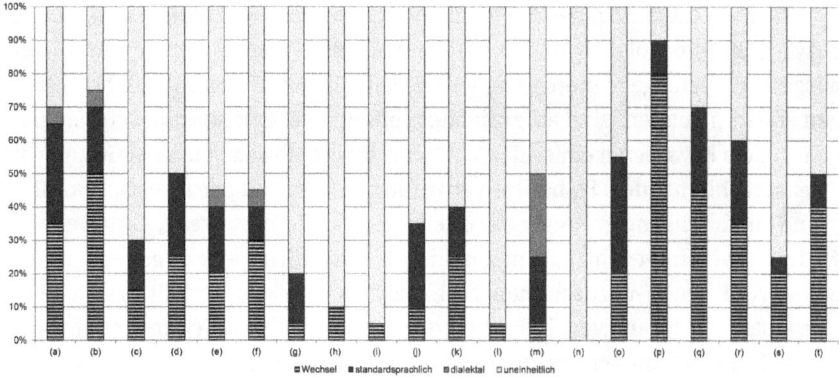

Abb. 5.3: Anteile von vollzogenen Wechseln in beiden Aufgabenteilen, von standardsprachlichen oder dialektalen Realisierungen sowie uneinheitlichen/fehlenden Realisierungen in den Übersetzungsteilaufgaben bei den untersuchten Variantenpaaren: (a) Di- vs. Monophthong (uə–u), (b) Mono- vs. Diphthong (i–ei), (c) Mono- vs. Diphthong (ü–eu), (d) Mono- vs. Diphthong (u–au), (e) Nebentonsilbenrealisierung (Schwa–i), (f) Palatalisierung (sch–st), (g) auslautendes -en, (h) auslautendes -en, (i) Präteritum vs. Perfekt, (j) Artikelrealisierung (die–d), (k) Artikelrealisierung (einen–e), (l) Artikelrealisierung Dativ, (m) Relativsatzverknüpfung, (n) Wortstellung Verbcluster mit Modalverb, (o) Bewegungsverbverdoppelung, (p) Wochentag, (q) Bewegungsverb, (r) Pronomen, (s) Adverb, (t) Pronomen.

durchgängig dialektalen Markierungen ist dies das Variantenpaar, bei welchem die Teilnehmer/-innen am ehesten zum Dialekt tendieren. Genauere Ausführungen zum Erwerb von Variation beim Relativsatz finden sich in Kapitel 6.

Die Wortstellung im Verbcluster mit Modalverb führte zu durchgängig uneinheitlichen Realisierungen: Während in vielen Fällen gar nicht alle verbalen Bestandteile realisiert werden, fehlt in anderen Fällen die Tempusmarkierung oder die Konstruktion wird zwar zielsprachlich ins Präteritum, aber damit in eine andere Zeitform übertragen. All dies zusammen führt dazu, dass keine einzige Person sowohl die Übersetzung von *hei ... wöue gää > haben geben wollen* als auch von *wollten schenken > hei wöue schänke* vornimmt. Beim Variantenpaar zur Bewegungsverbverdoppelung realisieren schließlich die meisten Personen die standardsprachliche Realisierung ohne Infinitivpartikel (*cho, go* usw.). Mit 35 % durchgängig standardsprachlichen Markierungen ist dies das Merkmalspaar, bei welchem die Teilnehmer/-innen am ehesten zur Standardsprache tendieren. Insgesamt fällt auf, dass, wenn Personen Variantenpaare konsequenter in einem Code beibehalten, es sich dabei in den allermeisten Fällen um die standardsprachlichen Varianten handelt. Dementsprechend sind in Abbildung 5.3 relativ große dunkelgraue Balkenanteile im Vergleich zu den hellgrauen zu erkennen, die für die durchgängige dialektale Realisierung stehen.

Die oben beschriebenen Fähigkeiten, explizit zwischen Dialekt und Standard zu wechseln, sind folglich bei den 20 teilnehmenden Personen sehr unterschiedlich ausgeprägt. Verallgemeinerungen, welche Faktoren die unterschiedlichen Leistungen erklären können, sind aufgrund der geringen Personenanzahl schwer zu tätigen. Zudem kovariieren einige der Merkmale innerhalb von manchen Gruppen von Zweitsprachlernenden. So besitzen etwa die Befragten mit portugiesischem Hintergrund ein durchgängig vergleichsweise niedriges Bildungsniveau, hatten allesamt wenig Sprachunterricht und niemand aus dieser Gruppe lebt mit einem/einer Schweizer Partner/-in zusammen. Nicht ganz so homogen, verhält es sich bei den vier albanisch sprachigen Teilnehmern, die teilweise deutlich mehr Schul- und Ausbildung mitbringen. Die Gruppe von Personen mit Englisch als Erstsprache ist hingegen etwas stärker durchmischt, wenngleich sich bezüglich des Bildungsniveaus vergleichsweise hohe Werte zeigen und des Weiteren alle Personen mit einem/einer Schweizer/-in in einer Partnerschaft zusammenleben oder über viele Jahre zusammengelebt haben. Die Türkischsprachigen bilden die heterogenste Gruppe, sowohl was das Bildungsniveau, die Menge an Sprachunterricht wie auch den partnerschaftlichen Status betrifft. Angesichts dieser Ungleichverteilung der einzelnen Hintergrundvariablen und ihrer teilweisen Verschmelzung kann auf der Basis der eingeschränkten Datenmenge dieser kleinen Gruppe von Personen keine statistisch solide Auswertung der einzelnen Effekte. Vielmehr werden die Ergebnisse – zusammen mit den nachfolgend beschriebenen Entscheidungsaufgaben – herangezogen, um das jeweilige Bild zum Erwerb von Dialekt–Standard-Variation bei den einzelnen Personen zu ergänzen. Darauf aufbauend soll bestmöglich nach personenübergreifenden Mustern gesucht werden.

5.2 Entscheidungsaufgabe

Die Entscheidungsaufgabe richtet – wie bereits genauer in Abschnitt 3.2.3 ausgeführt – die Aufmerksamkeit auf jeweils zwei spezifische Merkmale, die alemannische Dialekte und Standarddeutsch unterscheiden. Für alemannische Dialekte waren dies (a) die mit *wo* eingeleiteten Relativsätze und (b) die Verdoppelung des Bewegungsverbs, während für den Standard (a) auf die Verknüpfung von Relativsätzen durch Pronomen und (b) auf die Unterscheidung zwischen Nominativ und Akkusativ bei maskulinen Nominalphrasen fokussiert wurde. Für jede dieser Konstruktionen wurden zwei Beispielpaare präsentiert, von denen jeweils nur eine codekonform war. Auf die Frage „Welcher Satz klingt besser?" haben die teilnehmenden Personen in den beiden Teilaufgaben nicht im selben Maße Entscheidungen getroffen, die der Grammatik der jeweiligen Codes entsprachen. Tabelle 9.8 im Anhang gibt wieder, inwiefern die einzelnen Zweitsprachbenutzenden bei den jeweiligen Items dialekt- bzw. standardkonform gewählt haben. Die grafische Darstellung des Gesamtergebnisses in Abbildung 5.4 veranschaulicht, dass in der Standard-Teilaufgabe mehr nicht-konforme Entscheidungen getroffen werden. Hier bereitet es den Zweitsprachbenutzer/-innen mehr Schwierigkeiten, sich für die zielsprachliche Variante zu entscheiden.

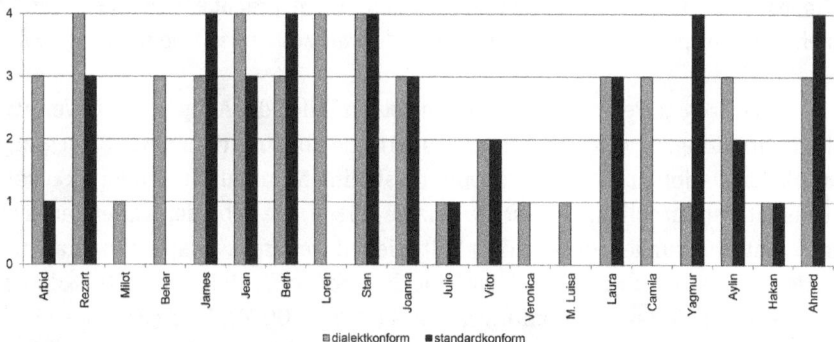

Abb. 5.4: Gegenüberstellung der Ergebnisse der Entscheidungsaufgabe im Dialekt und im Standard

Zunächst sollen die Entscheidungen zu den dialektalen Sätzen genauer besprochen werden. Vier Zweitsprachsprecher/-innen haben bei den Dialektsätzen in allen vier Fällen die Variante gewählt, die mit der Zielgrammatik konform ist (Rezart, Jean, Loren, Stan). Weitere neun Personen (Arbid, Behard, James, Beth, Joanna, Laura, Camila, Aylin und Ahmed) haben sich in drei von vier Fällen für die zielkonforme Variante entschieden, während dies bei den restlichen Personen nur auf Zufallswahrscheinlichkeit (Vitor und Yagmur) oder sogar darunter lag (Milot, Julio, Veronica, Maria-Luisa und Hakan). 65 % der Zweitsprachbenutzenden entscheiden sich bei den vier ausgewählten Dialektsätzen somit über Zufallswahrscheinlichkeit für die zielkonforme Variante und scheinen somit zumindest implizit eine Vorstellung davon zu haben, wie die entsprechenden Strukturen im Dialekt realisiert werden sollten.

Bei den Sätzen im Standard fällt das Gesamtergebnis etwas anders aus. Sechs Personen (Milot, Behard, Loren, Veronica, Maria-Luisa und Camila) wählen keine einzige zielkonforme Variante. Drei (Arbid, Julio und Hakan) entscheiden sich nur in einem Fall und zwei weitere (Vitor und Aylin) auf Zufallsniveau für die standardkonforme Variante. Der Anteil von Zweitsprachgebrauchenden, die zumindest drei von vier zielkonformen Varianten wählen, fällt mit 45 % (entspricht neun Personen) insgesamt deutlich niedriger aus als bei den Dialektsätzen. Dabei wählen vier Teilnehmer/-innen (Rezart, Jean, Joanna und Laura) drei von vier und weitere fünf Personen (James, Beth, Stan, Yagmur und Ahmed) alle standardkonformen Varianten aus.

Bei einzelnen Individuen rührt das Ergebnis „keine zielkonforme Entscheidung" daher, dass sie grundsätzlich keine Aussage tätigen wollten oder konnten. So besteht beispielsweise Loren ganz allgemein darauf, dass sie nicht wisse, wie Dinge im Standard zu realisieren seien; andere Zweitsprachbenutzende zeigen bei mehreren Beispielen Mühe, die Unterschiede wahrzunehmen und halten die Sätze für identisch.

Einige wenige Personen erreichen in beiden Teilen der Aufgabe hohe Werte bei der Beurteilung, in welcher Form grammatische Konstruktionen wie Bewegungsverbkonstruktionen, Relativsätze oder maskuline Nominalphrasen im Akkusativ realisiert werden sollen. Stan ist die einzige Person, die in beiden Varietäten sämtliche Entscheidungen zielkonform fällt. Sieben weitere Zweitsprachbenutzende treffen in zumindest drei Viertel der Fälle die richtige Wahl: Rezart (100 % dialektkonform – 75 % standardkonform), James (75 % – 100 %), Jean (100 % – 75 %), Beth (75 % – 100 %), Joanna (75 % – 75 %), Laura (75 % – 75 %) und Ahmed (75 % – 100 %). Doch bereits 75 % richtige Entscheidungen stehen dafür, dass bei einer Zielkonstruktion nur eines von zwei Beispielpaaren richtig zugeordnet wird, was wiederum bei dieser spezifischen Konstruktion angesichts der geringen Anzahl von Beispielen und der grundlegenden Wahrscheinlichkeit, bei der Hälfte der Entscheidungen zufallsbasiert die richtige zu treffen, große Unsicherheit bedeutet. Deshalb soll nun in weiterer Folge genauer beschrieben werden, welche Satzpaare bzw. welche der ausgewählten Strukturen häufiger zielsprachlich eingeordnet werden konnten.

Die Relativsatzkonstruktionen im Dialekt wurden mit den beiden Beispielen „Dia1" und „Dia3" behandelt, wobei es sich einmal um ein weibliches und einmal um ein männliches Referenzobjekt handelt, auf das mit einem Subjektrelativsatz (d. h. das Relativpronomen ist das Subjekt des Relativsatzes) verwiesen wird.

Dia1 (17) a. *I gseh d Frou, die näb dr steit.
 b. I gseh d Frou, wo näb dr steit.
Dia3 (18) a. Du kennsch dr Maa, wo verbi geit.
 b. *Du kennsch dr Maa, dä verbi geit.

Im Beispielpaar „Dia1" wird die Zielkonformität, d. h. die Verwendung des genus- und kasusneutralen Relativadverbs *wo* nur in acht von 20 Fällen auch als passend eingeschätzt, während sie im Beispielpaar „Dia3" bei den Entscheidungen der Teilnehmer/-innen deutlich öfter gegeben ist, nämlich in zwölf von 20 Fällen.

Woran dies genau liegt, lässt sich zu diesem Zeitpunkt nicht genauer einschätzen. Davon, dass in alemannischen Dialekten die angesprochenen Relativsätze mit *wo* gebildet werden, scheinen sechs Zweitsprachgebrauchende ihren Entscheidungen zufolge zumindest implizit eine zielkonforme Vorstellung zu haben, nachdem sie in beiden Fällen die eindeutig dialektkonforme Variante wählen: Rezart, Jean, Loren, Stan, Joanna und Ahmed.[1] Die zusammengefassten Ergebnisse zu den einzelnen untersuchten Konstruktionen werden in Tabelle 5.1 aufgeführt.

Bei den folgenden beiden Variantenpaaren zu den Verdoppelungen der Bewegungsverben können vergleichsmäßig viele der teilnehmenden Personen in beiden Fällen die dialektkonforme Variante erkennen:

Dia2 (19)   a.   *I ga ga schaffe.*
              b.   * *I ga schaffe.*
Dia4 (20)   a.   * *Du chunnsch am Namitag schwümme.*
              b.   *Du chunnsch am Namitag cho schwümme.*

Beim Beispielpaar mit *gehen* in „Dia 2" wird von 16 Personen codekonform entschieden, beim Variantenpaar mit *kommen* ebenfalls von 15 Befragten. Insgesamt geben 12 der Teilnehmer/-innen (Arbid, Rezart, Behar, James, Jean, Beth, Loren, Stan, Laura, Camila, Yagmur und Aylin) in sich konsistente Entscheidungen für die dialektkonformen Varianten ab und scheinen demnach zumindest implizit Wissen darüber zu besitzen, dass die erstarrte Infinitivpartikel und die dadurch entstehende Bewegungsverbverdopplung der Grammatik des alemannischen Dialekts entspricht. Dies ist insbesondere vor dem Hintergrund überraschend, dass es in der Übersetzungsaufgabe eine ziemlich klare Neigung zur Realisierung der standardsprachlichen Variante gibt. Implizit scheint die Konstruktion mit Bewegungsverbverdopplung aber stark mit dem Dialekt verbunden zu sein.

In einem zweiten Schritt wurde derselbe Aufgabentyp auf Standarddeutsch durchgeführt. Zunächst liegt der Fokus auf dem Unterschied, dass in standardsprachlichen Nominalphrasen im Maskulinum zwischen einer Akkusativ und einer Nominativ-Markierung unterschieden wird. Trotz der vermeintlichen Subtilität können hier acht Personen konsistent die standardkonforme Variante identifizieren (Rezart, James, Beth, Stan, Joanna, Laura, Yagmur und Ahmed), wobei der Unterschied zwischen den beiden Sätzen mit den richtigen Entscheidungen sehr gering ist. Jeweils zwei weitere Personen treffen bei nur einem der Sätze eine

---

[1] Für mehr Details zur möglichen Bildung von Relativsatzanschlüssen mit genus- und kasussensitiven Relativpronomen siehe Abschnitt 6.

zielkonforme Entscheidung.

Std1 (21) a. *Ich male einen Baum aufs Papier.*
b. * *Ich male ein Baum aufs Papier.*
Std3 (22) a. * *Du trägst ein Sack bis zum Auto.*
b. *Du trägst einen Sack bis zum Auto.*

Die Relativsatzpaare mit dialektaler oder standardsprachlicher Relativsatzanbindung wurden schließlich auch mit standardsprachlichen Stimulussätzen präsentiert. Hier gab es beim Beispiel „Std3" zehn und beim Beispiel „Std4" neun standardkonforme Entscheidungen, wobei sechs Personen über beide Beispiele hinweg die richtige Variante identifizieren können (James, Jean, Beth, Stan, Yagmur und Ahmed). Interessanterweise sind dies jedoch nicht dieselben sechs Personen, die bei den Relativsatzanschlüssen im Dialekt richtig entschieden haben. Nur Jean, Stan und Ahmed weisen hier die konkurrierende Relativsatzanbindung jeweils zielcodekonform zu, was in Abschnitt 6 in der detaillierten Auseinandersetzung mit Relativsatzbildung noch einmal aufgenommen werden soll.

Std3 (23) a. * *Ich kenne den Mann, wo vorbeigeht.*
b. *Ich kenne den Mann, der vorbeigeht.*
Std5 (24) a. *Du siehst die Frau, die neben mir steht.*
b. * *Du siehst die Frau, wo neben mir steht.*

Die Wahl für die codekonformen Sätze fällt somit nicht bei allen Strukturen gleich aus. Während sich nämlich bei den Verdoppelungsverbkonstruktionen im Dialekt 12 Personen und somit beinahe zwei Drittel für die dialektkonformen Sätze entscheiden, sind es bei der standardsprachlichen Akkusativ- vs. Nominativmarkierung bei maskulinen Nominalphrasen lediglich acht und bei den Relativsatzanschlüssen sowohl im Dialekt wie auch im Standard jeweils nur sechs Teilnehmer/-innen, die eine zielkonforme Wahl treffen. Eine genaue Zusammenfassung der beschriebenen Ergebnisse gibt die Tabelle 5.1.

Für nur eine Person, nämlich Stan, ist die gesamte Aufgabe ohne Unsicherheiten bei der Zuordnungen zu den beiden Codes machbar. Dass dieser Zweitsprachbenutzer offenbar sehr viel Wissen über beide Codes und deren Unterschiede besitzt, deckt sich auch mit dem Eindruck aus der Übersetzungsaufgabe und den dort zahlreichen zielkonform vorgenommenen Wechseln (vgl. vorne Abbildung 5.2). Bei einigen anderen Personen zeigt sich eine Neigung zu eindeutigeren Urteilen im Dialekt, etwa bei Rezart, Jean, Loren. Im Gegenzug weisen einige andere eine

Tab. 5.1: Ergebnisse der Präferenzaufgabe nach Teilnehmer/-in und untersuchten Konstruktionen; – = uneinheitliche oder fehlende Einschätzung; √ = bei beiden Items der jeweiligen Konstruktion entsprechend der Zielvarietät entschieden

	Dialektkonformität		Standardkonformität		Verhältnis zueinander
	RS-Anschlüsse	BV-Doppelungen	Akk.-Markierungen	RS-Anschlüsse	Dialekt : Standard
Arbid (Alb)	–	√	–	–	1:0
Rezart (Alb)	√	√	√	–	2:1
Milot (Alb)	–	–	–	–	0:0
Behar (Alb)	–	√	–	–	1:0
James (Engl)	–	√	√	√	1:2
Jean (Engl)	√	√	–	√	2:1
Beth (Engl)	–	√	√	√	1:2
Loren (Engl)	√	√	–	–	2:0
Stan (Engl)	√	√	√	√	2:2
Joanna (Engl)	√	–	√	–	1:1
Julio (Port)	–	–	–	–	0:0
Vitor (Port)	–	–	–	–	0:0
Veronica (Port)	–	–	–	–	0:0
Maria-Luisa (Port)	–	–	–	–	0:0
Laura (Port)	–	√	√	–	1:1
Camila (Port)	–	√	–	–	1:0
Yagmur (Turk)	–	√	√	√	1:2
Aylin (Turk)	–	√	–	–	1:0
Hakan (Turk)	–	–	–	–	0:0
Ahmed (Turk)	√	–	√	√	1:2

Neigung zu eindeutigeren Urteilen im Standard auf: James, Beth, Yagmur und Ahmed. In beiden Fällen haben diese Personen jedoch zumeist auch noch eine der jeweils anderen Konstruktionen zielkonform beurteilt. Diese Personen scheinen sich gewisser unterscheidender Merkmale bewusst zu sein. Nicht beobachtet werden kann hingegen der Fall, dass Personen, die zwar implizit anhand der ausgewählten Konstruktionen sehr genau zuweisen können, was dialektal und was standardsprachlich ist, zur Realisierung eines Codes in der Übersetzungsaufgabe gar nicht fähig wären. Bei denjenigen, die bei keiner der vier Konstruktionen zwei zielkonforme Entscheidungen gewählt haben (Milot, Julio, Vitor, Veronica, Maria-Luisa und Hakan) fällt in der Zusammenschau mit der Übersetzungsaufgabe auf, dass sie sehr geringe Anteile von zielkonformen Wechseln aufweisen, sofern sie solche überhaupt realisieren. Bei diesen Personen ist davon auszugehen, dass der Unterschied zwischen Dialekt und Standard in ihrem zweitsprachlichen System keine wesentliche Rolle spielt und sie bislang kein ausgeprägtes Wissen über spezifische Varianten erworben haben.

5.3 Methodische Überlegungen und Schlussfolgerungen

In den obigen Ausführungen wurden bereits mehrfach Einschränkungen hinsichtlich des gewählten Aufgabenformats erwähnt, die an dieser Stelle noch einmal kurz thematisiert werden sollen. Aufgrund des geringen Umfangs der durch Elizitierung gewonnenen Daten können diese nur herangezogen werden, um das Bild zur Variationskompetenz zu ergänzen. Der anhand von Interviews aufgezeichnete Sprachgebrauch liefert nämlich lediglich Einblicke in die Frage, für welche Sprechweise die Person sich in dieser Situation bewusst oder unbewusst entscheidet. Am deutlichsten wird dies bei Stan, der aus dem Interview als überzeugter und konsequenter Dialektsprecher hervorgeht. Erst die durch Aufgaben elizitierten Daten verdeutlichen, dass er auch bezüglich des Standards über ein sehr umfassendes Wissen verfügt und diesen auch in den ausgewählten Sätzen realisieren kann, wobei er schließlich auch in der Entscheidungsaufgabe eine ausgeprägte Bewusstheit über sprachsystematische Unterschiede beweist. Diametral entgegengesetzte Resultate, wenn auch nicht mit einer vergleichbaren Ausgeprägtheit, lassen sich bei Ahmed beobachten, der aus dem Gespräch als überzeugter und konsequenter Standardsprecher hervorgeht. Daneben legt er jedoch ebenfalls beträchtliche Variationskompetenz an den Tag, wenn dies im Aufgabensetting auch explizit gefordert ist.

Bei vielen anderen Personen können durch die Übersetzungs- und Entscheidungsaufgabe die Eindrücke aus dem Interview bestärkt werden. Rezart, Julio oder Camila mischen die Codes in den Gesprächen häufig; die elizitierten Daten deuten ebenfalls an, dass die Unterscheidung und das Wissen über variierende Strukturen und lexikalische Einheiten bei diesen Sprecherinnen und Sprechern sehr eingeschränkt ist. Sie haben produktive Variationskompetenz bislang nur sehr punktuell aufgebaut. Die Ergebnisse der Übersetzungen in die Herkunftssprachen weisen jedoch ebenfalls darauf hin, dass die Personen insgesamt zumindest rezeptiv und in verhältnismäßig einfachen Konstruktionen mit beiden Codes umgehen können.

Das Übersetzen zwischen den Codes ist aufgrund der Zirkularität, die zwischen den Teilaufgaben entsteht, natürlich in gewissem Ausmaß problematisch. Denn obwohl der Fokus auf die Produktion von entsprechenden zielkonformen Äußerungen gelegt wird, müssen diese zunächst im jeweils anderen Code – über dessen Beherrschung keine selbstständige Auskunft gegeben werden kann – rezipiert werden. Im Extremfall, der jedoch nicht aufgetreten ist, hätte es sein können, dass eine Person im Aufgabenteil in Richtung Standard aufgrund von mangelnder Dialektkompetenz die Ausgangssätze nicht versteht und daher die notwendige semantisch-konzeptuelle Repräsentation gar nicht aufbauen kann. Den umgekehrten, unproblematischen Fall konnten wir beispielsweise bei Hakan beobachten, der im Aufgabenteil in Richtung Dialekt zwar die Standardsätze ganz problemlos versteht, aber laut Selbstauskunft keine Dialektübersetzung produzieren kann. Dass Ersteres in dieser Ausgeprägtheit nicht der Fall ist, zeigen die Übersetzungen in die Herkunftssprachen. Diese legen nahe, dass mehrere Personen mit einzelnen Bestandteilen der Sätze sowohl im Dialekt wie auch im Standard Schwierigkeiten haben, dass aber keine grundsätzlich nur auf einen Code eingeschränkten rezeptiven Fähigkeiten beobachtet werden können. Erstaunlicherweise haben die Teilnehmer/-innen – auf Basis des Eindrucks, der durch die Übersetzung in die Muttersprache entsteht – mit den Dialektstimuli sogar eher geringere Schwierigkeiten. Gleichzeitig entsteht durch die Doppelrolle von Ausgangs- und Zielcode eine Vermengung, die auch in vielen Fällen nicht trennscharf darauf hinweisen kann, wo exakt die Stärken oder Schwächen bei einzelnen Personen liegen.

Zusätzlich ist in diesem ersten Versuch, eine solche Aufgabe in eine Untersuchung aufzunehmen, auch die Parallelität der Einheiten, anhand derer die Variationskompetenz erfasst werden sollte, nicht ideal gelungen. Aufgrund der Bemühungen, zu vermeiden, dass die Personen von zu ähnlichen Standardausgangssätzen in der ersten Teilaufgabe für die Produktion der eigenen Standardsätze zu stark von Priming beeinflusst werden, entsprechen sich manche der verwendeten Einheiten nur teilweise. Auch die Anzahl der Items, auf die fokussiert wurde, ist natürlich nur eingeschränkt. Im Wunsch, trotz der Kürze der Aufgabe mehrere sprachliche Ebenen zu berücksichtigen, und ohne genaueres Wissen, womit die Personen mit mehr oder weniger Leichtigkeit umzugehen wissen, war es jedoch nicht möglich, hier eine umfassendere Auswahl und für jede sprachliche Ebene mehrere Itempaare zu untersuchen. In einer späteren Adaptation der Vorgehensweise mit Zweitsprachsprecher/-innen im bairischen Kontext wurde daher die Anzahl der untersuchten sprachlichen Merkmale eingeschränkt und systematischer zwischen den Teilaufgaben variiert, was zu aussagekräftigeren Ergebnissen zu führen scheint (Ender 2020).

Eine weitere Einschränkung liegt in der Kürze der Aufgaben, die zu einem sehr begrenzten Inventar von Einzelitems und untersuchten sprachlichen Merkmalen führt. Es handelte sich allerdings um eine bewusste Entscheidung, nicht mehr Material anhand von konkreten Aufgaben zu elizitieren, da dies für die Personen im vorwiegend ungesteuerten Erwerbskontext eine ungewöhnliche Situation darstellt. Ihre Gesprächsbereitschaft und ihr Vertrauen in die Interviewerinnen sollte nicht dadurch gestört werden, dass sie sich in eine Prüfungssituation versetzt fühlten. Es ist nicht unproblematisch, Personen, die ihre Sprachbeherrschung im Alltag eventuell öfter als unzulänglich wahrnehmen, zu solchen Aufgaben aufzufordern und sie der Gefahr eines etwaigen Gesichtsverlusts auszusetzen. Daher war es ein Ziel der Untersuchung, mit den Personen sensibel umzugehen und durch den Erhebungskontext nicht ihr gesamtes Interviewverhalten nachhaltig zu beeinflussen. Die Bedenken, dass die Personen sogar diesen geringen Aufgabenteil verweigern könnten oder nachhaltig irritiert sein könnten, erwiesen sich jedoch bis auf Ausnahmen nicht als begründet. Einige Beobachtungen bestätigen jedoch tatsächlich, dass Vorsicht durchaus angemessen ist: Rezart betont am Beginn des Gesprächs, dass es ihm wichtig sei, dass über ihn nicht gelacht werde, weil er kein gutes Deutsch spreche. Auch Loren sagt, dass es ihr sehr peinlich sei, dass sie nach so vielen Jahren in der Schweiz nicht besser Deutsch spreche und will bei den Entscheidungsaufgaben keine Entscheidungen zum Standard treffen. Yagmur fragte nach dem Aufgabenteil – zwar mit einem Lächeln im Gesicht –, ob sie die Prüfung bestanden habe und betonte ihre Erleichterung. Hakan schließlich sieht sich nicht in der Lage, einen Teil der Übersetzungsaufgabe – vom Standard in Richtung Dialekt – zu erledigen und will es auch nicht versuchen. Dass er die dialektalen Ausgangssätze für die Übersetzung Richtung Standard relativ problemlos versteht, belegt doch, dass er zumindest rezeptiv mit Dialekt vertraut ist, dass er allerdings nicht gedrängt werden will, diesen auch zu produzieren.

Die Resultate verdeutlichen jedoch, dass mit dem Großteil der Zweitsprachlernenden im natürlichen Umfeld auch experimentellere Aufgaben gemacht werden können, sofern diese sorgälitg und umsichtig eingeführt werden. Es wäre zu überlegen, Teilaufgaben zu gestalten, in denen der jeweils andere Code auch rezeptiv keine Voraussetzung darstellt und in denen dennoch durch Bildmaterial unterstützt etwa Beispieldialoge geführt oder vervollständigt werden müssten sowie Beschreibungen vorgenommen werden. Somit wären die beiden Codes unabhängiger voneinander in die Aufgaben eingebunden, wobei es den Personen bei vorhandener Kompetenz in den beiden Codes dann möglicherweise auch leichter fallen würde, diese getrennt zu behandeln. Entsprechend der Überlegungen von Grosjean (2001) zum monolingualen und bilingualen Modus sollte eine stärkere Ausblendung des jeweils anderen Codes in den Teilaufgaben dafür förderlich sein, auch die Sprachverarbeitung der Personen stärker vom intermediären Modus in Richtung monolingualen Modus zu bewegen. Die eingesetzten Aufgabenteile sollten zwar durch den Interviewerinnenwechsel den jeweils anderen Code in den Vordergrund setzen, dennoch waren aufgrund der Stimulussätze und dem insgesamt bidialektalen Setting sicherlich die Wissensbestände von beiden Codes – sofern überhaupt in Subsets repräsentiert – stark aktiviert.

Schließlich soll unterstrichen werden, dass die hier präsentierten Ergebnisse zu den Übersetzungs- und Entscheidungsaufgaben natürlich nicht für sich alleine stehen sollen. Sie können die im Gespräch gesammelten Ergebnisse aber sehr gut ergänzen, absichern und auch aufzeigen, was aufgrund von Diskrepanzen noch genauer untersucht werden muss. Dies soll in der Zusammenschau der verschiedenen Datenquellen anhand eines sprachlichen Phänomens auch im Abschnitt 6 genauer erfolgen. Die Ergebnisse der Aufgaben geben Einblicke, inwiefern die Befragten bewusst auf Wissen über die beiden Codes zugreifen können. Mit ihren Reaktionen verstärken sie teilweise Einschätzungen, die aufgrund des Sprachgebrauchs gemacht werden, oder erweitern das Bild mit Erkenntnissen, die nur angesichts des Sprachgebrauchs nicht zugänglich gewesen wären.

5.4 Sprachgebrauchsmuster in Gespräch und Elizitierung

Da sich die Ergebnisse aus den Gesprächen und dem elizitierten Gebrauch ergänzen, sollen sie an dieser Stelle auch gemeinsam analysiert werden. Auf der Basis der bisher durchgeführten Beschreibungen werden dabei mögliche Gruppen von Zweitsprachbenutzenden, die sich aufgrund ähnlicher Verhaltensweisen im Gespräch und in den elizierten Aufgaben bilden, systematisch herausgearbeitet.

Dies geschieht mithilfe einer Clusteranalyse, einer Methode, die es ermöglicht, Gruppen von ähnlichen ‚Objekten' in Daten zu bestimmen. Im Rahmen der folgenden Clusteranalyse werden die verschiedenen Werte, die das Sprachverhalten der einzelnen Personen im Gespräch, in den Übersetzungs- und Entscheidungsaufgaben beschreiben, herangezogen. Sie werden im Hinblick darauf analysiert, in wie viele und in welche Gruppen von ähnlichen Sprachbenutzenden die teilnehmenden Personen sinnvollerweise aufgeteilt werden können. Darauf aufbauend werden die ähnlichen und unterscheidenden Merkmale von Gruppen mehrerer oder einzelner Personen untersucht.

Für die Clusteranalyse wird versucht, die Daten der verschiedenen beobachteten Variablen zu aggregieren und mathematisch Strukturen in den Daten zu ermitteln. Dafür werden Distanzmatrixen zwischen den einzelnen erfassten Objekten – im gegebenen Fall den einzelnen Personen – errechnet und dann deren Struktur rechnerisch verglichen (vgl. Levshina 2015: 301–321, die Clusteranalysen und Verhaltensprofile anhand der Verwendungsmuster von verschiedenen kausativen Verben des Englischen erklärt).

Die Distanzen geben an, wie (un)ähnlich sich die einzelnen Personen im Hinblick auf die einzelnen erfassten Variablen des Sprachgebrauchs sind (d. h. Anteil von Dialekt, Standard und Mischen mit beiden Interviewerinnen, Anteil von erreichten Zielwerten in den Übersetzungs- und Entscheidungsaufgaben). Dafür wird mithilfe der Manhattan-Distanz eine Distanzmatrix erstellt, die die paarweisen Distanzen zwischen den einzelnen Personen errechnet. Die Manhattan-Distanz ist eine Metrik, die die Summe der absoluten Differenzen darstellt. Sie wurde für die hier vorgenommene Berechnung gegenüber der euklidischen Distanz vorgezogen. Mithilfe letzterer, die oft als Standardmetrik verwendet wird, entstehen zwar keine grundlegend anderen Ergebnisse, anhand der Manhattan-Distanz sind allerdings laut Kassambara (2017: 29) robustere und von Ausreißern weniger beeinflusste Ergebnisse zu erwarten. Das auf der Manhattan-Distanz aufbauende Clustererergebnis führte, wie unten dargelegt wird, zu wohlgeformten Clusterstrukturen, die im Hinblick auf die ermittelten Cluster-Silhouetten den Clusterstrukturen auf der Basis der euklidischen Distanz zu bevorzugen waren.

Nach der Erstellung der Distanzmatrix in R können zunächst die minimale und die maximale Distanz im Datenset beobachtet werden. Hier liegt der minimale Distanzwert von 32 zwischen Veronica und Maria-Luisa – diese beiden Personen sind sich folglich in Bezug auf ihren Sprachgebrauch am ähnlichsten – und der maximale Distanzwert von 671 zwischen Stan und Hakan.

Differenzierter untersucht wurden die Distanzen jedoch noch mithilfe einer Clusteranalyse. Hierfür wurde eine hierarchisch agglommerative Methode verwendet. Das bedeutet, dass alle Personen als Zweige eines gemeinsamen Baumes (in Form eines Dendrogramms) repräsentiert werden. Anfänglich steht jede Person für einen eigenen Zweig, woraufhin dann schrittweise jeweils der Zweig hinzugefügt wird, der am ähnlichsten ist, bis das Dendrogramm vollständig ist. Für das hierarchische Ergänzen der einzelnen Elemente wurde die Average-Methode verwendet. Sie vergleicht die mittlere Distanz zwischen allen Clusterpaaren und führt die beiden Cluster zusammen, deren Mitglieder die geringste mittlere Distanz haben (Levshina 2015: 310). In der Darstellung des Clusters gilt dann, je niedriger die Ebene ist, auf der Personen zu einer Gruppe zusammengeführt werden, desto größer ist ihre Ähnlichkeit.

Die optimale Anzahl von Clustern in der mit Average-Methode aufbauend auf Manhattan-Distanzen ermittelten Struktur wurde auf der Basis der durchschnittlichen Silhouettenbreite (*average silhouette width*) ermittelt. Der entsprechende Wert liegt zwischen 0 und 1, wobei gilt: Je näher der Wert bei 0, desto weniger Clusterstruktur ist in den Daten vorhanden, je näher bei 1, desto besser sind die einzelnen Cluster voneinander getrennt, wobei ein Wert unter 0.2 für keine substantielle Clusterstruktur sprechen würde (Levshina 2015: 311). Die beste mittlere Silhouettenbreite ergibt sich bei fünf Clustern mit einem Wert von 0.4846, der nahezu identisch ist mit der 3-Cluster-Variante (0.4845). Abbildung 5.5 markiert die differenziertere 5-Cluster-Variante durch entsprechende Rahmen.

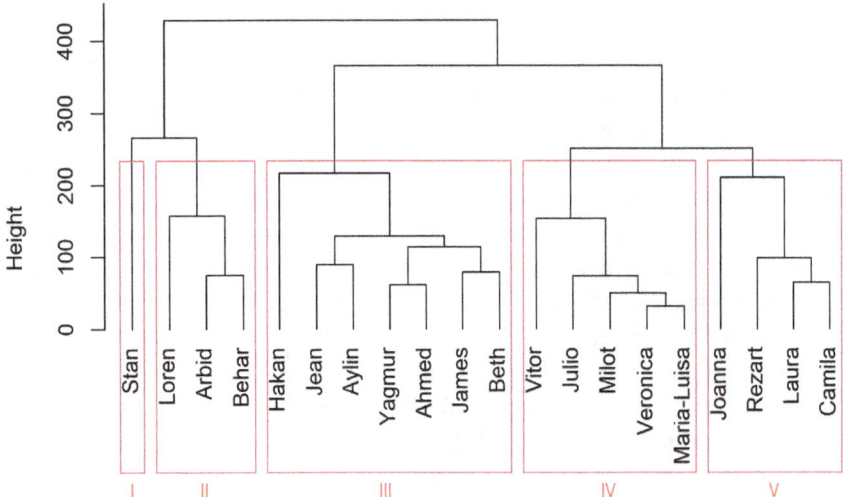

Abb. 5.5: Clusterstruktur der 20 teilnehmenden Personen auf der Basis ihrer Sprachverwendung im freien Gespräch, in der Übersetzungs- und Entscheidungsaufgabe mit Rahmen rund um die optimale Anzahl von Clustern entsprechend der durchschnittlichen Silhouettenbreite

Da die 5-Cluster-Variante noch etwas differenzierter ist, werden die distinktiven Merkmale dieser Variante anhand der aggregierten Mittelwerte für die miteinbezogenen Variablen beschrieben und in Tabelle 5.2 aufgeführt. Würden nur drei Cluster gebildet, fielen Cluster I und II ebenso wie Cluster IV und V zusammen. Der Wert der zusätzlichen Differenzierung soll aus den folgenden Ausführungen hervorgehen.

In der oben dargestellten Struktur stellt sich Stan als eigener Cluster dar. Er ist im Kontakt mit beiden Gesprächspartnerinnen ein konsequenter Dialektsprecher, der darüber hinaus aber mit den Übersetzungen in beide Richtungen sehr gewandt umgeht und auch die Entscheidungen bei den Satzpaaren jeweils codekonform erledigt. Am ähnlichsten ist er damit Cluster II, bestehend aus Loren, Arbid und Behar. Dieser Cluster zeichnet sich durch hohe Dialektgebrauchswerte gegenüber der Dialektsprecherin, etwas niedrigeren Dialekt- und dafür leicht höheren Standard- und Mischwerten im Kontakt mit der Standardsprecherin aus. Die Übersetzungen erreichen in diesem Cluster in Richtung Dialekt den etwas höheren Anteil, rangieren aber in beide Richtungen ungefähr bei der Hälfte der erreichbaren Punktezahl. Die Entscheidungsaufgabe zu den Dialektsätzen wird im Dialekt überaus deutlich mit einem höheren Anteil von konformen Antworten gelöst. Cluster III – mit den Personen Hakan, Jean, Aylin, Yagmur, Ahmed, James und Beth – lässt sich durch überaus hohen und konstanten Standardgebrauch gegenüber beiden Interviewerinnen beschreiben, was in diesem Cluster mit überdurchschnittlicher Punktezahl in der Übersetzung Richtung Standard gepaart ist, wohingegen ein deutlicher Abfall bei der Dialektübersetzung und ein überdurchschnittlich hoher Anteil von konformen Entscheidungen für die Dialekt- wie auch die Standardsatzpaare beobachtet werden können. Cluster IV bestehend aus Vitor, Julio, Milot, Veronica und Maria-Luisa und Cluster V mit Joanna, Rezart, Laura und Camila sind sich gegenseitig wiederum näher. In beiden Clustern sind die Mischwerte mit beiden Gesprächspartnerinnen vergleichsweise hoch, während der Dialekt- und Standardgebrauch leicht gegeneinander verschoben ist. Das heißt, während Cluster IV einen höheren mittleren Standardgebrauch ausweist, verzeichnet Cluster V in ungefähr diesem Anteil Dialektgebrauch. Wesentlichen Beitrag zur Bildung dieser beiden Cluster tragen jedoch die Aufgabenteile: Bei den Übersetzungen weisen zwar beide Gruppen unterdurchschnittliche mittlere Werte auf, wobei bei Cluster IV der Dialektübersetzungswert zusätzlich abfällt, aber das Bewusstsein gegenüber grammatikalischen Differenzen ist in den beiden Clustern unterschiedlich ausgeprägt. Cluster IV verzeichnet nämlich vergleichsweise niedrige Werte bei beiden Teilen der Entscheidungsaufgabe, während Cluster V überdurchschnittlich hohe Unterscheidungsfähigkeit aufzeigt.

Tab. 5.2: Aggregierte Mittelwerte der einzelnen Cluster

Cluster	mit Dialektsprecherin			mit Standardsprecherin		
	Dialekt	Standard	Mischen	Dialekt	Standard	Mischen
I	98	0	2	97	0	1
II	87	3	7	71	14	12
III	2	85	10	0	90	7
IV	19	33	46	14	39	46
V	34	24	42	34	24	41

Cluster	Übersetzung in Richtung		konforme Entscheidungen	
	Dialekt	Standard	Dialekt	Standard
I	95	90	100	100
II	52	47	83	8
III	36	70	68	79
IV	11	34	30	15
V	33	39	81	75

Basierend auf den beobachtbaren Sprachgebrauchsdaten sind somit Dialektsprecher/-innen (Cluster I und II), Standardsprecher/-innen (Cluster III) und Mischer/-innen (Cluster IV und V) auszumachen, wobei sich die Dialektsprecher/-innen und die Mischer/-innen jeweils noch aufgrund anderer Variablen differenzieren lassen, da das spezifische Sprachgebrauchsverhalten im Gespräch auch in unterschiedlicher Ausprägung mit bestimmten Merkmalen in der Übersetzungs- und in der Entscheidungsaufgabe auftritt. So sticht Stan durch seine überdurchschnittliche Fähigkeit, in den aufgabenbasierten Teilen auch Standard zu produzieren und standardkonforme (darüber hinaus sogar noch metasprachlich begründete) Grammatikalitätsentscheidungen zu treffen, hervor. Daneben zeigen aber auch die Personen aus Cluster II und III mit einer relativ ausgeprägten Präferenz für einen der Codes in den elizitierten Gesprächsdaten auch im jeweils anderen Code noch beträchtliches Wissen. Zum einen wäre die Übersetzung in ihren präferierten Code gar nicht möglich, wenn das Verständnis des anderen fehlen würde, zum anderen realisieren sie jedoch auch einen nicht unbeträchtlichen Anteil in der im Gespräch vernachlässigten Varietät. Auch die Entscheidungsaufgaben weisen in Cluster III (die Standardsprecher/-innen) auf ein großes Bewusstsein bezüglich der grammatikalischen Unterschiede zwischen Dialekt und Standard hin, während hierbei gerade Cluster II (Dialektsprecher/-innen) durch einen sehr niedrigen Wert bei den Standardsatzpaaren deutlich abfällt. Bei Cluster IV und V liefert insbesondere die Entscheidungsaufgabe Hinweise auf Unterschiede innerhalb der Mischer/-innen. Während die gleichermaßen niedrigen Übersetzungs- und Entscheidungswerte bei Cluster IV auf wenig Bewusstsein über die Unterschiede zwischen den Codes hinweisen, unterscheidet sich Cluster 5 besonders dadurch, dass laut Entscheidungsaufgabe durchaus Wissen über die grammatikalischen Unterschiede zwischen den beiden Codes vorhanden ist. Die Teilaufgaben des Übersetzens und Entscheidens zwischen den beteiligten Codes helfen somit, an mancher Stelle das Bild zu schärfen – etwa bei den Unterschieden zwischen Stan und den anderen Dialektbenutzer/-innen oder beim vorhandenen Dialektwissen der Standardsprecher/-innen; daneben dienen sie jedoch auch der Differenzierung, etwa innerhalb der Mischer/-innen.

Die Clusteranalyse liefert des Weiteren interessante Hinweise auf mögliche Einflussfaktoren für die Entwicklung eines bestimmten Sprachgebrauchsmusters. So zeigt sich etwa, dass die Erstsprache – und dies nicht primär in struktureller Hinsicht, sondern vielmehr auf der Basis der mitgebrachten Einstellungen gegenüber lokalen und standardisierten Varietäten – Auswirkungen auf den Aufbau des Dialekt-Standard-Repertoires. So finden sich etwa alle Personen mit Türkisch als Erstsprache in Cluster III wieder. Da die vier türkischsprachigen Personen sehr unterschiedliche Kombinationen von persönlichen und sozialen Merkmale aufweisen (Bildungsstand, Menge an Sprachkursen, Partnerschaft mit Schweizer/-in), scheint es plausibel, dass die erwähnte Standardpräferenz die Folge von soziolinguistischer Interferenz (vgl. hierzu auch die Ausführungen in Kapitel 4.4) darstellt (Durrell 1995). Dass in Cluster III auch Personen mit anderen Erstsprachen versammelt sind, im gegebenen Fall auch solche mit Englisch als Erstsprache, weist allerdings darauf hin, dass mit anderem sprachlichem Hintergrund ebenfalls ein ähnliches Repertoire und ähnliches Variationswissen aufgebaut werden kann. Dass hingegen keine albanisch- oder portugiesischsprachigen Personen Teil des standardaffinen Clusters sind, mag an weiteren individuellen Eigenschaften der berücksichtigten Sprecher/-innen liegen. So zeichnen sich etwa alle portugiesischsprachigen Personen dadurch aus, dass sie eher wenig Sprachunterricht absolviert haben – gekoppelt mit wenig Bildungserfahrung allgemein – und nicht in Partnerschaften mit Deutschsprachigen leben. So ließe zwar ihre mitgebrachte Offenheit gegenüber lokalen Dialekten durchaus auch intensiveren Dialektgebrauch zu, ihre vergleichsweise eher eingeschränkten alltäglichen Kontakte mit Dialekt scheinen jedoch trotzdem nicht zu einer intensiveren Aneignung desselben zu führen. Die vier albanischsprachigen Personen befinden sich hingegen in den mischenden und dialektsprechenden Clustern. Sie hatten allesamt eher wenig Sprachunterricht, bringen allerdings auch aufgrund ihrer sprachlichen Herkunft keine ausgesprochene Präferenz für Standardsprache mit. Daneben fällt hier auf, dass die beiden Dialektsprecher darunter diejenigen Personen mit intensiven und langjährigeren Kontakten zum Deutschschweizer Umfeld sind – es sei daran erinnert, dass Arbid mit einer Kosovarin verheiratet ist, die in zweiter Generation in der Schweiz lebt, und Behar noch als Jugendlicher in die Schweiz gekommen ist. Die Gruppe der Personen mit Englisch als Erstsprache ist schließlich am breitesten über die Cluster verteilt.

Insgesamt unterstreichen diese Beobachtungen, dass die Bedingungen des Spracherwerbs und die Quantität und Qualität des natürlichen Inputs Einfluss auf den Erwerb der Variation zu haben scheinen (Howard et al. 2013). So verfügen offenbar insbesondere Mischer/-innen mit weniger Differenzierungsvermögen (Cluster IV) über eine weniger intensive Einbindung in den deutschsprachigen Alltag. Der intensivere Kontakt, der insbesondere durch Familienanschluss entsteht, führt jedoch nicht automatisch zu einer vielleicht anzunehmenden stärkeren Aneignung und produktiven Verwendung von lokalem Dialekt, leben doch sechs der sieben Standard/-sprecherinnen in einer Partnerschaft mit einem/einer Schweizer/-in. Das exakte Ausmaß, in dem dann Dialekt wie auch Standard verwendet wird, scheint von einer Reihe anderer Faktoren, u. a. den aus der Herkunftssprache mitgebrachten Einstellungen zu sprachlicher Variation oder Fragen der Identitätskonstruktion stark mitbeeinflusst zu sein (Kinginger 2008).

Die Auskünfte aus den elizierten Aufgaben lassen ebenfalls unterschiedlich motiviertes Mischverhalten vermuten. Wenngleich für dieses Nebeneinander von zwei Codes allgemein keine lokale Bedeutung beobachtet werden kann (Auer 1999: 315) und beim Nebeneinander in den beschriebenen Fällen teilweise auch nicht mehr bestimmt werden kann, ob einer der Codes oder vielmehr die Alternationen an sich das Fundament bilden, so erlauben die Ergebnisse der Aufgaben doch zusätzliche Einblicke. Sehr niedrige Werte in den Entscheidungsaufgaben deuten darauf hin, dass es den Personen sowohl hinsichtlich des Dialekts wie auch des Standards sehr große Schwierigkeiten bereitet, spezifische Merkmale zu identifizieren und auseinanderzuhalten. Diese Sprachbenutzer/-innen haben offensichtlich Mühe mit der Fokussierung auf sprachliche Formdetails, und darauf aufbauend scheinen sie ebenfalls über wenig Differenzierungsbewusstsein und -fähigkeit zu verfügen. Bei Cluster V hingegen fallen die im Mittel etwas höheren Werte bei den Übersetzungsaufgaben und die im Mittel deutlich höheren Werte in den Entscheidungsaufgaben auf. Wenngleich Ersteres unterstreicht, dass die Personen in der eigenen Produktion häufig mischen und sie bei der Einschränkung auf nur jeweils einen Code auf Schwierigkeiten stoßen, so lassen die hohen Unterscheidungswerte doch vermuten, dass sie beträchtliches Wissen über Unterschiede zwischen den Codes besitzen. Da das Mischverhalten dieser Personen mit grundsätzlich deutlich besserer Differenzierungsfähigkeit einhergeht, könnte das Nebeneinander der Codes bei ihnen – wenn schon nicht lokal – so doch global bedeutungsvoll sein. In einem Umfeld, in dem auch Standard aufgrund seiner Rolle im Sprachunterricht und in der Schriftlichkeit zentral ist, kann das Mischen mit dialektalen Elementen ein Zeichen für Annäherung an das Deutschschweizer Umfeld darstellen.

Die Beobachtung, dass sich im natürlichen Erwerbskontext einige Lernende – Klein & Perdue (1997: 303) beschreiben es für ein Drittel ihrer Proband/-innen – nicht über die Basisvarietät hinaus sprachlich weiterentwickeln, erscheint auch im vorliegenden Zusammenhang interessant. Die Annahme von Ellis (2008a), es handle sich dabei um eine Folge des vorwiegend auf Kommunikation hin ausgerichteten natürlichen Erwerbskontexts und des mangelnden Fokus auf formale Merkmale, bietet interessante Anknüpfungspunkte für die besprochenen Ergebnisse. Die Tatsache, dass ein Viertel der Personen sich in einem Cluster zusammenfindet, in dem stark gemischt und auch differenzierende Merkmale der beiden Codes kaum identifiziert werden können, scheint in unmittelbarem Zusammenhang mit einem stark funktionalistischen Zugang zur Sprachverwendung zu stehen, wie er oben im Gesprächsausschnitt von Julio „Man hört es dann schon" bereits angesprochen wurde. Wenn effiziente Kommunikation im Vordergrund steht, dann tritt eine Unterscheidung zwischen Dialekt und Standard in einem Umfeld, in dem beides verstanden wird, ganz deutlich in den Hintergrund. Sind wenig Sprachunterricht, wenig Bezug zu Schriftlichkeit und auch wenig Gesprächspartner/-innen, denen eine Einhaltung der Normen wichtig ist, involviert, so besitzt das Auseinanderhalten der Codes keinen zentralen Stellenwert im Zuge des Spracherwerbs in der Deutschschweiz. Dementsprechend selten gerät die Unterscheidung in den Fokus der Aufmerksamkeit.

Auf eine detailliertere statistische Analyse der latenten persönlichen und sozialen Variablen muss an dieser Stelle aufgrund der geringen Personenanzahl und der Ungleichverteilung von bestimmten Merkmalsausprägungen und Merkmalskombinationen verzichtet werden. Vielmehr sollen zu späterem Zeitpunkt die beobachteten Sprachgebrauchsmuster zum Zwecke einer vertieften und abgesicherteren Analyse durch die subjektiven Einstellungen der Zweitsprachbenutzenden ergänzt und erweitert werden. Zunächst wird jedoch anhand von Relativsätzen beispielhaft auf konkurrierende Konstruktionen und die damit verbundenen Erwerbsfragen eingegangen. Damit rücken neben den sozialen und sozio-kognitiven Aspekten exemplarisch die spezifisch sprachlichen Faktoren beim Erwerb von Variation in den Vordergrund.

6 Konkurrierende Konstruktionen: Relativsätze

Wie bereits in den vorangegangenen Kapiteln verdeutlicht, sind Lernende im Deutschschweizer Kontext mit zwei verschiedenen Codes im Input konfrontiert, die sie auch in unterschiedlichem Ausmaß in ihrem eigenen Sprachgebrauch einsetzen. Im Folgenden sollen Relativsatzkonstruktionen beispielhaft genauer analysiert werden, da sie sich auf markante Art und Weise in den beiden Varietäten unterscheiden: Aufgrund der größeren Menge an sprachlichen Kategorien, die im Standarddeutschen am Relativmarker realisiert werden, ist Relativisierung im Standard deutlich komplexer als in den alemannischen Dialektvarietäten.

In Abschnitt 6.1 „Variation in dialektalen und standardsprachlichen Relativsätzen" erfolgt eine detaillierte Darstellung der strukturellen Unterschiede, in den darauffolgenden Abschnitten 6.2 und 6.3 werden die Ergebnisse zum Gebrauch der Relativsätze in den verschiedenen Datenquellen der Lernenden beschrieben, bevor in 6.4 das daraus entstandene Gesamtbild zum Umgang mit Relativsätzen diskutiert wird. Die Analyse wird dabei in den größeren Zusammenhang der Einflüsse auf die Ausbildung von zweitsprachlichen Grammatiken gesetzt. In Ender (2012) gelangten die Ausführungen, die für dieses Kapitel ergänzt und überarbeitet wurden, aus einer methodischen Perspektive zur Darstellung. Für drei ausgewählte Personen mit englischsprachigem Hintergrund wurden die Ergebnisse zur Relativsatzbildung in einer mit den Einstellungsdaten verknüpften Analyse in Ender (2017) präsentiert.

6.1 Variation in dialektalen und standardsprachlichen Relativsätzen

In der gesprochenen deutschen Sprache wurden Relativsätze und ihr Gebrauch bereits aus verschiedenen Perspektiven untersucht: mit Schwerpunkt auf Grammatik, Semantik und Informationsstruktur (Weinert 2004; Birkner 2008) oder auf dialektale Variation (Fleischer 2004; 2005), aber auch aus der Entwicklungsperspektive in der Erstsprache (Brandt et al. 2008), im frühen Zweitspracherwerb (Bryant 2015) wie auch im gesteuerten Zweitspracherwerb (Byrnes & Sinicrope 2008, die jedoch auf geschriebene Sprache fokussieren). Diese Studien bilden eine Basis für die folgende Untersuchung des Gebrauchs von Relativsätzen in einer mehrheitlich ungesteuerten Lernsituation, die sich darüber hinaus zusätzlich durch Variation im Input auszeichnet.

Der Grundtyp des deutschen Relativsatzes wird als ein untergeordneter Satz definiert, der als Attribut zu einem nominalen Element steht. Er folgt üblicherweise direkt auf das nominale Element und wird mit einem Relativmarker eingeleitet (vgl. Lehmann, 1984: 45 und Eisenberg, 1999: 263). Neben solchen prototypischen Relativsatzkonstruktionen (vgl. die Beispiele 25) gibt es eine Reihe von untergeordneten Sätzen (vgl. die Sätze in 26), die zwar formal mit denselben Junktoren ausgestattet sind, sich jedoch aufgrund des Fehlens von Bezugselementen im übergeordneten Satz nicht als attributive Sätze charakterisieren lassen, sondern als formal freie Relativsätze, wobei sie die Funktion von Subjekten oder Objekten für den übergeordneten Satz erfüllen. Solche Sätze siedelt auch Birkner (2008: 13–31) in ihrer umfassenden Analyse von Relativsätzen im gesprochenen Deutsch nicht im Kernbereich dieser Strukturen an.

Relativsätze mit Referenzelement im übergeordneten Satz:

(25) a. *Ich habe eine Kollegin, **die** es mir aufschreibt.*
    b. *Wir haben einen Kollegen, **der** aus Schottland kommt.*
    c. *Ich spreche das Deutsch, **das** ich gelernt habe.*
    d. *Und das, **was** ich gelernt habe, habe ich falsch gelernt.*
    e. *Es gibt Tage, **an denen** ich fast kein Englisch spreche.*

Nicht in die Analyse einbezogene, syntaktisch aber nahe verwandte Konstruktionen:

(26) a. *Was ich lese, verstehe ich.*
    b. *Wo er jetzt ist, weiß ich nicht.*
    c. *Wer in der Schweiz wohnt, sollte schon auch Hochdeutsch können.*

Daneben gibt es im Deutschen auch sogenannten Pseudo-Relativsätze oder Verbzwei-Relativsätze (Brandt et al. 2008), die sich wie in den Beispielen 27 zwar syntaktisch aufgrund der Verbzweitstellung von den klassischen attributiven Relativsätzen unterscheiden, jedoch ansonsten große Ähnlichkeit mit diesen besitzen.

Verbzweitrelativsätze:

(27) a. *Ein Mann war dabei, **der** schickte seine Tochter in die Schweiz.*
    b. *Ich habe eine Cousine, **die** wohnt in Bern.*
    c. *Es gibt einen Übersetzer, **der** hat viele Klassiker ins Türkische übersetzt.*

In der gesprochenen Sprache und bei Lernenden, die gegebenenfalls auch in anderen Nebensätzen die Verbstellung noch variabel realisieren, kann damit die Grenze

zwischen Relativsätzen mit Verzweit- und Verbletztstellung unscharf werden. Sätze, die ungeachtet dieses Merkmals den folgenden Kriterien entsprechen, werden deshalb in die Analyse miteinbezogen:
- Das Relativum kann unverändert auch in einem klassischen attributiven Relativsatz mit Verbletztstellung stehen.
- Der Relativsatz liefert Information über ein nominales Referenzelement.
- Das anaphorische Element steht in der ersten Position des Relativsatzes, d. h. Anbindungen durch *und* werden nicht einbezogen.

Bei den Relativsätzen kann entsprechend ihrer pragmatischen Funktion zwischen restriktivem Gebrauch, der die Menge an möglichen außersprachlichen Bezugsobjekten einschränkt, und nicht-restriktivem Gebrauch, der das Bezugsobjekt näher spezifiziert, unterschieden werden. Diese Kategorisierung hat jedoch keine formalen Konsequenzen und spielt für die vorliegende Analyse kein Rolle.

Im Grundtyp des Relativsatzes – charakterisiert durch die Referenz auf ein nominales Element mithilfe eines phorischen Elements – stellt die Form dieses anknüpfenden Elements ein zentrales Unterscheidungsmerkmal zwischen verschiedenen Varietäten des Deutschen dar: Im Standard werden hauptsächlich Relativpronomen verwendet, die in Numerus und Genus mit dem vorhergehenden Element übereinstimmen und die hinsichtlich ihrer syntaktischen Rolle im untergeordneten Satz selbst kasusmarkiert sind. Es interagieren somit syntaktische und morphologische Aspekte in der Auswahl des richtigen Relativums. Bei diesem handelt es sich zumeist um ein Relativpronomen wie *der, die, das*, die formgleich zu den bestimmten Artikeln oder Demonstrativpronomen sind, oder um Relativadverbien wie *wo, wie, wann*, um Kombinationen aus Präposition und Relativpronomen oder selten um Präpositionaladverbien wie *womit, woher*; die Relativpronomen *welcher, welche, welches* werden in der gesprochenen Sprache ebenfalls sehr selten verwendet. Des Weiteren wird das Pronomen *wer* (übereingestimmt in Kasus, aber nicht in Genus) in vorangestellten Relativsätzen verwendet; das Adverb *was* dient zur Bezugnahme auf indefinite Neutrumpronomen wie *das, etwas, alles*. Relativadverbien wie *wo, als* oder Präpositionaladverbien können meistens durch eine Kombination von Präposition und Relativpronomen ersetzt werden und finden in adverbialen Relativsätzen oder Präpositionalobjekt-Relativsätzen Verwendung. Das Relativadverb *wo* ist dabei die gebräuchlichste Form und wird für lokale und temporale Deixis in einem sehr breiten Sinne verwendet (Birkner 2008: 261–263). Angesichts der Tatsache, dass *wo* in der gesprochenen Sprache in sehr vielen semantisch unpräzisen Umgebungen verwendet wird, in denen ein Ersatz durch Präposition und Relativpronomen möglich wäre, stellt Birkner (2008: 263) die Vermutung an, dass diese Wahl ein Zeichen für die Vermeidung von komplexeren Junktoren darstellen könnte.

In den alemannischen Dialekten fungiert das unflektierte Relativadverb *wo* im Gegensatz dazu als das wichtigste Relativum. Es wird für Relativisierung in Subjekt-, Objekt- und in manchen alemannischen Varianten auch für indirekte Objektsätze verwendet (siehe Fleischer 2004: 227, der die Terminologie von Keenan & Comrie 1977 verwendet). Indirekte und oblique Objekt- wie auch Genitivobjektsätze erfordern zumeist den Einsatz von zusätzlichen Elementen (Präpositionen, Pronomen), ihr Einsatz in mündlicher Sprache ist jedoch sehr eingeschränkt. Darüber hinaus wird *wo* in sämtlichen lokalen und temporalen Kontexten verwendet, in denen es im weitesten Sinne auch im Standard zugelassen ist. Trotz des breiten dialektalen Einsatzes des *wo*-Adverbs ist der Gebrauch von Pronomen im Dialekt nicht gänzlich ausgeschlossen. „The relative clause introduced by *dä* (SHG *der*) instead of *wo* is the most obvious and most often criticised case of syntactic shifting" (Werlen 1988: 104). Diese Art von syntaktischem Shifting ist natürlich auch in die entgegengesetzte Richtung denkbar und würde sich dann als Übergebrauch von *wo* manifestieren. Im standardnahen Sprechen von Erwachsenen sollte solche Realisierungen jedoch eher eine Ausnahme darstellen, da sie bisher im Gebrauch nicht dokumentiert sind – und auch auf explizite Nachfrage bei den Autorinnen der Studie von Christen et al. (2010) nicht festgestellt werden konnten. Die Möglichkeit, dass Lernende und Zweitsprachbenutzende dennoch Kontakt mit dieser Art von inkonsistenter Variation hatten, kann nicht gänzlich ausgeschlossen werden.

Im Erwerbskontext gelten Relativsätze zumeist als Zeichen eines fortgeschrittenen Sprachstands (Odlin 1989: 97). Auf der Basis einer longitudinalen L1-Fallstudie legten Brandt et al. (2008) dar, dass sich deutsche Relativsätze aus einfachen nichteingebetteten Sätzen über den Weg von V2-Relativsätzen herausbilden. Häufig ist der Relativsatz an eine isolierte Nominalphrase oder eine Nominalphrase in einem Kopulasatz gebunden. Im Bezug auf die Position des Bezugsnomens im Matrixsatz fällt auf, dass fast nie Elemente im Vorfeld modifiziert werden. Da gleichzeitig bevorzugt Relativsätze produziert werden, in denen das Relativum als Subjekt fungiert, sind Sätze mit einem Prädikativum oder Objekt als Bezugsnomen und dem Relativum in Subjektfunktion überrepräsentiert.

In Bezug auf den Fremdspracherwerb des Deutschen legten Byrnes & Sinicrope (2008) eine longitudinale Studie zum Erwerb von Relativsätzen durch englischsprachige Lernende im gesteuerten Kontext vor. Sie zeigen, dass die gesamte Bandbreite von Relativsätzen im Geschriebenen bereits auf niedrigen Kursstufen verwendet wird und dass Relativisierung in den Texten kontinuierlich zunimmt (bis hin zu einem Anteil von 13 %). Zur Produktion von Relativsätzen in der mündlichen Lernersprache Erwachsener liegen im deutschsprachigen Kontext bislang keine Untersuchungen vor. Für den Erwerb des Englischen gibt es vereinzelt Untersuchungen wie etwa die Studie von Mochizuki & Ortega (2008), die im Klassenzimmerkontext die Auswirkungen von Planung und Vorbereitung auf Sprechsituationen und die dadurch gesteigerte Verwendung von Relativsätzen thematisiert.

Mit Relativsätzen im Kontext des kindlichen DaZ-Erwerbs setzte sich Bryant (2015) auseinander. Sie beschreibt Relativsätze auf der Basis ihrer Vorkommenshäufigkeit in mündlichen und schriftlichen Erzählungen im Verhältnis zu anderen Nebensatztypen als „relativ gute[n] Sprachstandsindikator" (Bryant 2015: 79). Im Rahmen einer Sprachförderaktion beobachtete sie bei Kindern im Alter von acht bis 12 Jahren mit Förderbedarf eine Unterrepräsentation von Relativsätzen im Verhältnis zu anderen Nebensätzen (Adverbial- und Komplementsätzen), während bei den Kindern ohne Förderbedarf die verschiedenen Nebensatztypen in ausgeglichenem Verhältnis auftraten. Hinsichtlich Sprachniveau und Förderbedarf wurden die Kinder auf der Basis von sprachlichen Kriterien wie etwa Wortstellung, Wortschatz, Nebensatzanzahl, Textkohäsion und Erzählstruktur in verschiedene Niveaus eingeteilt, wobei mit zunehmendem Niveau auch die geförderten Gruppen ein ausgeglicheneres Verhältnis der Nebensatztypen zeigten.

Wenngleich Bryants Analyse stärker auf die syntaktischen Fragen der Relativsatzrealisierung (syntaktische Funktion des Bezugselements und des Relativums, Stellungs- und Klammerrealisierungsfragen) fokussiert ist, werden am Rande auch morphologische Schwierigkeiten und die Tatsache, dass gerade DaZ-Kinder mit dem Verschmelzen der morphologischen Kategorien Genus und Kasus in „polyfunktionalen Relativpronomen" (Bryant 2015: 79) Schwierigkeiten haben, thematisiert. Die didaktischen Vorschläge zur Unterstützung des Erwerbs von Relativsätzen bauen auf dem in der Ontogenese beobachteten Verlauf des Relativsatzerwerbs etwa von Brandt et al. (2008) auf.

Im Sprachgebrauch von muttersprachlichen Sprecherinnen und Sprechern sind Relativsätze zwar seltene, aber dennoch wichtige Bestandteile von gesprochener Sprache. Die Ergebnisse zur Häufigkeit im gesprochenen Deutsch hängen von der Wahl der Zählprozedur und der Definition von Relativsätzen ab. Weinert (2004) errechnete den Anteil von Relativsätzen im Verhältnis zur Wörterzahl eines Textes: In ihrem gesprochenen Korpus, das eine ganze Reihe von verschiedenen Gesprächssituationen von akademischen bis alltäglichen Gesprächen abdeckte, fand sie Relativsätze in Intervallen von ca. 230 bis 620 Wörtern. Dabei handelt es sich jedoch um eine ungewöhnliche Vorgehensweise. Andere Forschende zählten attributive Sätze – von denen allerdings etwa neben den *dass*-Sätzen und den indirekten Fragesätzen in attributiver Funktion Relativsätze nur einen Ausschnitt bilden – und kamen dann auf eine Frequenz von ungefähr 8 % aller Äußerungen (Patocka 2000: 303 zitiert nach Fleischer 2005: 172) oder knapp über 11 % (Höhne-Leska 1975: 59). In der gesprochenen Sprache treten Relativsätze qualitativ betrachtet jedoch in spezifischer Form auf. So überwiegen einige besondere Konstruktionen ebenso wie der Gebrauch von Subjekt- und Objekt-Relativsätzen deutlich (Weinert 2004; Birkner 2008). Folglich sind im Erstspracherwerb und im erwachsenen mündlichen Sprachgebrauch Parallelen in der Häufigkeit bestimmter Konstruktionen zu beobachten. Eine größere Bandbreite von verschiedenen Relativsatzkonstruktionen wird häufig einem besonders literaten Sprachgebrauch zugeordnet (Steinig et al. 2009; Bryant 2015).

Im Folgenden soll nun genauer präsentiert und analysiert werden, in welcher Form und mit welcher Häufigkeit die einzelnen Teilnehmer/-innen Relativsätze in der freien Rede produzieren (6.2). Im Anschluss werden in 6.3 die elizitierten Ergebnisse zu den Relativsätzen aus den Übersetzungs- und Entscheidungsaufgaben rekapituliert (vgl. hierzu auch die Abschnitte 5.1 und 5.2), bevor ein Gesamtbild zur Verwendung der im Dialekt und Standard konkurrierenden Relativsatzanbindung skizziert wird (6.4).

6.2 Relativsätze im spontanen Gebrauch

Die einzelnen Sprecher/-innen unterscheiden sich bezüglich des Gebrauchs von Relativsätzen im Gespräch, das sie mit den beiden Interviewerinnen führen, beträchtlich. Den Gesamtüberblick hierzu liefert die Tabelle 6.1. Die absolute Anzahl von Relativsätzen bewegt sich von 1 bis 46 und umfasst über alle Personen hinweg 275 Beispiele. Da die einzelnen Personen in sehr unterschiedlichem Maße Redefreudigkeit an den Tag legen und es daher bezüglich der Redemenge große Differenzen gibt, wird die Anzahl von Relativsätzen ebenso im Verhältnis zu allen Satzteilen dargestellt. Der relative Anteil von Relativsätzen reicht von 0,2 bis 8,5 % der geäußerten Satzteile. Da Relativsätze auch in der Rede von Einsprachigen mit sehr unterschiedlicher Häufigkeit verwendet werden (Höhne-Leska 1975; Weinert 2004; Fleischer 2005), ist große Variation bei den teilnehmenden Personen an sich nicht besonders verwunderlich. Die genauere Beschaffenheit der von ihnen gebrauchten Relativsatzanschlüsse in Kombination mit Beobachtungen zur Häufigkeit ihres Auftretens führt jedoch zu einigen interessanten Einblicken in ihr Sprachverhalten.

Die standardkonformen und dialektalen Muster der Relativsatzkonstruktion werden nicht gleichermaßen häufig verwendet. Nur drei Sprecher/-innen (Jean, Beth und Ahmed) verwenden regelmäßig das standardsprachliche Muster mit einem genus- und kasussensitiven Relativpronomen. Eine weitere Person (Yagmur) verwendet es überwiegend, realisiert jedoch auch einen dem dialektalen Muster entsprechenden *wo*-Anschluss, wie etwa in Beispiel 28. Drei Sprecher/-innen (Camila, Milot und Stan) binden Relativsätze ausschließlich mit dem Relativadverb *wo* an und sieben Personen (Aylin, Laura, Arbid, Joanna, Julio, Behar und Rezart) verwenden überwiegend die dialektale Variante. Zusätzlich gebührt folgenden

Beobachtungen ein besonderer Vermerk: James, der nur einen einzigen Relativsatz verwendet, benutzt dafür das Relativum *wo* in einer Konstruktion, in der es in beiden Codes angemessen ist (vgl. Beispiel 29).[1] Es kann hier also keine Aussage zur Code-Zugehörigkeit oder zum Überwiegen eines Musters getätigt werden. Auch Vitor und Veronica gebrauchen jeweils nur einen Relativsatz. Vitor verwendet einmal zielsprachlich *was* mit Bezug auf das neutrale Demonstrativpronomen *das* (Beispiel 30). Veronica bindet einen Satz ohne Relativsatzeinleitung an (siehe Beispiel 31). Die Nominalphrase *viele Frauen* stellt hier gewissermaßen das Scharnier zwischen den beiden Sätzen dar: Sie ist zunächst das Objekt zum Verb *kennen*, von wo aus dann ein Satz angebunden wird, in dem dieselbe Nominalphrase als Subjekt verwendet wird. Neben der Analyse als Relativsatz, dem das einleitende Element fehlt, wäre es folglich auch denkbar, die Struktur als Drehkonstruktion (*apo koinu*) zu interpretieren.

(28)   *das ist der einzige [sprachkurs]* **wo** *du auch fürs studium brauchen könntest.* (Yagmur)

(29)   *[es gibt] mehr situationen,* **wo** *ich muss hochdeutsch sprechen.* (James)

(30)   *ich weisch, was isch das,* **was** *wett.* (Vitor)

(31)   *ich kenne schon viele frauen,* **Ø** *nit spräche portugiesisch mit kinder.* (Veronica)

Hakan und Maria-Luisa realisieren etwas mehr Relativsätze, jedoch kann dabei kein systematischer Gebrauch des standardsprachlichen oder dialektalen Musters beobachtet werden. Loren schließlich verwendet eine ganze Bandbreite von verschiedenen phorischen Elementen, die nur teilweise den Regularitäten des Dialekts oder Standards entsprechen. Bei diesen drei Personen lässt sich große Variabilität beim Einsatz der phorischen Elemente beobachten, die noch genauer analysiert werden soll.

Es wird damit im Hinblick auf die Satzgliedfunktion, die das Relativum einnimmt, beinahe die gesamte Bandbreite von möglichen Relativsätzen abgedeckt. Am häufigsten sind Subjektrelativsätze, die beinahe in der Hälfte der Fälle in Erscheinung treten (vgl. die Beispiele in 32). In etwas mehr als einem Viertel der Fälle steht das Relativum für ein Akkusativobjekt des Relativsatzes (vgl. die Beispiele in 33). Relativsätze, in denen das phorische Element in der Terminologie von

---

[1] Gleichzeitig muss an dieser Stelle angemerkt werden, dass auch die Standard sprechende Interviewerin im Gespräch unmittelbar vorher beide Varianten verwendet hatte, wobei sie zuletzt den Relativsatzanschluss mit *wo* realisierte: „und (.) gibt_s situationen, in denen sie (.) dialekt sprechen mussten? oder gab_s schon situationen, wo sie dialekt oder hochdeutsch sprechen mussten?"

Tab. 6.1: Art und Häufigkeit der verwendeten Relativsätze bei allen 20 Teilnehmer/-innen

Teilnehmer/in	Relativsätze	phorische Elemente	Satzteile	Relativer Anteil
Veronica (Port3)	1	1 kein Relativum	496	0.2
Vitor (Port2)	1	1 *was*	326	0.3
Jean (Eng2)	3	2 *das*, 1 Präp + Pron (*an denen*)	686	0.4
James (Eng1)	1	1 *wo* (temporal)	224	0.5
Hakan (Turk3)	5	1 kein Relativum, 3 *was*, 1 *das*	506	0.8
M.-Luisa (Port4)	4	3 kein Relativum, 1 *die*	457	0.9
Camila (Port6)	7	7 *wo* (1 lokal)	629	1
Beth (Eng3)	7	4 *die*, 1 *der*, 1 *was*, 1 *wo* (lokal)	534	1.3
Yagmur (Turk1)	11	7 *die*, 1 *was*, 3 *wo* (2 lokal)	828	1.3
Milot (Alb3)	10	10 *wo* (1 temporal, 1 lokal)	568	1.8
Ahmed (Turk4)	19	6 *der*, 10 *die*, 2 *was*, 1 *wo* (lokal)	855	2.2
Aylin (Turk2)	24	19 *wo* (3 lokal), 4 *die wo*, 1 kein Relativum	1013	2.4
Laura (Port5)	11	9 *wo* (2 lokal), 2 *was*	434	2.5
Loren (Eng4)	16	5 *wä* ('wer'), 4 *dä* ('der'), 5 *das*, 1 *wo*, 1 *was*	547	2.9
Stan (Eng5)	18	18 *wo* (1 temporal), 1 lokal	533	3.4
Arbid (Alb1)	22	16 *wo* (3 temporal), 5 *was*, 1 *wann*	627	3.5
Joanna (Eng6)	19	16 *wo*, 3 *was*	519	3.7
Julio (Port1)	20	17 *wo* (1 temporal), 2 *das*, 1 kein Relativum	535	3.7
Behar (Alb4)	30	29 *wo* (3 temporal, 5 lokal), 1 *was*	726	4.1
Rezart (Alb2)	46	40 *wo* (2 temporal, 2 lokal, 2 *de* ('die'), 3 *was*, 1 *der*	541	8.5

Keenan & Comrie (1977) im obliquen Kasus steht, belaufen sich etwa noch auf ein Fünftel der Beispiele. Keenan & Comrie (1977) erfassen damit prototypischerweise Präpositionalobjekte wie in Beispiel a) in 34, schließen aber Adverbiale wie in b) nicht explizit aus. Da im Alemannischen für Relativa, die im weitesten Sinne lokale und temporale Ergänzungen, Adverbiale (Beispiele c) und d)) oder Prädikative repräsentieren, *wo* eingesetzt wird, werden diese Beispiele alle in der Oblique-Kategorie mitgerechnet.[2] Im untersuchten Korpus gab es lediglich ein Beispiel für einen Genitiv-Relativsatz (siehe Beispiel 35), jedoch keinen Dativobjekt-Relativsatz. Einige wenige Sätze konnten aufgrund von Abbrüchen oder Korrekturen nicht eindeutig zugeordnet werden.

(32) a. *es gibt viele worte auch bei der arbeit,* **wo** *fachspezifisch sind.* (Joanna)

b. *und es gab denn so damals ein integrationsdeutschkurs für ausländer,* **die** *studieren wollten.* (Beth)

(33) a. *letzte zit sind im kosovo sind paar neue wort gekommen,* **wo** *manchmal ich verstehe au nit, oder?* (Milot)

b. *die guten zeitungen also im internet gibt es viel bessere zeitungen,* **die** *man hier also nicht bekommt äh in handel.* (Ahmed)

c. *und alles,* **was** *ich glernt hät, isch selber mit kontakt mit de leute.* (Laura)

(34) a. *eifach x verschiedeni sache,* **wo** *ma* **damit** *konfrontiert isch, wenn ma da wohnt.* (Stan)

b. *es gibt tage,* **an denen** *ich sehr viel englisch rede.* (Jean)

c. *i spreche de albanische dialekt, wo isch in mine region,* **wo** *ich verwachse kum.* (Rezart)

d. *sind so zwöi stund pro wuche,* **wo** *mir die unterricht gha händ.* (Behar)

e. *die ziit,* **wo** *i bin dert gsi, habe fasch nit nur gelernt.* (Rezart)

(35) *und dann war eine haus leer im dorf,* **wo** *besitzer im deutschland war.* (Aylin)

Wie bereits an den bisher präsentierten Beispielsätzen beobachtet werden konnte, stehen die Relativsätze im Verhältnis zum übergeordneten Satz in 75 % der Fälle rechtsperiphär und sind nur in einem Viertel der Fälle in den Matrixsatz eingebettet.

Teilweise in Abhängigkeit von den oben erwähnten verschiedenen Funktionen und der Wahl der dialektalen oder der standardsprachlichen Variante werden

---

[2] Eine ähnliche Kategorisierung scheinen (Brandt et al. 2008) verfolgt zu haben, wenn sie nach dem Beispiel für Oblique-Relativsätze eingeleitet durch eine Präposition und ein Relativpronomen hinzufügen, dass anstelle der Präposition-Pronomen-Kombination in diesem Satztyp alternativ auch *wo* stehen kann.

die verschiedenen relativsatzeinleitenden Elemente mit unterschiedlicher zielsprachlicher Angemessenheit, d. h. entsprechend der im Dialekt wie im Standard vorliegenden Gebrauchsnormen, realisiert. So bietet natürlich gerade die pronominale Realisierung großes Potential für Genus-, Kasus- oder Numerusabweichungen, während die Relativsatzanbindung mit wo vergleichsweise unproblematisch ist. Hier stellen – wie in weiterer Folge genauer betrachtet wird – insbesondere die Sätze, in denen das Relativum ein Präpositionalobjekt repräsentiert, eine Hürde dar.

Insgesamt sind 85 % aller Relativsätze im Rahmen der im Dialekt oder Standard angemessenen Muster realisiert. Beim Anteil der Sätze mit lernbedingter Variation fallen zunächst diejenigen auf, bei denen zwar ein Relativpronomen verwendet wird, dieses jedoch in seiner Form zielsprachlich abweichend realisiert ist (Beispiele in 36).

(36) a. *und ich komme aus ein gegend,* **das** *wirklich fast am meer ist.* (Jean)
 b. *wegen war eine gute kollegin im kuchi,* **das** *mir immer ufschriibe, wenn ich eppis nicht verstend.* (Julio)
 c. *weil ich ein kind hat,* **der** *in die schule musste.* (Loren)
 d. *ich hab viele ziele,* **das** *ich erreichen will.* (Hakan)

Daneben wird in einigen Fällen auch das Relativpronomen was über den eigentlichen Anwendungsbereich hinaus verwendet. Während dieses Relativum im Deutschen[3] nur zum Einsatz kommt, um auf neutrale oder indefinite Pronomen Bezug zu nehmen, gebrauchen die Zweitsprachsprechenden es sehr viel breiter, d. h. beispielsweise für die Referenz auf belebte und vor allem auch auf nicht-belebte Entitäten:

(37) a. *i merke mini fehler,* **was** *i rede.* (Rezart)
 b. *de deutsch,* **was** *i kann.* (Joanna)
 c. *mir händ so wie hier die deutsche schüler oder säge die schüler,* **was** *machet französisch, und de hämmir müesse serbisch.* (Behar)
 d. *ich konnte denn so japanisches sushi essen und so=solche sachen,* **was** *damals noch nicht erhältlich war hier in der schweiz.* (Beth)

Die Verwendung des Relativadverbs wo bereitet vorwiegend in den Fällen Schwierigkeiten, in denen es für ein Präpositionalobjekt verwendet wird. In dieser Position

---

[3] Zur Frage, inwiefern in dieser Funktion die Verwendung von was auch anstelle von wo im Dialekt verbreitet ist, sind mir keine Untersuchungen bekannt.

wird im Alemannischen[4] die syntaktische Rolle des Relativums im Relativsatz zusätzlich durch Präposition und Personalpronomen enkodiert bzw. die Präposition dann in Form eines Pronominaladverbs eingeführt. Ein solches Beispiel findet sich etwa bei Stan in Beispiel a) unter 34. Zumeist realisieren die interviewten Sprecher/-innen in solchen Fällen jedoch nur das blanke *wo*:

(38) a. *das isch mir paar mol passiert mit dem kolleg do,* **wo** *zämme schaffe.* (Rezart)

b. *wenn NAME isch uf de welt cho, han i äh e videorecorder,* **wo_n_i** *ha denn vo england sache übercho.* (Loren)

Entsprechend der Erläuterungen bei Fleischer (2005: 181) würde in einem alemannischen Dialekt hier überwiegend etwa *der kolleg, wo(n)i mit ihm zämme schaffe* und *e videorecorder, wo(n)i derfür denn ha sache übercho* realisiert werden. Schließlich weichen auch die Fälle ab, in denen ohne Relativpronomen angeschlossen wird. Hierfür wurde oben bereits das Beispiel 31 genannt. Als weitere Beispiele seien erwähnt:

(39) a. *ich bin geboren worden in eine stadt,* **Ø** *heisst NAME.* (Hakan)

b. *ich war immer mit leute,* **Ø** *nicht aus der türkei sind.* (Aylin)

c. *ich bin do fünf jahr. isch do,* **Ø** *ich spreche deutsch.* (Maria-Luisa)

Während die meisten Sprecher/-innen nur einzelne Varianten verwenden, weist insbesondere Loren bei ihrer Relativsatzbildung viele Beispiele für lernbasierte (Typ 1) Variation (Rehner 2002) auf. Einige ihrer Varianten entsprechen weder den Gebrauchsnormen des Dialekts noch des Standards. Neben den oben bereits erwähnten Abweichungen bei Genus- oder Kasusmarkierung fällt bei ihr weiters die Verwendung von *wä (wer)* auf.

(40) a. *i töne nit wiǝ öpper,* **wä** *dert wohnt de ganz ziit.* (Loren)

b. *und i wot nit mit lüüt [wohne],* **wä** *chömme nit guet mitenand rundumme.* (Loren)

c. *und es hät en alt ma,* **wä** *hät dert gwohnt.* (Loren)

Am offensichtlichsten konkurriert das unflektierte Adverb *wo* mit den flektierten Pronomen in den Subjekt- und Objektrelativsätzen. Dabei überwiegt jedoch die Verwendung von *wo* über alle Personen hinweg betrachtet ganz klar. Auch wenn einzelne Personen neben einer Vielzahl von Relativsätzen, die sie mit dem unflektierten Adverb einleiten, auch vereinzelt eine pronominale Realisierung äußern,

---

[4] Fleischer (2005: 181) beschreibt dies anhand von niederalemannischen Beispielen.

so bleiben die Anteile der Pronomen doch sehr gering – vgl. insbesondere Aylin, Julio und Rezart. Im Hinblick auf die Frage nach zielbedingter Variation stellt sich dabei natürlich die Frage, ob die verschiedenen Relativsatzanschlüsse auf den Code abgestimmt sind, der in den jeweils umliegenden Satzteilen verwendet wird. Vor dem Hintergrund der oben aufgelisteten Sätze wird dabei klar, dass hier das Nebeneinander von verschiedenen Relativsatzanschlüssen bei den Lernenden kein Zeichen für zielbedingte Variation darstellen muss. Bei den Personen, die grundsätzlich eher eine standardnahe Variante sprechen, ist es nicht der Fall, dass die *wo*-Anschlüsse mit Code-Switching zum Dialekt einhergehen. Yagmur, die insgesamt großteils standardnah spricht, verwendet ohne sonstige dialektale Varianten in einem Fall plötzlich den dialektalen Relativsatzanschluss. Bei Aylin sind die dialektalen Relativsatzanschlüsse durchgehend von stark standardsprachlichem Sprechen umgeben. Joanna, Laura oder Rezart hingegen sind Personen, die insgesamt häufig mischen, bei den Relativsatzanschlüssen entscheiden sie sich jedoch mehrheitlich für das dialektale Muster.

(41)   a. *und da in fribourg gibts ja so ein deutschintensivkurs. das ist der einzige, **wo** du einfach fürs studium auch später brauchen könntest.* (Yagmur)

b. *und durch jede diese sache, **wo** ich lernen wollte, habe ich immer mehr gelernt natürlich.* (Aylin)

c. *er engagiert jemand, **wo** auch nachspioniert, oder?* (Aylin)

d. *aber miini sohn isch au eine grund, **wo** hilft in die schweiz zu bliibe.* (Laura)

e. *sunsch hör ich einfach, für jemand, **wo** englisch spricht, sehr schwierig zum uusdrücken.* (Joanna)

f. *aber so leute, **wo** wirklich im deutschland uufgwachse is, [...].* (Joanna)

g. *weil do habe scho mehr kontakt mit de lüüt, **wo** rede mehr deutsch.* (Rezart)

Die Personen, die vorwiegend die standardsprachlichen Relativpronomenanschlüsse realisieren – Jean, Beth, Yagmur und Ahmed –, verwenden grundsätzlich mehrheitlich Standardsprache (vgl. hierzu auch das Kapitel 4 zum Dialekt-Standard-Repertoire der Sprecher/-innen). Was im Korpus nicht beobachtet wird, ist die Verwendung von standardsprachlichen Relativsatzanschlüssen, die in dialektaler Rede eingebettet sind. Ebenso enthält das Korpus keine Hinweise darauf, dass Personen in der freien Rede in Kombination mit der Codewahl zwischen den beiden Mustern systematisch variieren würden. Es scheint jedoch eine Asymmetrie in den Implikationen zwischen Codeverwendung und Relativsatzanschlüssen zu geben. Die überwiegende Verwendung der standardsprachlichen Pronomen lässt sich nur bei insgesamt stark zum Standard tendierenden Personen beobachten, während das dialektale Adverb *wo* ungeachtet vom ansonsten präferierten Code, sei dies Dialekt, Standard oder eine gemischte Sprachverwendung, Einsatz findet.

Neben diesen formalen Kriterien der Relativsatzverwendung eröffnet auch die Häufigkeit des Gebrauchs interessante Einblicke. Relativsätze werden als Phänomen der komplexen Syntax betrachtet und ihr häufiger Einsatz ist ein Zeichen von fortgeschrittener Sprachkompetenz (vgl. dazu etwa Odlin 1989: 97f. oder Byrnes & Sinicrope 2008: 112 und 132). Da Letztere im ungesteuerten Erwerb oftmals mit der Dauer der Kontaktzeit zusammenhängt, könnte die Häufigkeit der Relativsätze mit der Länge der Lern- bzw. Kontaktzeit korrelieren.

Im Falle unserer Sprecher/-innen lässt sich jedoch kein eindeutiger entsprechender Zusammenhang beobachten. So verwendet zwar James, der Sprachbenutzer mit der kürzesten Aufenthaltszeit, nur sehr wenige Relativsätze; bei den Personen, die bereits jeweils sieben bis acht Jahre in der Schweiz verbracht haben, variiert die Menge von Relativsätzen allerdings zwischen vergleichsweise vielen Relativsätzen (Arbid) und vergleichsweise wenigen (Veronica, Maria-Luisa und Hakan) ganz beträchtlich. Gleichzeitig sind Zweitsprachbenutzende zu beobachten, die eine mittlere oder lange Kontaktzeit mit Deutsch aufweisen (Milot, Jean, Beth, Camila, Yagmur und Ahmed) und dennoch sehr geringe Anteile von Relativsätzen aufweisen. Dennoch handelt es sich bei den Zweitsprachbenutzenden, die einen sehr variablen, nicht-zielsprachlichen Gebrauch von relativsatzeinleitenden Elementen zeigen (Loren) oder kaum Relativsätze verwenden (James, Veronica, Maria-Luisa und Hakan) bis auf eine Ausnahme um Lernende, die erst seit verhältnismäßig kurzer Zeit im deutschsprachigen Raum leben. Das bedeutet, dass Relativsätze bei Lernenden mit geringer Kontaktzeit eher selten beobachtet werden und sie Relativsätze noch nicht produktiv zu gebrauchen scheinen. Steigende Kontaktzeit ist jedoch kein Garant dafür, dass die entsprechende Konstruktion tatsächlich erworben wird. Darüber hinaus lässt sich auf der Basis des vorliegenden Korpus auch kein systematischer Zusammenhang zwischen den vier verschiedenen Erstsprachen der Sprecher/-innen und dem Relativsatzgebrauch ausmachen, weder im Hinblick auf Zielsprachlichkeit noch auf Häufigkeit.

6.3 Relativsätze in der Elizitierung

Die Beobachtungen zum Gebrauch von Relativsätzen und zur Verwendung des einleitenden Elements im Gesprächskontext werden nun durch die Ergebnisse aus dem mit Aufgaben erhobenen Material ergänzt. Die zusätzlichen Resultate sollen etwa bei Personen, die wenig Relativsätze produziert haben, Hinweise darauf geben, ob sie solche im elizitierten Kontext realisieren können. Bei den Zweitsprachbenutzenden, die ein präferiertes Muster zeigen, können wiederum Aussagen darüber getätigt werden, ob ihnen Dialekt-Standard-Unterschiede bewusst sind, sofern sie konkret zur Produktion von und Entscheidung über Relativsätze in einem der Codes angehalten sind. Die Übersetzungsaufgabe umfasste den Beispielsatz 42a als dialektalen Ausgangssatz und den Beispielsatz 42b als Ausgangssatz im Standard. In beiden Fällen kann beobachtet werden, ob die Sprecher/-innen das relativsatzeinleitende Element verändern.

(42)   a. *Chennsch du vilech öpper, wo hüüt Ziit het?*
       b. *Wir kennen vielleicht nicht alle Leute, die mit uns im Haus wohnen.*

Die Analyse bleibt zwar anhand dieser beiden Sätze sehr beispielhaft, stützt jedoch die Beobachtungen zum freien Gebrauch. So zeigt in beiden Fällen ein genauer Blick auf die einleitenden Elemente, dass neben der dialektalen Verwendung des Relativadverbs *wo* oder des standardsprachlichen Relativpronomens noch weitere Varianten vorkommen. In Tabelle 6.2 wird zunächst dargestellt, welches relativsatzeinleitende Element die Sprecher/-innen im Rahmen des angestrebten Zielsatzes *Kennst du vielleicht jemanden, REL heute Zeit hat?* verwenden. Hier zeigt sich etwa, dass Loren *wer* als Relativum einsetzt, während Laura durch das unmittelbare Aneinanderhängen von *wer/wo/Ø* ihre Unsicherheit in der Bildung des Relativsatzes belegt. James und Hakan bilden einen Relativsatz ohne einleitendes Element: *kennst du jemanden, Ø heute zeit hat*. Fünf Sprecher/-innen verändern das Relativum codegerecht hin zu *der*, während sechs Personen das dialektale Relativadverb *wo* unverändert belassen. Fünf weitere Personen bilden keinen Relativsatz, der einen Rückschluss auf das einleitende Element zulassen würde.

Tab. 6.2: Wahl des relativsatzanschließenden Elements in der Übersetzung in Richtung Standard im Rahmen des angestrebten Zielsatzes *Kennst du vielleicht jemanden, REL heute Zeit hat?*

	Anzahl	%	
wer	1	5	Loren
wer/wo/Ø	1	5	Laura
Ø	2	10	James, Hakan
der	5	25	Jean, Beth, Stan, Yagmur, Ahmed
wo (unverändert)	6	30	Arbid, Rezart, Behar, Joanna, Julio, Aylin
kein Relativsatz	5	25	Milot, Vitor, Veronica, M.-Luisa, Camila

Ähnlich groß ist die Vielfalt der Varianten im Rahmen des angestrebten dialektalen Zielsatzes *Miər chenne vilech nid aui Lüüt, REL mit üüs im Huus wohne* (vgl. Tabelle 6.3). Auch hierbei findet sich lernbedingte Variation in der Form von *als, die wo, wer* oder des Fehlens eines Relativums. Fünf Sprecher/-innen (Arbid, Rezart, Stan,

Laura) verwenden dialektgerecht das Relativadverb *wo*, während sechs Personen das standardsprachliche Relativpronomen des Ausgangssatzes nicht verändern. Vier Personen realisieren keinen Relativsatz, der Rückschluss auf die Verwendung eines einleitenden Elements zulassen würde.

Tab. 6.3: Wahl des relativsatzanschließenden Elements in der Übersetzung vom Standard in den Dialekt im Rahmen der angestrebten Zielkonstruktion *Lüüt, REL mit üüs im Huus wohne*.

	Anzahl	%	
als	1	5	Vitor
die wo	1	5	Aylin
Ø	1	5	Camila
wer	2	10	James, Loren
wo	5	25	Arbid, Behar, Stan, Joanna, Laura
die (unverändert)	6	30	Rezart, Jean, Beth, Veronica, Yagmur, Ahmed
kein Relativsatz	4	20	Milot, Julio, M.-Luisa, Hakan

Die Übersetzungsaufgabe stützt teilweise die Analysen der Relativsätze aus dem freien Gespräch. So bestätigen die zwei Beispiele etwa bei Loren die nicht zielsprachliche Repräsentation von Relativsätzen und die lernbedingte Variation. Bei James, Hakan, Julio, Milot, Vitor, Veronica, M.-Luisa, Camila verstärkt sich anhand der Ergebnisse zu den Übersetzungssätzen der aus den Gesprächsdaten hervorgegangene Eindruck, dass ihr Erwerb der Relativsatzverwendung noch nicht abgeschlossen ist. Bei Laura, Julio und Rezart divergieren die Resultate der freien Produktion und der Elizitierung in dem Sinne, dass sich die Personen trotz der systematischen dialektalen Realisierung im freien Gespräch bei der Aufgabe unsicher bzw. uneinheitlich verhalten. Bei Arbid, Behar oder Joanna fällt die Neigung zum dialektalen *wo* auf, bei Aylin die Variation zwischen *wo* und *Pronomen + wo*, während etwa Jean, Beth, Yagmur und Ahmed auch im Dialektsatz ein flektiertes Pronomen wählen. Stan ist der einzige Sprecher, der in den beiden Beispielen jeweils zielkonform variiert.

Im Rahmen der Entscheidungsaufgabe waren jeweils zwei sehr vergleichbar gebildete Relativsatzpaare inkludiert, die hier für ein besseres Verständnis noch einmal aufgeführt werden sollen.
Die beiden Satzpaare im Dialekt:

(43) a. * *I gseh d Frou, die näb dr steit.*
b. *I gseh d Frou, wo näb dr steit.*
(44) a. *Du kennsch dr Maa, wo verbi geit.*
b. * *Du kennsch dr Maa, dä verbi geit.*

Die beiden analogen Satzpaare im Standard:

(45) a. *Du siehst die Frau, die neben mir steht.*
b. * *Du siehst die Frau, wo neben mir steht.*
(46) a. * *Ich kenne den Mann, wo vorbeigeht.*
b. *Ich kenne den Mann, der vorbeigeht.*

Insgesamt bereitete diese Aufgabe den Sprecherinnen und Sprechern mehr Schwierigkeiten als erwartet. Wie in Tabelle 6.4 dargestellt wird und schon im Zusammenhang mit der gesamten Entscheidungsaufgabe in Abschnitt 5.2 erläutert wurde, konnten bei allen vier Satzpaaren zwischen drei und sieben Personen keinen Unterschied zwischen den Sätzen erkennen und keine Entscheidung über deren Zielsprachlichkeit treffen. Ihnen fiel es offenbar schwer, die Aufmerksamkeit auf die formale Seite der Beispielsätze zu richten und hier den Kontrast wahrzunehmen.

Tab. 6.4: Anzahl und Anteil der Personen, die sich bei den verschiedenen Satzpaaren jeweils für die dem Code entsprechende Variante entschieden haben bzw. sich nicht entscheiden konnten

	konform	abweichend	keine Entscheidung
Dialekt: RS 1	8 (40 %)	5 (25 %)	7 (35 %)
Dialekt: RS 2	13 (65 %)	4 (20 %)	3 (15 %)
Standard: RS 1	9 (45 %)	4 (20 %)	7 (35 %)
Standard: RS 2	10 (50 %)	5 (25 %)	5 (25 %)

Durch eine detaillierte Betrachtung, wie die Sprecher/-innen in den beiden Teilaufgaben handeln (vgl. hierzu die untenstehende Tabelle 6.5), lässt sich in manchen Fällen zusätzliche Evidenz über das Wissen von der Differenz zwischen den beiden Codes im besonderen Falle der Relativsatzbildung gewinnen.

Mehr als die Hälfte der Zweitsprachbenutzenden entscheiden sich mit einer Uneinheitlichkeit, die darauf schließen lässt, dass sie in einem oder in beiden Codes auf kein abstraktes Muster zurückgreifen können. Es ist ihnen nicht möglich, zwischen den Sätzen systematisch einen Unterschied zu erkennen. Die acht Personen, die zwei oder mehr Fälle von „keine Entscheidung" haben, sind auch diejenigen, denen die Übersetzungen grundsätzlich Schwierigkeiten bereiten. Diese Ergebnisse unterstützen daher die Annahme, dass einige Teilnehmende mit einem sehr niedrigen und/oder unsystematischen Gebrauch von relativsatzeinleitenden Mitteln – wie etwa Vitor, Veronica, Maria-Luisa und Hakan – Relativsatzkonstruktionen noch nicht erworben haben.

Tab. 6.5: Ergebnisse zu den metalinguistischen Entscheidungen bei den Relativsatzpaaren: „ja" steht für codekonforme Entscheidungen, „nein" für codeabweichende Entscheidungen, „kE" für Fälle, in denen die Person keine Entscheidung treffen konnte.

	dialektale Satzpaare		standardsprachliche Satzpaare	
	d Frou, wo	dr Maa, wo	die Frau, die	der Mann, der
Veronica	kE	kE	kE	nein
Maria-Luisa	kE	nein	nein	kE
Vitor	ja	nein	kE	ja
Hakan	kE	kE	ja	nein
Camila	ja	nein	kE	kE
Milot	nein	ja	kE	kE
Behar	kE	ja	kE	nein
Julio	kE	kE	kE	ja
Arbid	nein	ja	nein	nein
Laura	nein	ja	nein	ja
Aylin	nein	ja	ja	kE
Beth	nein	ja	ja	ja
Joanna	ja	ja	ja	nein
Rezart	ja	ja	nein	ja
James	kE	ja	ja	ja
Yagmur	kE	nein	ja	ja
Loren	ja	ja	kE	kE
Jean	ja	ja	ja	ja
Ahmed	ja	ja	ja	ja
Stan	ja	ja	ja	ja

In einigen Fällen bringt die Entscheidungsaufgabe jedoch auch keine unterstützende Evidenz zu den anderen Datenquellen. Rezart, aber auch Arbid und Aylin verwenden beispielsweise im Gespräch sehr einheitlich das unflektierte Relativadverb, gleichzeitig haben sie bei der Übersetzung von Relativsätzen und bei der Entscheidungsaufgabe beträchtliche Probleme. Das könnte darauf hindeuten, dass ihre Relativsätze (teilweise) unanalysierte Sprachbausteine darstellen.

Darüber hinaus können die Entscheidungen aber auch Hinweise auf sprachliches Wissen geben, das zuvor durch Übersetzung und freien Gebrauch nicht offensichtlich war. James, der eine vergleichsweise kurze Lern- und Kontaktzeit aufweist, verwendet kaum spontan Relativsätze und hat auch Mühe mit den Übersetzungen, konnte jedoch auf der Basis der Entscheidungsaufgabe durchaus bereits Wissen über Relativsätze und insbesondere ihre Realisierung im Standard aufbauen. Von Wissen hinsichtlich der standardkonformen Relativsatzbildung kann ebenfalls bei Beth und Yagmur ausgegangen werden. Umgekehrt verhält es sich bei Joanna und Loren, die bei den dialektalen Sätzen die zielsprachliche Entscheidungen treffen können. Auf der Basis ihrer jeweils in allen vier Fällen konformen Wahl ist schließlich bei Jean, Ahmed und Stan Wissen über Relativisierung und codebedingte Unterschiede zu erkennen. Stan ist schließlich die einzige Person, die nicht nur in der analysierten Entscheidungsaufgabe, sondern auch in der elizitierten Produktion entsprechend handelt.

6.4 Das Gesamtbild vom Umgang mit Relativsätzen

Die besprochenen Ergebnisse zum Erwerb der dialektalen bzw. standardsprachlichen Relativsatzkonstruktionen weisen darauf hin, dass sich bei den Zweitsprachsprecherinnen und -sprechern nicht beide Varianten gleichermaßen durchzusetzen vermögen. Die Ergebnisse in Bezug auf die drei verschiedenen Datenquellen (Gespräch, Übersetzung und Entscheidungsaufgabe) werden in Tabelle 6.6 zusammengefasst.

Sechs Personen zeigen keinen systematischen Gebrauch des dialektalen oder standardsprachlichen Relativsatzmusters, da sie entweder nur vereinzelt Relativsätze bilden oder eine große Variation von relativsatzeinleitenden Elementen verwenden. Durch die Übersetzungsaufgabe verstärkt sich der Eindruck, dass vier Personen (Veronica, Vitor, Hakan und Maria-Luisa) deutsche Relativsatzkonstruktionen noch nicht erworben haben und kein Wissen darüber besitzen, dass hierbei im Dialekt oder Standard unterschiedliche Muster konkurrieren. Bei James gibt es anhand der Resultate der Entscheidungsaufgabe Hinweise darauf, dass er bereits eine abstrakte Vorstellung der standardsprachlichen Relativsatzbildung aufgebaut hat, diese aber im eigenen Sprachgebrauch noch nicht umsetzt. Bei Loren lässt

Das Gesamtbild vom Umgang mit Relativsätzen — 165

Tab. 6.6: Zusammenfassung des Relativsatzgebrauchs in „freier" Rede, Übersetzungen sowie metasprachlichen Entscheidungen der Sprecher/-innen (geordnet nach aufsteigender Häufigkeit in der freien Relativsatzverwendung)

	Relativsatzanschlüsse	Ü > Standard	Ü > Dialekt	Entscheidungsaufgabe
Veronica	kein systematischer Gebrauch	kein RS	die	keine klare Unterscheidung
Vitor	kein systematischer Gebrauch	kein RS	als	keine klare Unterscheidung
Jean	Pronomen überwiegen	der	die	Differenzierungsfähigkeit
James	kein systematischer Gebrauch	Ø	wer	Standardausrichtung
Hakan	kein systematischer Gebrauch	Ø	kein RS	keine klare Unterscheidung
M.-Luisa	kein systematischer Gebrauch	kein RS	kein RS	keine klare Unterscheidung
Camila	Relativadverb überwiegt	kein RS	Ø	keine klare Unterscheidung
Beth	Pronomen überwiegen	der	die	Standardausrichtung
Yagmur	Pronomen überwiegen	der	die	Standardausrichtung
Milot	Relativadverb überwiegt	kein RS	kein RS	keine klare Unterscheidung
Ahmed	Pronomen überwiegen	der	die	Differenzierungsfähigkeit
Aylin	Relativadverb überwiegt	wo	die wo	keine klare Unterscheidung
Laura	Relativadverb überwiegt	wer/wo/Ø	wo	keine klare Unterscheidung
Loren	kein systematischer Gebrauch	wer	wer	Dialektausrichtung
Stan	Relativadverb überwiegt	der	wo	Differenzierungsfähigkeit
Arbid	Relativadverb überwiegt	wo	wo	keine klare Unterscheidung
Joanna	Relativadverb überwiegt	wo	wo	Dialektausrichtung
Julio	Relativadverb überwiegt	wo	kein RS	keine klare Unterscheidung
Behar	Relativadverb überwiegt	wo	wo	keine klare Unterscheidung
Rezart	Relativadverb überwiegt	wo	die	Dialektausrichtung

sich im Gespräch eine große Vielzahl von Relativsatzanschlüssen beobachten; in der Übersetzungsaufgabe verwendet sie in beiden Fällen *wer*, wobei es ihr in der Entscheidungsaufgabe möglich ist, die dialektkonformen Sätze zu erkennen. In ihrer Relativsatzbildung findet sich die auffälligste Art von lernbedingter Variation, da sie Relativsatzanschlüsse auf sehr verschiedene Arten realisiert. Ihre abweichende Verwendung von *wer* im Gespräch und in der Übersetzung, die überdies auch bei James in der Übersetzung zum Einsatz kommt, lässt sich eventuell durch den Einfluss ihrer Erstsprache erklären. Im Englischen wird das Pronomen *who* als Interrogativ- wie Relativpronomen für die Referenz auf Menschen herangezogen, während *wer* im Deutschen zwar ebenfalls ein Interrogativpronomen ist, als Relativpronomen aber nur sehr viel eingeschränkter für vorangestellte Relativsätze verwendet werden kann.

Nur vier Personen (Jean, Beth, Yagmur und Ahmed) verwenden systematisch die standardsprachliche Relativsatzkonstruktion mit pronominalem Relativsatzanschluss. Alle vier machen auch in beide Übersetzungsrichtungen von Relativpronomen Gebrauch. Die Entscheidungsaufgabe gibt überdies noch Aufschluss darüber, dass Jean und Ahmed durchaus das dialektale vom standardsprachlichen Muster unterscheiden können, obwohl sie es selbst nicht realisieren.

Die verbleibenden zehn Personen zeigen im Gespräch eine deutliche Präferenz für die dialektale Relativsatzanbindung mit dem Relativadverb *wo*, wobei hier verschiedene Verwendertypen unterschieden werden können. Camila und Milot scheinen auf der Basis der Übersetzungs- und Entscheidungsaufgabe bei der Relativsatzbildung insgesamt unsicher zu sein und die Muster im Dialekt und Standard nicht auseinanderhalten zu können. Aylin, Laura und Julio legen zwar insbesondere auch bei der Entscheidungsaufgabe Unschlüssigkeit an den Tag, zeigen jedoch in der freien und elizitierten Sprachproduktion eine Neigung zum dialektalen Muster, da sie auch im standardsprachlichen Kontext den Relativsatzanschluss mit *wo* markieren. Deutlicher ist die Ausrichtung auf das dialektale Muster bei Arbid, Joanna, Behar und Rezart. Ihre Bevorzugung des Relativadverbs wird vor allem in der Übersetzungsaufgabe ersichtlich, wenn sie es auch im standardsprachlichen Kontext einsetzen – die Entscheidungsaufgabe ist in ihren Fällen nicht immer eine zusätzlich stützende Evidenz, da gerade Arbid oder Behar hier keine klare Unterscheidung treffen können. Im Falle von Stan zeichnet die Kombination der drei Datenquellen ein sehr aufschlussreiches Bild. Auch wenn er im Gespräch als konsequenter Dialektsprecher nur das dialektale Muster verwendet, wird anhand der beiden Aufgaben offensichtlich, dass er sich der zielbasierten Variation bewusst ist und diese auch einsetzen kann. Daneben liefern nur Jean und Ahmed durch ihre Entscheidungen in der Entscheidungsaufgabe den Hinweis darauf, dass sie trotz produktiver Präferenz des standardsprachlichen Musters über die Kenntnis der zielbasierten Variation verfügen und im Hinblick auf die Relativsatzbildung zwischen Dialekt und Standard differenzieren können.

Das Relativadverb wird insgesamt häufiger verwendet, und dies nicht nur unmittelbar im dialektalen Kontext. Dieser wiederkehrende Gebrauch des Relativadverbs in standardsprachlichem Umfeld könnte als ein Fall des syntaktischen Shiftings betrachtet werden, wie es von Werlen (1988) erwähnt wird. Aus der Erwerbsperspektive ist es jedoch eher als eine Form von *crosslinguistic influence* (Jarvis & Pavlenko 2008) zwischen den beiden im Input vorhandenen Codes anzusehen. Diese Interpretation scheint im gegebenen Kontext angemessener als die Vorstellung von Shifting oder Switching, die davon ausgeht, dass Sprecher/-innen grundsätzlich auch über die konkurrierende Variante verfügen, vorläufig jedoch über diese hinweggehen. Aus der freien Produktion, vor allem aber aus der Übersetzungs- und Entscheidungsaufgabe ergeben sich bei den betroffenen Personen keine Hinweise auf Wissen über den pronominalen Relativsatzanschluss.

Dass sich das Relativadverb eher durchzusetzen vermag, dürfte zum einen daran liegen, dass das dialektale Muster dadurch salienter wird, dass das Adverb für eine Reihe von ansonsten formal unterschiedlichen Relativpronomen verwendet wird. Zum anderen ist das dialektale Muster auch deutlich weniger komplex, da bei Subjekt- oder Objektrelativsätzen weder Kasus-, Numerus- noch Genusunterschiede markiert werden müssen, was seine Verwendung gerade im zweitsprachlichen Kontext zu unterstützen scheint. Das könnte auch der Grund dafür sein, dass es auch Personen gebrauchen, die sich ansonsten vorwiegend am Standard orientieren, zumal das Relativadverb auch in diesem Code nicht kategorisch ausgeschlossen ist, sondern in lokalen und temporalen Kontexten ebenfalls zum Einsatz kommt. Während also das Relativadverb auch verallgemeinert in den standardsprachlichen Kontext übertragen wird, ist bei keiner der Personen das Gegenteil zu beobachten: Niemand verwendet im dialektalen Kontext konsequent das pronominale Muster. Vielmehr wird das Relativadverb auch im dialektalen Kontext verallgemeinert für Oblique-Relativsätze eingesetzt, in denen im Alemannischen das Adverb noch durch Pronomen oder Pronominaladverbien ergänzt werden müsste. Die im direkten Vergleich weniger komplexe Konstruktion von Relativsätzen scheint sich somit über die Zweitsprachbenutzenden hinweg stärker durchzusetzen.

Wenn nun zusätzlich noch die relative Häufigkeit von Relativsätzen bei den einzelnen Personen in Betracht gezogen wird, fällt hier ebenfalls auf, dass diejenigen mit einer Dominanz des standardsprachlichen Musters verhältnismäßig wenig Relativsätze verwenden. Die relative Häufigkeit des Relativsatzgebrauchs bei den jeweiligen Individuen wird in Abbildung 6.1 in Abhängigkeit von ihrem präferierten Muster dargestellt. Es erscheint dabei, als ob Personen, die dem standardsprachlichen Muster der Relativsatzbildung mit genus-, numerus- und kasussensitiven

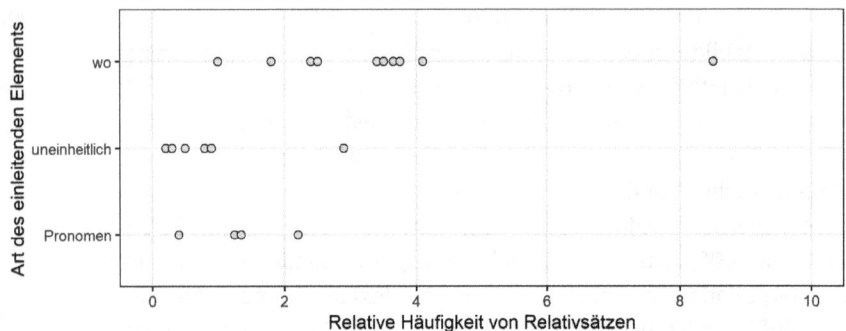

Abb. 6.1: Relative Häufigkeit von Relativsätzen bei den einzelnen Personen im Verhältnis zu allen Satzteilen, sortiert nach der Beschaffenheit der relativsatzeinleitenden Elemente

Pronomen folgen, deutlich weniger Relativsätze verwenden, womit sie Ähnlichkeit zu denjenigen Personen aufweisen, die einen sehr uneinheitlichen Gebrauch der einleitenden Elemente zeigen.

In einem Kruskal-Wallis-Rangsummentest ergibt sich insgesamt ein signifikanter Effekt des einleitenden Elements auf die Gebrauchshäufigkeit ($x^2(2) = 10.496$, $p < 0.01$). Post-hoc paarweise Vergleiche mit Bonferroni-Holm-Korrektur verdeutlichen, dass der Unterschied in der relativen Häufigkeit von Relativsätzen zwischen den Personen mit uneinheitlichem Gebrauch und denjenigen mit vorwiegender Verwendung von *wo* signifikant ist ($p < 0.01$). Während die Gebrauchshäufigkeit bei den Zweitsprachbenutzenden mit vorwiegender Verwendung des Pronomens nicht signifikant von denjenigen mit uneinheitlicher Verwendung abweicht, ist zwischen ersteren und den Personen mit vorwiegender Verwendung von *wo* ein tendenziell signifikanter Unterschied erkennbar ($p = 0.07$). Angesichts der Anzahl der untersuchten Personen und insbesondere der kleinen Gruppe derjenigen, die Relativsätze vorwiegend mit Pronomen realisieren, ist dieses Ergebnis natürlich mit entsprechender Vorsicht zu interpretieren. Es stellt jedoch einen Hinweis darauf dar, dass der Typ des einleitenden Elements durchaus die Häufigkeit der Relativsatzverwendung beeinflussen könnte.

Odlin (1989: 99) erwähnt die Vermeidung oder Unterproduktion von Relativsätzen aufgrund von sprachlichem Transfer. In den präsentierten Daten scheinen jedoch Vermeidung oder Unterproduktion auf der Basis der sprachlichen Variante und ihrer inhärenten Komplexität für die Realisierung beobachtbar zu sein. Die Verwendung der sprachlich einfacheren Variante mit dem unflektierten Adverb erhöht offenbar den Gebrauch von Relativsätzen, während diejenigen Personen, die das standardsprachliche Muster mit genus- und kasussensitiven Pronomen verwenden, Relativsätze eher vermeiden und diese ebenso selten produzieren wie

Personen, die Relativsatzbildung noch nicht erworben haben. Die pronominale Realisierung ist signifikant komplexer, was ihre Vermeidung vor dem Hintergrund der Ergebnisse zum Erwerb von komplexer Variation etwa bei Hudson Kam (2015) und Trudgill (2009) plausibel erscheinen lässt. Gleichzeitig geht das hier beschriebene Ergebnis auch konform mit Birkners Beobachtung (Birkner 2008: 263), dass in der Rede von einsprachigen Personen das Adverb *wo* verstärkt als Ersatz für komplexere Präpositions-Pronomen-Kombinationen steht und damit den bisherigen Einsatzbereich deutlich verbreitert.

Der Hinweis auf die Vermeidung kann höchstens teilweise dadurch konkretisiert werden, dass mancherorts auch kompensatorische Konstruktionen zu erkennen sind. Hier sollen nur beispielhaft einige aufgelistet werden:

(47) *aber dann gibt es tagen,* **dann** *habe ich kein gelegenheit ausser mit meinem mann.* (Jean)

(48) *das sind halt alles ausländer gewesen* **und sie** *haben auch nicht besonders gut deutsch geredet überhaupt.* (Ahmed)

(49) *ich habe denn so eine junge mutter kennengelernt in die schwangerschaftskurs* **und sie** *war eigentlich überglucklich, dass sie könnte mit mir englisch sprechen.* (Beth)

(50) *ich hab auch hier zahlreiche englische kurse besuchen (.) an der uni, oder?* **da** *habe ich keine hausaufgaben gemacht.* (Yagmur)

In diesen Passagen würde sich jeweils eine Relativsatzkonstruktion mit entsprechendem Pronomen anbieten. Jean wiederholt in 47 das *dann* anstelle eines Relativsatzanschlusses mit *an denen*. Bei den Beispielen von Ahmed in 48 und von Beth in 49 wird ein weiterer, die handelnden Personen beschreibender Satz mit *und* angeschlossen. Im Beispiel 50 von Yagmur wäre zwar auch im Standard eine Realisierung mit *wo* denkbar gewesen, sie fügt jedoch zur zusätzlichen Beschreibung einen weiteren selbstständigen Satz an, in dem sie mit dem Adverb *da* auf das Referenzobjekt rückverweist.

Die beiden Muster der Relativsatzbildung zu erwerben, stellt folglich im Zweitspracherwerb eine große Herausforderung dar, zumal die Variation gar nicht im Fokus aller Lernender steht, wie bereits in Kapitel 4 anhand des grundsätzlich unterschiedlichen Umgangs mit Dialekt und Standard im mehrsprachigen Repertoire gezeigt wurde. Dementsprechend treten bezüglich der Wahl des relativsatzeinleitenden Elements im Gespräch wie auch in den elizitierten und metasprachlichen Daten einige Fälle von lernbasierter Variation auf. Im Hinblick auf zielbasierte Variation sind die Sprecher/-innen – sofern Relativsätze systematisch verwendet werden – in den meisten Fällen dazu geneigt, ein einziges Muster zu verwenden. Nur eine Person (Stan) zeigt lernbasierte Variation in der Übersetzungsaufgabe, während daneben etwa Jean und Ahmed angesichts ihrer metasprachlichen Entscheidungen auch Wissen über die Differenz bei der Relativsatzbildung zu besitzen scheinen.

Darüber hinaus ist das einleitende Element nicht immer mit der umgebenden Sprachform konform, so etwa bei Aylin, die aus lexikalischer, phonologischer und morphologischer Sicht sehr standardnah spricht, aber dennoch konsequent das Relativadverb *wo* einsetzt. Auch bei Individuen, die stark mischen – wie Julio, Laura oder Joanna – lässt sich eine Präferenz des Relativadverbs ausmachen. Wenn eine Person für beide Codes grundsätzlich offen ist, scheint eher die weniger komplexe Variante realisiert zu werden. Diese Ergebnisse verdeutlichen eine interessante Interaktion zwischen Komplexität und Zugang. Das Relativadverb ist zugänglicher, weil es neben den Pronomen durchaus auch im Standard Verwendung findet und darüber hinaus mit einer höheren Token- ebenso wie Typenfrequenz vertreten ist als die einzelnen Relativpronomen. Das unflektierte *wo* kommt als relativsatzeinleitendes Element häufiger vor als jedes der vergleichbaren Relativpronomen (Tokenfrequenz), deckt aber auch eine größere Bandbreite von Relativsatztypen ab als die Relativsatzpronomen (Typenfrequenz) (Ellis 2015: 52). So bildet sich die Konstruktion alleine aufgrund ihrer Frequenz bereits leichter aus. Gleichzeitig ist das Relativadverb weniger komplex in seiner Verwendung, weil zumindest bei Subjekt- und Objektrelativsätzen die Unterscheidung von Numerus, Kasus und Genus des Bezugsobjekts obsolet wird. Diese offensichtlich einfachere Verwendung scheint schließlich auch die Häufigkeit der Relativsatzbildung zu beeinflussen. Zweitsprachsprecher/-innen, die am standardsprachlichen Muster festhalten, gebrauchen vergleichsweise wenig Relativsätze.

Anhand der konkurrierenden Relativsatzkonstruktionen in Dialekt und Standard werden interessante Einblicke in den Erwerb von Variation im ungesteuerten Kontext gegeben, die anhand von weiteren Varianten noch vertieft werden sollten. Die Verwendung des Relativadverbs ist im standardsprachlichen Kontext zwar ebenfalls vorhanden, jedoch nur in sehr eingeschränktem Maße. Das Muster mit dem Relativadverb scheint vor allem aufgrund seiner Einfachheit und Häufigkeit zu überzeugen und wird offensichtlich eher im zweitsprachlichen System integriert. Inwiefern die Personen gegenüber Dialekt und Standard offen sind und sich auch auf beides einlassen, ist aber vor allem eine Frage der sozialen Positionierung und der Evaluierung der Sprachumgebung. Insgesamt wird damit einmal mehr offensichtlich, dass beim Erwerb von variierenden Mustern sprachliche, kognitive und soziale Faktoren zusammenwirken.

Insbesondere auf Fragen der Evaluierung der beteiligten Codes wird im folgenden Abschnitt nun noch genauer eingegangen, wodurch die Nachvollziehbarkeit der sprachlichen Gebrauchsmuster bei den einzelnen Sprecherinnen und Sprechern erhöht werden soll.

7 Dialekt und Standard aus der Perspektive der Lernenden

Versteht man Spracherwerb als soziokognitiven Prozess, der von Erfahrungen, kognitiven Mechanismen und sozialer Interaktion beeinflusst wird, so darf auch die aktive Mitgestaltung und Wahrnehmung dieser Erfahrungswelt durch die Zweitsprachbenutzenden nicht vernachlässigt werden. Diese setzen sich mit ihrer Sprachumgebung auseinander und bauen dabei auch bestimmte Einstellungen über die beteiligten Codes auf (zum Konzept und der Erforschung von *learner beliefs* vor allem im gesteuerten Umfeld siehe Kalaja et al. 2018). Preston (2018: 375) spricht bei dem, was Personen über Sprache sagen oder meinen, von *language regard*, womit er Einstellungen und Ideologien zusammenfasst. Die Wahl von oder die Entscheidung für Dialekt oder Standard und der damit verbundene Blick auf Sprache aus der Perspektive der Allochthonen ist in vielerlei Hinsicht bedeutsam. So gilt für Autochthone Dialektsprechen etwa als wesentliches Merkmal der Zugehörigkeit zum Deutschschweizer Lebensraum. Die Kenntnis und normgerechte Verwendung dieses Codes kann sodann als soziales Ein- bzw. Ausschlusskriterium gelten, da Sprache häufig als ein wichtiger symbolischer und indexikalischer Marker zur Unterscheidung von Mitgliedern einer In- und Out-Group herangezogen wird (Gumperz 1982; Giles & Maass 2016; Keblusek et al. 2017). Nicht-dialektales Sprechen kann in diesem Sinne jemanden als nicht-zugehörig, d. h. als Mitglied der Fremdgruppe, markieren. Dialektale Elemente signalisieren an sich die Vertrautheit mit der Schweiz; werden sie allerdings auf eine Art und Weise eingeführt, die den Normen der umgebenden Sprachgemeinschaft widersprechen, kann dies ebenfalls als deutliches Zeichen für Allochthonie betrachtet werden. Die mit der Verwendung von Dialekt und Standard verbundenen Einstellungen und Ideologien und der Umgang mit ihnen aus der Perspektive der Lernenden steht im Mittelpunkt der folgenden Ausführungen.

In den vorangehenden Kapiteln wurde aufgezeigt, dass Personen, die sowohl Dialekt wie auch Standard als Zweitsprache lernen und benützen, die beiden Codes vielfach nicht in vergleichbarem Maße strikt auseinanderhalten wie die umgebende Deutschschweizer Sprachgemeinschaft. Bei vielen der interviewten Personen kann ein beträchtlicher Graubereich beobachtet werden. Nichtsdestoweniger gibt es auch allochthone Sprecher/-innen, die die Trennung von Dialekt und Standard sehr konsequent praktizieren. Ob sich Allochthone für Dialekt oder Standard oder für ein kommunikativ funktionierendes, wenn auch normwidriges Mischen entscheiden, hängt vor allem davon ab, wie sie die Gebrauchsnormen der umgebenden Sprachgemeinschaft wahrnehmen und mit ihren eigenen Spracheinstellungen vereinbaren können, denn der Zugang ist im Deutschschweizer Alltag grundsätzlich zu beiden Codes gegeben. Deshalb soll nun in einem ersten Schritt betrachtet werden, welche Bewertungen von Dialekt und Standard die allochthonen Sprecher/-innen aufbauen. Des Weiteren wird beleuchtet, wie sie sich gegenüber den autochthonen Vorstellungen zur Verwendung und zum Stellenwert von Dialekt und Standard positionieren und welche Auswirkungen dies auf ihre eigene Sprachverwendung hat bzw. ihren Spracherwerb beeinflusst. Die objektiv beobachteten Daten zum Sprachgebrauch sollen somit an dieser Stelle durch die subjektiven Wahrnehmungen der Zweitsprachbenutzenden ergänzt werden.

7.1 Dialekt und Standard als Objekte der Bewertung

Die Forschung zu Spracheinstellungen und Sprachideologien hat in den letzten Jahren verstärktes Interesse auf sich gezogen. In der vorliegenden Arbeit werden Spracheinstellungen nach der Definition für *language attitudes* von Garrett (2010: 20) als ein Konstrukt definiert, das Sprachen oder Sprachvarietäten als soziales Objekt bewertet. Ihre Untersuchung „provides a backdrop for explaining linguistic variation" (Garrett 2010: 15). Im Falle von Sprachlernenden und auch Zweitsprachgebrauchenden stellt die Betrachtung von Spracheinstellungen einen interessanten Ausgangspunkt dar, um zu analysieren, wie sie die Zielsprachen und Zielvarietäten wahrnehmen und bewerten und inwiefern ihre Evaluationen den Sprachgebrauch, aber auch den Spracherwerb beeinflussen (Schleef 2022).

Im Zuge des Spracherwerbsprozesses werden einzelne Einstellungen und sprachliche Ideologien der Umgebungsgemeinschaft miterlebt und zugleich selbst aufgebaut. Zweitsprachbenutzende können sich an den sozio-indexikalischen Bedeutungen der autochthonen Sprecher/-innen orientieren, müssen diese jedoch nicht zwangsläufig deckungsgleich konstruieren. So gibt etwa im österreichischen Kontext ein Matched-Guise-Experiment mit Zweitsprachlernenden ebenso wie mit eingestammten Personen Hinweise darauf, dass die Zuordnung von funktionalem Prestige – wie es für die Varietäten in Österreich typisch ist – bei Zweitsprachlernenden nicht gleichermaßen ausgeprägt ist: Für Österreicher/-innen besitzt der Dialekt besonders auf der Ebene der sozialen Attraktivität hohen Wert, während Standard auf der Kompetenzebene punkten kann. Zweitsprachbenutzende offenbaren etwas weniger funktional differenzierte Bewertungen, die Dialektsprecherinnen und -sprechern allgemein etwas schlechtere Bewertungen zukommen lässt (Ender et al. 2017).

Vor dem Hintergrund der kollektiven Wertvorstellungen der Schweizer Umgebungsgemeinschaft gegenüber der Trennung von Dialekt und Standard und der spezifischen Funktionszuweisung bauen Zweitsprachlernende Einstellungen auf, die sich auf verschiedene Dimensionen der involvierten Codes beziehen können.

So kann zunächst die Ästhetik der Sprachen bzw. Varietäten, ebenso aber auch ihr Schwierigkeitsgrad beurteilt werden. Zweitsprachlernende und -gebrauchende entwickeln zudem unterschiedliche Einstellungen zum Nutzen und zur Notwendigkeit, die Zweitsprache zu lernen (Culhane 2004; Gardner 1979; 1985). Der Status und die Bedeutung der Sprache(n) für ein Individuum „derives in a major way from adopted or learned attitudes" (Baker 1988: 112). Was Laien – Muttersprachler/-innen wie Zweitsprachgebrauchende – über Sprachen annehmen und von ihnen halten, kann grundsätzlich ein wichtiger Ausgangspunkt für ihr Verständnis von Kultur und für ihren Sprachgebrauch sein (Niedzielski & Preston 2000; Garrett 2010) und im Falle von Sprachlernenden auch Phänomene ihres Sprachlernprozesses (mit-)erklären.

Bezüglich der Betrachtung von Spracheinstellungen wird seit langem die Mehrdimensionalität des Konstrukts betont. Es wird vielfach davon ausgegangen, dass Einstellungen komplexe mentale Einheiten sind, die in unterschiedlichem Ausmaß aus kognitiven, emotiven und konativen Komponenten bestehen, welche die Auseinandersetzung von Personen mit den entsprechenden Referenten beeinflussen, d. h. mit Sprachen oder ausgewählten Ebenen davon, mit Varietäten, mit dem Verhältnis von Varietäten zueinander, mit Sprachbenutzer/-innen usw. (Preston 2003; Garrett 2010). Die verschiedenen Komponenten interagieren miteinander, wobei beispielsweise Deprez & Persoons (1987: 125) auch von einer logischen Chronologie ausgehen:

> [...] before somebody can react consistently to an object, he first has to know something about it. Only then he evaluates the object positively or negatively. Finally, this knowledge and these feelings are accompanied by behavioural intentions.

Dass Wahrnehmungen auf Seiten der Sprecher/-innen und/oder Hörer/-innen zu Kategorienbildungen von Dialekten führen und diese in weiterer Folge Bestandteile von mentalen Modellen werden, zeigt etwa auch Berthele (2006: 171) mit einer Studie zur synästhetischen Wahrnehmung von Varietäten in der Deutschschweiz und zu den potentiellen Verbindungen zwischen Attribuierungen und Evaluierungen. So wurde etwa Berndeutsch sehr stereotyp als weich, blumig, langsam, breit, gemütlich, ruhig und schön beschrieben. St. Gallerdeutsch hingegen und sehr ähnlich auch hochdeutsche Standardsprache wurden typischerweise als klar, schnell, eckig, kantig, komplex, scharf, genau, richtig und schroff bezeichnet.

Der Aufbau von Einstellungen setzt voraus, dass das Objekt der Bewertung wahrgenommen und eingegrenzt werden kann. Für Schweizer/-innen stellen Dialekt und Standard produktiv wie rezeptiv klar trennbare Entitäten dar. Daneben existiert auch noch die Vorstellung, dass die beteiligten Codes sehr unterschiedliche Merkmale aufweisen und stärker zwei eigenen Sprachen als zwei Varietäten entsprechen. Diese Vorstellung wird in der sprachwissenschaftlichen Diskussion über die Verbindung zwischen Dialekt und Standard im Deutschschweizer Kontext (siehe hierzu den Abschnitt 2.2 zum Sprachlern- und Sprachgebrauchskontext) stärker von der Bilingualismusposition aufgegriffen. Aufbauend auf der großen wahrgenommenen Differenz, die mit weiteren Wahrnehmungs- und Gebrauchskomponenten zusammenwirkt, wird Standardsprache nämlich von Schweizerinnen und Schweizern häufig als Fremdsprache bezeichnet (Hägi & Scharloth 2005; Ender & Kaiser 2009; Studler 2017).

In wahrnehmungsdialektologischen Untersuchungen zeigt sich darüber hinaus, dass Schweizer Sprecher/-innen abhängig vom Kontakt mit und der Präsenz von Dialekten objektiv beobachtbares Dialektdetailwissen erwerben (Christen 2015: 150). Unterschiede und Ähnlichkeiten können zwar mit variierender Detailliertheit benannt werden, gleichzeitig besitzen die Befragten aber auch ein Bewusstsein dessen, welche Merkmale in der Schweiz relativ breit oder nur sehr eng und lokal verbreitet sind. Darauf aufbauend scheint sich ein Verständnis von „richtigem" Dialekt im Verhältnis zu „Normalschweizerdeutsch" zu etablieren (Christen 2015).

Untersuchungen zu Fremd- oder Zweitsprachlernenden und Dialekten sind bislang rar. Lam & Grantham (2014) bringen interessante Ergebnisse aus wahrnehmungsdialektologischen Experimenten rund um Wenkersätze mit 20 Probandinnen und Probanden aus dem gesteuerten Deutschlernkontext in Kanada in die Diskussion mit ein. Die Deutschlernenden mussten ausgewählte Wenkersätze aus sechs verschiedenen Dialektgebieten von Standardsätzen unterscheiden. Des Weiteren erledigten sie eine Verstehensaufgabe und füllten schließlich bei kurzen Ausschnitten aus dem Zwirner Korpus ein semantisches Differential (angelehnt an die Methodik von Plewnia & Rothe 2009) aus. Ihre Ergebnisse zeigen, dass die Studierenden grundsätzlich über eine hohe Diskriminierungsfähigkeit verfügten, die sich jedoch mit steigendem Sprachniveau noch verbesserte. Das Verstehen war über alle beobachteten Sprachniveaus (A2 bis B2) bei allen Dialektproben gering. Ungeachtet ihrer angenommenen Vorurteilsfreiheit bewerteten die Studierenden die einzelnen Dialekte im semantischen Differential unterschiedlich, was die Autor/-innen rückschließen ließ, dass die Personen insbesondere die lautlichen Eigenschaften der einzelnen Dialekte unterschiedlich beurteilten. Diese Lernenden hatten jedoch vor dem Experiment vor allem Kontakt mit einem einzigen Referenzdialekt (in diesem Falle Standarddeutsch). Inwiefern sich Diskriminationsfähigkeit ausbildet, wenn im Lernprozess von Anfang an mehrere Dialekte präsent sind, kann deshalb nicht eingeschätzt werden.

Wie die Zweitsprachlernenden in der vorliegenden Studie die Entfernung zwischen Dialekt und Standard einschätzen und an welche konkreten Merkmale sie dies knüpfen, wurde inbesondere mit den folgenden beiden Fragen erhoben:

- „Wie finden Sie den Unterschied zwischen Dialekt und Hochdeutsch? Eher groß oder eher klein?"
- „Was finden Sie typisch Schweizerdeutsch bzw. typisch für den Dialekt aus Ihrer Gegend (Bern oder Aargau)? Was finden Sie typisch Hochdeutsch?"

Daran wurde jeweils zunächst von der Standardsprecherin, dann von der Dialektsprecherin mit diesen Fragen angeknüpft:
- „Gefällt Ihnen Hochdeutsch?"
- „Gefällt Ihnen Schweizerdeutsch?"

Die Frage zum Unterschied beantworteten 14 Personen mit einer ganz eindeutigen Entscheidung für „groß". Vier gaben keine explizit entscheidende Antwort, wobei zwei Personen im weiteren Verlauf konkrete Merkmale benannten. Nur zwei Personen sprachen sich für einen kleinen Unterschied aus. Dass jedoch die Frage der Relation – d. h., was genau bedeutet ein großer oder kleiner Unterschied – sehr stark variieren kann, verdeutlicht die Antwort von Julio, der den Unterschied nicht so groß, aber auch nicht so klein findet.

Ausschnitt 12: „Nid so groß und nid so klein" Julio (14:08)
(I-S = Standard sprechende Interviewerin, Jul = Julio, Erstsprache: Portugiesisch)

```
01   I-S:   wie gross finden sie den unterschied zwischen HOCHdeutsch=
02          oder WIE finden sie den unterschied zwischen hochdeutsch
            und dialekt?
03          finden sie der eher GROSS (-) oder eher KLEIN?
04   Jul:   nää (-) ich find aso NID so gross und NID so klein.|
05          ich meine für EIne-::
06          wo HOCHdeutsch kennen,::
07          er kennt auch SCHWIIzerdütsch.|
08          er versteht das si= so SCHO oder?|
09          gibt_s viel DEUtsche,::
10          wo WOTT das nid verstehen;::
11          wott dass man die schwiizer AUCH hochdeutsch reden oder;|
10          das man KENnen au oder-|
11          aber ich kennen NID so viel unterschiede.|
12          GIBT_s scho unterschiede,|
13          aber wenn mon= wenn men (.) jetz DRÜ worte oder drei worten
            und es (.) VORne und hinten isch gleiche,::
14          dann kommt das au die MITte oder;|
```

Er plädiert hierbei für eine gegenseitige Verständlichkeit innerhalb des deutschen Sprachraums, die er im Anschluss an den ausgewählten Abschnitt dann mit der Sprachsituation der romanischen Sprachen und etwa der Nähe zwischen Portugiesisch und Spanisch vergleicht. Das wiederum lässt vermuten, dass er trotz seines Votums für relative Nähe schweizerische Dialekte und Standarddeutsch dennoch als eigene Sprachen betrachten könnte. Denn den jeweiligen Status als romanische Einzelsprachen würde er wohl bei Spanisch oder Portugiesisch trotz der teilweise vorhandenen Möglichkeiten der Interkomprehension nicht in Abrede stellen. Die Wahrnehmung, dass Dialekt und Standard in der Schweiz unterschiedliche Sprachen sind, äußert er jedoch nicht explizit.

Die Mehrzahl der Lernenden zeigt jedoch eine deutlich geringere Toleranz gegenüber den sprachlichen Differenzen und betont zumeist ganz global eingeschätzt den Unterschied. Manche unterstreichen jedoch ganz explizit, dass sie Dialekt und Standard als zwei verschiedene Sprachen wahrnehmen. Besonders vehement vertritt Jean diese Haltung, was hier genauer dargestellt werden soll.

Ausschnitt 13: „Es ist eine andere Sprache." Jean (27:08)
(Jea = Jean, Erstsprache: Englisch)

```
01    Jea:    und man soll AUFhören mit diesem quatsch-::
02            dass das diaLEKT ist.|
03            es ist eine ANdere sprache,|
04            das ist (-) ihr seid BEIde linguistinnen-|
05            das ist KEIN gemeinsame sprache.|
06            es ist und für lernende (.) auf alle fälle ist das= soll
              man NICHT von dialekt sprechen;|
07            ich bin WIRKlich überzeugt,|
08            ah ich habe auk ANderen (-) sehr gut beobakten können und (--) ja.|
09            aber Eben-|
10            ich hätte (.) das wirklich unterSCHEIden sch= sollen.|
11            meine strateGIE,::
12            ich habe es nur im NAkinein gesehen;::
13            meine strategie war VERstehen (.) NICHT verstehen.|
14            es war binÄR (.) binar (--) ja oder nein.|
15            und das war nicht RICHtig,::
16            weil ich konnte nicht unterSCHEIden;::
17            was dialekt WAR-::
18            was HOCHdeutsch auf der SCHWEIzer art ist-::
19            und was (.) hochdeutsch in DEUTSCHland war,|
20            ich konnte DIEse unterschiede nicht machen,|
21            und die sind HILFreich.|
22            und niemand hat (--) ja AB und zu hat jemandem das gesagt.|
23            aber weil= ich bin überZEUGT-::
24            dass weil diese unterschiede nicht wirklich KLAR gemacht
              worden sind,::
25            habe ich wirklich eine SCHWErere zeit gehabt.|
```

Jean sieht in der Bezeichnung *Dialekt* die Gefahr, dass diese für Lernende irreführend sein könnte und die Unterschiede zu wenig fokussieren würde. Sie hätte es – wie sie ab Z. 20 – betont, als förderlich empfunden, wenn sie gerade zu Beginn des Erwerbsprozesses mehr explizite Hilfestellung bei der Unterscheidung der Codes erhalten hätte.

Auch andere Teilnehmer/-innen vertreten die Haltung, dass man im Schweizer Kontext mit zwei Sprachen konfrontiert ist. Exemplarisch sollen hier noch James und Yagmur genannt werden. Beide reagieren mit etwas Unverständnis, dass es nicht auf der Hand liegen soll, trotz der gemeinsamen Bezeichnung *Deutsch* zwischen zwei verschiedenen Sprachen zu unterscheiden.

Ausschnitt 14: „Wie eine andere Sprache" James (11:15)
(I-S = Standard sprechende Interviewerin, Jam = James, Erstsprache: Englisch)

```
01    I-S:    und wie groß finden sie den UNTERschied zwischen
              dialekt und hochdeutsch?
02            finden sie den GROSS oder eher KLEIN?
03    Jam:    zwischen SCHWEIzerdeutsch und HOCHdeutsch?|
04    I-S:    ja zwischen SCHWEIzerdeutsch und HOCHdeutsch.
05    Jam:    ja am ANfang ist ah pff (.) ja wie ein ander SPRACH-| (lacht) (-)
06            und JETZT ich ich glaub-::
07            ich versteh viel (.) von (-) de KINder auch und (.) ja; (--)|
08            ja ich GLAUB-::
09            ich kann viel schweizerdeutsch besser verstehen JETZT
              als (-) VORher.|
```

Ausschnitt 15: „Das sind andere Sprachen." Yagmur (28:10)
(Yag = Yagmur, Erstsprache: Türkisch)

```
01    Yag:    ANders also;|
02            SCHWEIzerdeutsch is einfach (.) schweizerdeutsch,::
03            das sind andere SPRAche,|
04            und hochdeutsch ist ein ANdere sprache;::
05            und was ist denn HOCHdeutsch?::
06            das ist wieder andere geSCHICHte in sich oder?|
07            auch DAS ist nicht überall das gleich.|
```

Insgesamt ist die Mehrzahl der befragten Lernenden von einem großen Unterschied zwischen Dialekt und Standard überzeugt und vertritt auch die Auffassung, dass es sich um zwei getrennte Sprachen handelt, die deutliche Parallelen mit der Einstellung der Muttersprachler/-innen zu Standard als erste Fremdsprache enthält (Hägi & Scharloth 2005; Studler 2017). Auf die konkrete Frage hin, was denn genau den Unterschied zwischen Dialekt und Standard ausmachen würde

bzw. typisch Schweizerdeutsch oder typisch Hochdeutsch wäre, nennt beinahe die Hälfte der Lernenden zumindest ein konkretes, aber vergleichsweise willkürliches Charakteristikum:
- die Beobachtung, dass Wörter im Dialekt kürzer seien (Arbid, Rezart und Aylin)
- unterschiedliche lexikalische Einheiten: *Velo* vs. *Fahrrad*, *Natel* vs. *Handy* (Behar) oder *uche* ‚hinauf' und *ache* ‚hinunter'(Aylin)
- die Häufigkeit von *li*-Verkleinerungsformen im Dialekt (Stan und Ahmed)
- die Nicht-Existenz des Präteritums im Alemannischen „Wo bisch du gsi?" bedeute „Wo warst du?" (Julio)
- die Nicht-Existenz des Futurs im Dialekt (Stan)
- die Auffälligkeit des stimmlosen uvularen Frikativs [x] im Dialekt (Ahmed)
- das Wegfallen von Problemen mit *der*, *die*, *das* im Dialekt (Beth)
- andere Wortstellung in Dialekt und Standard (Beth)

In der Mehrzahl der Fälle werden jedoch keine konkreten Merkmale, sondern nur allgemeine Einschätzungen wie „Der Ton/die Stimme ist anders." (Milot und Laura) oder „Es ist anders." (Yagmur oder Behar) genannt. In vielen Fällen erfolgt bei der Frage nach dem Unterschied keine Nennung konkreter sprachlicher Merkmale, sondern es werden einzelne Einschätzungen und Einstellungen gegenüber den beiden Codes geäußert, die im Wesentlichen den drei Kategorien (Wohl-)Klang, Schwierigkeit und Notwendigkeit zugeordnet werden können. Bestimmte Attribute oder bewertende Beschreibungen fallen allerdings spätestens dann, wenn die Interviewerinnen jeweils fragen, ob Dialekt oder Standard gefallen würde. Diese drei Kategorien, die sich aus der Analyse der Bewertungen ergeben haben, erscheinen jedoch auch vor dem existierenden Hintergrund zu Spracheinstellungen als wertvolle Gruppen. Gerade im Kontext von muttersprachlichen Laien werden Varietäten häufig auf ihren Wohlklang hin bewertet (Berthele 2006). Die wahrgenommene Schwierigkeit von Sprachen/Varietäten und damit auch der wahrgenommene Erfolg spielt auch in Modellen zur mehrsprachigen Kompetenz eine entscheidende Rolle (Herdina & Jessner 2002) und im Zusammenhang mit Sprachlernmotivation spielt natürlich auch die instrumentelle Seite und die wahrgenommene Notwendigkeit eine wichtige Rolle (Gardner 1985).

Stellt man nun die genannten Bewertungen zu Dialekt und Standard in den drei Kategorien gegenüber, führt dies zu sehr interessanten Kontrasten. Sämtliche hier in weiterer Folge illustrierten Beschreibungen finden sich zusammengefasst und gegliedert nach Teilnehmer/-innen in einer Tabelle im Anhang. Je häufiger ein Attribut genannt wurde, desto größer fällt seine Abbildung in den jeweiligen Wortwolken aus. Wortwolken sind zwar kein traditionell etabliertes Vorgehen für die Präsentation von sprachbezogenen Einstellungen, können aber für den

Versuch, die semantische Exploration der Interviewdaten bildlich darzustellen, gute Dienste leisten.

In einem Teil der Spracheinstellungen wird ausgedrückt, wie die Zweitsprachlernenden die beiden Codes in Bezug auf ihr lautliches Erscheinungsbild wahrnehmen. Dabei werden Bewertungen, wie Dialekt und Standard klingen oder noch allgemeiner, wie sie gefallen, zusammengefasst. Diese Beurteilungen sind über die Dimension (Wohl-)Klang verbunden und in der folgenden Abbildung dargestellt.

Abb. 7.1: Gegenüberstellung der Einstellungen zum (Wohl-)Klang von Dialekt links und Standard rechts

Es überrascht nicht, dass sich diese Beschreibungen auf der oberflächlichsten Ebene teilweise überlappen: Manche finden den Dialekt schöner oder er gefällt ihnen besser, während andere dasselbe für Hochdeutsch angeben. Wenngleich sich somit sehr allgemeine Bewertungen über den Wohlklang von Dialekt oder Standard beinahe die Waage halten, sind insbesondere die Attribute abseits dieser allgemeinen Einschätzung sehr interessant. Hier zeigt sich, dass sich die Beschreibungen stark voneinander abheben, wenn Dialekt etwa als „heimelig" und „musisch", „langsam" oder „mit einem Golfball im Mund" gesprochen beschrieben wird, während Standard „gepflegt", „richtig", „mit genau bewegtem Mund" gesprochen und „aggressiver" zu klingen scheint. Diese Wahrnehmungen und Einschätzungen der Lernenden decken sich damit teilweise mit den Beschreibungen von Berndeutsch vs. Hochdeutsch, die Berthele (2006: 171) beschreibt.

Für diese Überlappungen bei autochthonen und allochthonen Personen können verschiedene Gründe in Erwägung gezogen werden. Zum einen können Lernende im Erwerbsprozess Einstellungen von der umgebenden Sprachgemeinschaft übernehmen. Ebenso ist es natürlich denkbar, dass die Einstellungen, wie es bereits Berthele (2006) anspricht, auch auf akustisch wahrnehmbare Unterschiede zurückzuführen sind. Für die hier genannten Beispiele wäre in vielen Fällen beides denkbar. Für die Annahme, dass nicht nur Letzteres zutrifft, sondern dass Anteile davon durchaus erworben sind, spricht die Beobachtung, dass vorwiegend Personen mit längerer Aufenthaltsdauer und mehrheitlich mit intensiverem Kontakt mit der Schweizer Umgebung solche Attribute äußern.

Bei der Einordnung von Dialekt und Standard nehmen die Zweitsprachbenutzenden zudem Bewertungen über ihre jeweilige Schwierigkeit vor. Bei deren Repräsentation in Abbildung 7.2 fällt auf, dass zwar auch Dialekt von manchen Sprecherinnen und Sprechern als schwierig und kompliziert wahrgenommen wird, dass jedoch beim Standard nur dementsprechende Bewertungen erfolgen und Einstufungen wie „einfacher" oder „Grammatik ist nicht so wichtig" für den Standard gar nicht vorgenommen werden.

Abb. 7.2: Gegenüberstellung der Einstellungen zur Schwierigkeit von Dialekt links und Standard rechts

Diese Beurteilung, dass Hochdeutsch „schwierig" sei, ergänzt auch die stark normorientierten Aussagen, dass der Standard richtig, gepflegt und präzise sei und aus „richtig ausgesprochenen Wörtern" bestehe. Im Gegensatz dazu wird Schweizerdeutsch nicht nur als langsam und musikalisch, sondern eben auch als einfacher wahrgenommen. Dieses Argument ist Autochthonen ebenfalls nicht fremd. Die Tatsache, dass Hochdeutsch die standardisierte Varietät darstellt, unterstützt im Rahmen der Standardsprachideologie (Lippi-Green 1997; Maitz & Elspaß 2011) immer wieder die Annahme, dass ein Dialekt keine Grammatik habe. Das Fehlen einer Grammatik wiederum, die für Normen und Konventionen steht, führt zur Wahrnehmung, dass Dialekt einfacher sei.

Als ein zwar anekdotisches, aber typisches Beispiel für eine solche Haltung (vgl. etwa auch Siegel 2006: 161) fungiert der nachfolgende Kommentar. Als Reaktion auf einen Tagesanzeiger-Artikel vom 30. August 2016, in dem die Kartendarstellung von Ergebnissen aus einem Dialekt-Quiz präsentiert wurden, postete ein Schweizer Zeitungsleser:[1]

> Das Schweizerdeutsch ist keine Sprache, es ist ein Dialekt (ohne Regeln der Orthographie und der Grammatik, die für eine Sprache typisch sind).

Entsprechend dieser Stellungnahme wäre es offenbar charakteristisch für Dialekte, über keine Orthographie und keine Grammatik zu verfügen. Mangels Standardisierung wird fälschlicherweise darauf geschlossen, dass es gar keine Regeln gibt. Angesichts von mangelnden Nachschlagewerken und fehlender Normierung erscheint es jedoch auch nicht abwegig, dass Dialekt als schwierig zu lernen dargestellt wird – es sei hier nur auf Jeans Wahrnehmung vom Dialekt als „Geheimsprache" (Ausschnitt 22) vorausgewiesen. Während Hochdeutsch im Unterricht und durch Bücher vermittelt wird, ist Schweizerdeutsch über solche Wege schwerer zugänglich.

Wenngleich im Zusammenhang mit der Standardsprachideologie häufig eine Stigmatisierung oder Marginalisierung der Non-Standard-Varietäten einhergeht, gestaltet sich die Schweizer Situation aus Sicht der Zweitsprachbenutzenden doch etwas anders. Die Einschätzungen, die zur Notwendigkeit oder Relevanz von Dialekt und Standard getätigt werden, sind in der nachfolgenden Abbildung 7.3 dargestellt. Sie sprechen dem Dialekt eine hohe Alltagsrelevanz und eine zentrale Rolle vor allem im Bezug auf den Aufbau und die Aufrechterhaltung von sozialen Beziehungen zu. Während Dialekt als normal, natürlich und praktisch sowie wichtig für den Kontakt mit den Leuten beurteilt wird, wird Standardsprache vor allem im Zusammenhang mit Schriftlichkeit eine wichtige Rolle zugeschrieben. Daneben wird aber komplementär zur Wahrnehmung, dass Dialekt eine wichtige Rolle für soziale Interaktion besitze, auch angesprochen, dass Standard eine psychologische Schwelle darstellen und zu Distanz führen könne.

Wie in der Übersichtstabelle im Anhang ersichtlich ist und auch aus den unterschiedlich großen Wortwolken hervorgeht, äußern sich nicht alle Teilnehmenden zu jeweils allen drei Kategorien. In Ausnahmefällen (Vitor) werden überhaupt keine differenzierenden Bewertungen gefällt und nur wenige Personen (Stan, Milot und Veronica) geben Einschätzungen über alle drei beobachteten Dimensionen hinweg ab.

Die Einstellungen spiegeln teilweise das Verhalten der Personen wider oder machen dieses besser erklärbar. Wenn etwa Joanna Dialekt zwar trotz seiner schwierigen Buchstabenkombinationen mag, sich aber offenbar auch keine besondere Mühe gibt, ihn zu sprechen, da Standardkompetenz insbesondere im Zusammen-

---

[1] Danke an Adrian Leemann für den Hinweis darauf.

Abb. 7.3: Gegenüberstellung der Einstellungen zur Notwendigkeit bzw. Relevanz von Dialekt links und Standard rechts

hang mit Schriftlichkeit für sie beruflich relevant ist, gibt dies Aufschluss über ihren offenen Umgang mit dem Einmischen vieler dialektaler Elemente in ansonsten standardnahes Sprechen. Bei Ahmed decken sich die Spracheinstellungen sehr gut mit seinem Sprachverhalten: Obgleich er in der Schweiz Dialekt als natürlich betrachtet, fühlt er sich im Standard wohler und bevorzugt ihn daher im Gespräch auch deutlich. Arbid bevorzugt Dialekt, dennoch betont er, dass für in der Schweiz lebende Personen Standard eben auch ein Muss sei, um verschiedene Personen verstehen, Zugang zu Medien haben und mit Schriftlichkeit umgehen zu können. Bei Behard, Hakan und James geben die subjektiven Einschätzungen vergleichsweise wenige Erklärungshinweise für das objektiv beobachtete Sprachverhalten.

In manchen Fällen divergieren die subjektiven Einschätzungen und das beobachtbare Sprachverhalten auch. Loren beispielsweise findet Dialekt normaler und langsamer und spricht ihn auch häufiger, obwohl sie findet, dass Standard richtiger klinge. Jeans subjektive Einschätzungen verdeutlichen, dass sie gerne Dialekt gelernt hätte, wobei sich dies jedoch für sie aus familiären Gründen, die im nächsten Abschnitt noch genauer erwähnt werden, sehr schwierig gestaltete. Ob Beth aufgrund des Eindrucks, dass sie bei Dialekt einen Golfball im Mund habe, überwiegend Standard spricht, obwohl sie Dialekt eigentlich als viel wichtiger beurteilt, kann nur gemutmaßt werden. Welche Einstellungskomponenten auf kognitiver und affektiver Seite den Ausschlag über die Sprachgebrauchs- und Spracherwerbsabsichten geben, lässt sich nicht eindeutig voraussagen. Nur retrospektiv lässt sich beobachten, welche sich stärker durchgesetzt haben. Es wäre etwa auch denkbar, dass die konvergierenden Anteile bei Stan (heimelig, aber weder elegant noch gepflegt, die Sprache der Schweizer/-innen) in entgegengesetzten Sprechabsichten, nämlich einem Vorzug der Standardsprache, münden könnten. In seinem speziellen Fall hat jedoch seine stark sozial-integrative Ausrichtung zur Orientierung am lokalen Dialekt geführt. Weitere Beispiele hierfür werden im folgenden Abschnitt noch genauer erläutert.

Bei einer genaueren Betrachtung der einzelnen Einstellungskomponenten in der Übersichtstabelle im Anhang fällt schließlich noch auf, dass insbesondere diejenigen Personen, die stärker mischen, häufig weniger stark kontrastierende Einstellungen und weniger detaillierte Eindrücke bezüglich Dialekt und Standard äußern. Ein konkretes differenzierendes sprachliches Merkmal konnte nur von Julio genannt werden und auch die Attribute, die im Zusammenhang mit dem wahrgenommenen Wohlklang, der Schwierigkeit und der Notwendigkeit genannt werden, bleiben in diesen Fällen zumeist sehr allgemein. Maria-Luisa tut beispielsweise unsere Fragen mit „ich bin nit ein expert in deutsch" (14:56) ab. Die stark funktionale Ausrichtung, im Rahmen derer vor allem die Fähigkeit zur Verständigung im Vordergrund steht, wofür jede Art von Deutsch genügen kann, schließt eine starke Fokussierung auf Form aus. Welche genauen Vorstellungen von den beiden Codes als beurteilten Objekten herrschen und ob diese tatsächlich abgrenzend wirken können, bleibt bei den Personen, die Dialekt und Standard stark mischen, folglich schwierig zu beurteilen. Bei ihnen fehlen in den meisten Fällen zudem ausführlichere Reflexionen und Begründungen zum eigenen und fremden Sprachgebrauch.

7.2 Dialekt und Standard im Gefüge verschiedener Sprachideologien

Übergeordnet zu einzelnen und individuellen Spracheinstellungen können sprachliche Ideologien beobachtet werden, in die Einzelwahrnehmungen eingebettet sind. Als kollektive Norm- und Wertvorstellungen bilden sie die Basis dafür, sprachliche Praktiken zu erklären, zu beurteilen und zu rechtfertigen und tragen in dieser Form wesentlich zur Gestaltung der sprachlichen und sozialen Wirklichkeit bei. Die Einstellungen von Personen gegenüber Sprachvarietäten sowie gegenüber den Menschen, von denen sie verwendet werden, und die Situationen, in denen sie zum Einsatz kommen, bündeln sich in sprachlichen Ideologien.

> Auf diese Weise bilden sprachliche Ideologien die kognitiven Fundamente einer jeden Sprachkultur. Sie bestimmen und legitimieren den Umgang einer Gesellschaft mit sprachlicher Variation und zugleich auch mit sprachlich definierbaren sozialen Gruppen. (Maitz 2015: 206)

Dementsprechend können auch der Gebrauch von Dialekt und Standard, die in der Deutschschweiz nebeneinander existieren, im Lichte der impliziten Normen der Sprachgemeinschaft betrachtet werden, was an dieser Stelle noch einmal kurz rekapituliert werden soll. Die diglossische Ideologie steht bei Autochthonen im

Zentrum von verschiedenen zusammenhängenden Sprachideologien: Die Relevanz der Trennung zwischen den beiden Codes ist eng verknüpft mit der sozialen und identitätsstiftenden Funktion von Dialekt in der Deutschschweiz. Im Gegenzug wird Standarddeutsch von Schweizerinnen und Schweizern nicht selten als Fremdsprache bezeichnet (Ender & Kaiser 2009; Hägi & Scharloth 2005), was zumindest das Unbehagen im Umgang mit gesprochenem Standard ausdrückt. Die implizite Norm einer durchgängigen Dialektverwendung im Gespräch mit Autochthonen wird gegenüber Allochthonen abhängig von deren eigener Ausdrucksform und Zugehörigkeitssignalen zugunsten von Standardgebrauch durchbrochen.

Die Möglichkeit der eindeutigen Trennung wiederum basiert auf der idealisierten Vorstellung von reinen und prototypischen Formen von Dialekt einerseits und Standard andererseits. Für Deutschschweizerinnen und Deutschschweizer besteht kein Kontinuum zwischen Dialekt und Standard (Christen 2000: 247; Hove 2008: 63). Die beiden Codes lassen sich in Produktion und Rezeption eindeutig auseinanderhalten, und nur selten – unter Umständen in Gesprächen mit Allochthonen – werden bei autochthonen Sprecherinnen und Sprechern Verstöße gegen diese impliziten Gebrauchsnormen beschrieben (Petkova 2011; Christen et al. 2010: 130–136). Es existiert keine explizite Normierung, jedoch zeigt sich bei den Dialektsprachigen ein regelrechtes Beharren auf der Aufrechterhaltung des kognitiven Modells der strikten Trennung von Dialekt und Standard (Ender & Kaiser 2009; Petkova 2012).

Auf Seiten der Zweitsprachlernenden beeinflussen die Beurteilungen von Kosten und Nutzen der sprachlichen Anpassung an die Umgebung das Lern- und Sprachgebrauchsverhalten auf den verschiedenen Ebenen, wie dies bereits im Zuge der vorangegangenen Erläuterungen zur sozialen Einbettung des Spracherwerbs betont wurde. Untrennbar damit verbunden ist die Auseinandersetzung mit den Sprachideologien als konzeptuelle Schemata vom Verhältnis zwischen Sprache(n) und sozialer Realität der Zweitsprachbenutzenden. Dabei eröffnet sich im gegebenen Kontext ein Spannungsfeld verschiedener Dimensionen: Zweitsprachbenutzende können etwa den Dialekt als die Sprache der Schweiz und daher als ihr angestrebtes Gebrauchsziel definieren – z. B. „i rede d'spraach vo de lüüt, wo da wohne" (Stan). Andere hingegen definieren zwar Dialekt als Sprache der Schweiz, aber nicht für ihren eigenen Gebrauch als „Nicht"-Schweizer/-in, wenn z. B. der Versuch Schweizerdeutsch zu lernen angesichts von hohen Purismusansprüchen als nicht realistisch beschrieben wird: „es tönt einfach komisch, ... das wirst du nie schaffen" (Ahmed). Abgesehen davon nehmen viele Lernende eine sehr funktionale Haltung, d. h. sie streben eine Art von Deutsch an, die für ihre alltägliche Kommunikation ausreicht: „mängs mal i merke nicht ... ich spreche einfach, was ich weiss (–) hochdeutsch oder schwiizerdütsch" (Jose).

Zweitsprachbenutzende orientieren sich folglich in unterschiedlichem Ausmaß und auf verschiedenen Ebenen an den in der Sprachgemeinschaft präsenten Einstellungen und Ideologien. In Abschnitt 4.3 zur qualitativen Analyse von gemischten Äußerungen wurde ausführlich aufgezeigt, dass die interviewten Personen der vorliegenden Untersuchung häufig gegen die strikte Dialekt-Standard-Trennung der autochthonen Umgebungsgemeinschaft verstoßen und die Varietäten auf eine Art und Weise mischen, die für autochthone Sprecher/-innen nicht der Regel entspricht. Auf der Basis ihrer täglichen Interaktionen, ihren aus den Erstsprachen mitgebrachten Ideologien und ihren persönlichen Beweggründen für das Sprachenlernen entwickeln Zweitsprachbenutzer/-innen gewisse Einstellungen gegenüber den beiden Codes und ihren Gebrauchsmöglichkeiten. Wie sich die Wahrnehmungen von Personen mit Deutsch als Zweitsprache bezüglich der involvierten Codes und ihres Sprachgebrauchs im Verhältnis zu bestimmten sprachlichen Ideologien verhalten, steht im Mittelpunkt der folgenden Ausführungen.

Allochthone teilen nicht unbedingt die Haltung, dass strikt zwischen Dialekt und Standard unterschieden werden muss, sondern es stehen vielmehr funktionale Aspekte des kommunikativen Alltags im Vordergrund. Die Einschätzungen und Bewertungen, die diese Personen auf der Basis ihrer sprachlichen Äußerungen erfahren, bleiben jedoch nicht folgenlos (Ender 2015). Mischen wird als nicht guter, prototypischer Dialekt betrachtet (u. a. Petkova 2012: 148–151), eine solche Ausdrucksform evoziert nicht nur schlechte Bewertungen, sondern kann auch eine besondere Reaktion, nämlich Wechsel in die Standardsprache, fördern. Manche Sprecher/-innen stehen dieser Tatsache vorbehaltlos gegenüber. Yagmur etwa gibt im unteren Ausschnitt in Z. 8 an, dass sie beide Codes gleichermaßen möge und die potentielle und tatsächliche sprachliche Reaktion ihrer Gesprächspartner/-innen nicht bewerte; sie misst der Sprachwahl ihrer Gegenüber laut ihren eigenen Angaben keinen grundsätzlichen Stellenwert zu, sondern macht ihr Gefallen vielmehr individuell von der Person abhängig, die spricht (Z. 2–3).

Ausschnitt 16: „Ich versteh alles." Yagmur (30:11)
(I-S = Standard sprechende Interviewerin, I-D = Dialekt sprechende Interviewerin, Yag = Yagmur, Erstsprache: Türkisch)

```
01    I-S:    gefällt dir HOCHdeutsch?
02    Yag:    kommt auch drauf AN-::
03            WER redet.|
04    I-D:    u dä SCHWIIzerdütsch?
05    Yag:    AUCH.|
06    I-D:    EIS mee aus s_ANdere?
07            auso GHÖÖRSCH eis liəber?
```

```
08   Yag:     also für MICH is beide glei=-|
09            ich versteh ALles;|
```

Gleichzeitig kommt es laut der Auskunft verschiedener Personen immer wieder zum Aushandeln, welcher Code gewählt werden könne oder solle. Aylin berichtet im nachfolgenden Ausschnitt (Z. 8–9) etwa auch, dass sie selbst Schweizer/-innen öfter auf die Möglichkeit, durchaus Schweizerdeutsch zu gebrauchen, hinweise. Dass dies gerade sie als Person mit stärkerer eigener Präferenz für den Standard tun muss, verwundert angesichts der Tatsache, dass Schweizer/-innen die Sprachsignale ihres Gesprächsgegenübers in die eigene Sprachwahl miteinbeziehen, wenig (Christen et al. 2010).

Ausschnitt 17: „Du musst nicht mit mir Hochdeutsch reden" Aylin (26:08)
(I-S = Standard sprechende Interviewerin, Ayl = Aylin, Erstsprache: Türkisch)

```
01   I-S:    und wie findest du den UNterschied zwischen hochdeutsch und
             schweizerdeutsch?
02           findest du den GROSS oder KLEIN?
03   Ayl:    also ich persönlich ähm verstehe beide GLEICH gut.|
04           also (.) aber äbe SEIT ich (.) weil ich auch viel mit LEUte bin,|
05           und ich mache sie immer AUFmerksamkeit-::
06           du musst NICHT mit mir hochdeutsch reden;|
07   I-S:    also SPREchen das personen an manchmal?
08   Ayl:    ja (.) ich ich SAge= ich sage,::
09           du MUSST nicht hochdeutsch reden mit mir;|
10           und dann SAgen sie-::
11           sobald HOCHdeutsch redest,::
10           ich rede das autoMAtisch;|
11           das KOMMT es ja;|
12   I-S:    und reden sie dann eher HOCHdeutsch mit dir?
13           oder trotzdem BERNdeutsch;
14   Ayl:    äh wenn sie verGESsen (.) vergessen= wenn sie verGESsen,::
15           dann geht es automatisch auf HOCHdeutsch,|
16           und (-) aber ich wenn ich ich MERke,::
17           wenn sie HOCHdeutsch reden-::
18           dass sie sich ANstrengen;::
19           und und WÖRter suchen-::
20           um bis zum SCHLUSS sagen;|
21           und es ist NICH so locker-|
22           das SPÜRT man,|
23           und DANN ich spreche das an (.) ja.|
             [...](28:08)
24   I-S:    und geFÄLLT dir hochdeutsch?
25   Ayl:    ich DENke-::
26           BEIde gefallen mir.|
```

```
27          also MANCHmal habe ich das gefühl,::
28          am LIEBsten müchte ich AUCH berndeutsch reden wie alle andere;|
29          aber ähm (-) ich habe nicht ähm (.) so weil ich (.) ich bin hier
            nich zu schule geGANgen;::
30          ich habe am anfang NICHT so viele freunde gehabt;|
```

Aylin betont an dieser Stelle den Unterschied zwischen reinem Verständnis auf der einen Seite und den Konsequenzen für die Beziehungen im Gespräch auf der anderen Seite. Sie möchte nicht, dass Personen sich ihretwillen anstrengen (Z. 16–23), was bei ihr offenbar auch zu dem Wunsch führt, ebenfalls den lokalen Dialekt sprechen zu können. Die Tatsache, dass sie nicht über diese Fähigkeit verfügt, bringt sie insbesondere damit in Verbindung – sie betonte an früherer Stelle schon, dass sie zu Beginn nicht viele Kontakte zu Schweizer/-innen hatte –, dass sie zu Beginn ihres Spracherwerbsprozesses wenig (Schweizer) Freunde hatte.

Dass standardnahes Sprechen von Zweitsprachlernenden gelegentlich auch zum Aushandeln der Frage nach dem im Gespräch bevorzugten Code führen kann, verdeutlicht ebenso der an früherer Stelle eingebettete Ausschnitt 6 von Hakan, der sich in solchen Fällen entsprechend seiner Auskunft für Standard entscheidet.

Aufgrund der starken identitätsbildenden Funktion der lokalen Dialekte kann die Sprachwahl auch als Zugehörigkeitssignal interpretiert werden. Dies betont insbesondere Stan, der anglophoner Herkunft ist, seit 24 Jahren in der Schweiz lebt und ebenfalls Erfahrungen mit dem Wechseln in die Standardsprache für allochthone Personen, die Teil des Deutschschweizer Lebensraums – und nicht etwa Touristinnen und Touristen – sind, gesammelt hat. Er beschreibt im folgenden Ausschnitt, dass Dialekt nur mit Personen gesprochen werde, die diesen beinahe fehlerfrei beherrschen; das Wechseln in die Standardsprache, das von Autochthonen u. U. sogar als kommunikatives Entgegenkommen intendiert sein kann, kommt für ihn jedoch dem Aufbauen von Distanz gleich (Z. 7–8):

Ausschnitt 18: „Eine psychologische Schwelle" Stan (12:01)
(Sta = Stan, Erstsprache: Englisch)

```
01    Sta:    und HOOCHdütsch isch immer no- (-)::
              und hochdeutsch ist immer noch-
02            es isch ÄNder gloub e-::
              es ist eher glaube ich eine-
03            für SCHWIIzer isch_es-::
              für schweizer ist es-
04            aso für schwiizer (-) wiə_n_I des erfahre-::
              also für schweizer wie ich das erfahre-
```

```
05              isch_es änder e psychoLOgische (.) schwäue;|
                ist es eher eine psychologische schwelle;
06              und denn sobald dass öpper net guet cha SCHWIIzerdütsch rede,::
                und dann sobald jemand nicht gut schweizerdeutsch sprechen kann,
07              denn chunnts mit HOOCHdütsch;|
                dann kommt hochdeutsch zum zug;
08              und denn isch e gwüsse distanz SOfort da.|
                und dann ist eine gewisse distanz sofort da.
```

Er betrachtet das Wechseln auch im Kontext der hohen Purismusansprüche von Seiten der umgebenden Sprachgemeinschaft. Seiner Erfahrung nach wechseln Schweizer/-innen insbesondere dann auf Hochdeutsch, wenn sie im Dialekt Fehler wahrnehmen. Veränderungen in der Sprachwahl führt er somit auf die Einschätzungen zur Dialektkompetenz zurück. Wenn diese von Schweizer Gesprächspartner/-innen als nicht ausreichend beurteilt werden, wozu seiner Erfahrung nach bereits kleine Abweichungen genügen, könne dies einen Wechsel in die Standardsprache bewirken.

Ausschnitt 19: „Sofort umgestellt" Stan (16:16)
(Sta = Stan, Erstsprache: Englisch)

```
01      Sta:    am AAfang isch es (.) äh-::
                am anfang ist es äh-
02              isch es SO dass-::
                ist es so dass-
03              soBAUD dass e schwiizer so_n_e chliini (-) e chliine fähler
                hät GHört;::
                sobald ein schweizer so eine kleine (-) einen kleinen fehler gehört hat;
04              hät_er UMgstäut.|
                hat er umgestellt.
```

Eben diesem Sprecher erscheint der Abbau von Distanz und die Zugehörigkeit zur Deutschschweizer Sprach- und gleichzeitig Lebensgemeinschaft mithilfe von Dialekt zentral und er hat sich offenbar deshalb bewusst dafür entschieden, Schweizerdeutsch zu sprechen. Die implizite Norm, dass Dialekt – und zwar in möglichst reiner Form – die übliche und alltägliche mündliche Ausdrucksform darstellt, entwickelte sich auch für ihn zur persönlichen Orientierung in seinem Spracherwerb. Dieser sehr überzeugte und überzeugende Dialektsprecher beschreibt in diesem Sinne seine Beobachtung zur sprachlichen Interaktion von autochthonen Lehrkräften und allochthonem Reinigungspersonal an seinem Arbeitsplatz sehr eindrucksvoll:

Ausschnitt 20: „Das han i zrügggwise." Stan (15:22)
(Sta = Stan, Erstsprache: Englisch)

```
01   Sta:   aber es hät (.) e taMIL;|
            aber es gibt einen tamilen;
02          und mit (-) mit er redt (.) redt kei ÄNGlisch;|
            und mit mit er spricht (.) spricht kein englisch;
03          er redt numme DÜTSCH gloub en art.|
            er spricht nur deutsch, glaube ich, auf eine art [eine art deutsch].
04          und i rede gäng mit ihm (-) BÄRNdütsch.| (-)
            und ich spreche immer mit ihm berndeutsch.
05          und er chunnt guet NAche.| (-)
            und er kommt gut mit [versteht es gut].
06          und er redt mit MIR bärndütsch.| (-)
            und er redet mir mir berndeutsch.
07          aber wenn ANgeri lehrer (lacht) mit ihm rede,::
            aber wenn andere lehrer mit ihm reden,
08          rede sie immer HOCHdütsch;|
            reden sie immer hochdeutsch.
09          d_schwiizer lehrer rede HOCHdütsch mit ihm.| (.)
            die schweizer lehrer reden hochdeutsch mit ihm.
10          i ha kei ahnig wieSO.| (--)
            ich habe keine ahnung wieso.
11          er WOHNT da ds_bärn-:: (-)
            er wohnt hier in bern-
12          hät KING worschiinlech-::
            hat kinder wahrscheinlich-
13          hät e FROU-:: (-)
            hat eine frau-
14          tuet daa irgendwia verKEHre mit de lüüt-:: (---)
            tut hier irgendwie verkehren mit den leuten-
15          wird aber immer uf (.) (lacht) HOCHdütsch aagsproche.|
            wird aber immer auf hochdeutsch angesprochen.
16          ha kei AHnig wieso-|
            habe keine ahnung wieso-
17          kei AHnig.|
            keine ahnung.
18          das hei am aafang hei das o sehr viu schwiizer mit MIIR probiert.|
            das haben am anfang haben das auch sehr viele schweizer mit mir probiert.
19          das han i ZRÜGGgwise.|
            das habe ich zurückgewiesen.
20          ha gseit NEI-|
            habe gesagt nein-
21          aso (-) i rede jetzt wie DA;|
            also ich spreche jetzt wie hier;
22          i rede d_SPRAACH vo de lüüt,::
            ich spreche die sprache von den leuten,
```

23   wo DA wohne.|
            die hier wohnen.

Anhand eines Beispiels aus seinem Arbeitsumfeld kommentiert Stan die Sprachwahl von Schweizer/-innen kritisch (Z. 7–17), bevor er es auch auf seine eigenen Erfahrungen bezieht (Z. 18). Zusammen mit seinen Äußerungen zur Distanzierung durch Hochsprachgebrauch und seinem eigenen Widerspruch gegen solches Verhalten in den Zeilen 19–20 birgt dieser Ausschnitt eine überaus deutliche Begründung und Basis für sein eigenes Sprachverhalten, nämlich seine bewusste Entscheidung, „die Sprache der Leute, die hier wohnen" zu lernen und zu sprechen.

Die soziale und identitätsstiftende Komponente des diglossischen Ideologienkonstrukts kann somit Impulse für die Wahl von Dialekt als Ziel des Lernprozesses oder als bevorzugte Ausdrucksform bei Migrantinnen und Migranten geben. Jener Teilaspekt der diglossischen Ideologie, der auf die Reinheit und Urwüchsigkeit des Dialekts fokussiert, kann im Kontrast dazu auch entgegengesetztes Verhalten bewirken, nämlich Wahl des Standards. Zudem prägen auch Sprachideologien aus der Erstsprache und sogenannte „soziolinguistische Interferenz" (Durrell 1995: 417) die Auf- bzw. Abwertung von regionalen Sprachformen. Entsprechende Mechanismen wurden bereits in Abschnitt 4.1 im Zuge der Beobachtungen zu den sprachlichen Repertoires thematisiert.

Auf die bereits angesprochenen Reinheitsvorstellungen bezüglich lokaler Dialekte nimmt auch Ahmed Bezug, ein Zweitsprachbenutzer mit türkischem Hintergrund, der seit 16 Jahren in der Schweiz lebt. Im folgenden Ausschnitt spiegelt er die Haltung wider, dass eine bloße Annäherung an Dialekt nicht genüge:

Ausschnitt 21: „Das tönt einfach so komisch." Ahmed (38:03)
(Ahm = Ahmd, Erstsprache: Türkisch)

```
01    Ahm:    ja aso (-) wahrSCHEINlich ist es halt-|
02            aso (-) ich hab mich auch nur nicht richtig äähm (1.5) äh daran
              so interesSIERT so-| (-)
03            eben (-) ich hab mich nicht richtig ääh so gePUSCHT-::
04            um (-) SCHWEIzerdeutsch zu lernen.| (1.5)
05            ich will EINfach;:: (---)
06            aso ich FINde es ein bisschen-:: (-)
07            jetzt wenn (-) es gibt so deutsche KUNden (---) jetzt am äh-::
08            die ich immer wieder am TELefon habe,|
09            und sie geben sich MÜhe (--) schweizerdeutsch zu reden; (-)|
10            das tönt einfach so KOmisch.|
11            da DENke ich mir hey-:: (lachen 0.6)
12            LASS es doch (lacht) sein.| (lachen 1.2)
13            du wirst es NIE schaffen und-|
```

Ahmed erwähnt hier, dass der Versuch von anderen allochthonen Personen, Dialekt zu sprechen, komisch klinge (Z. 7 bis 10). Er ist der Meinung, dass Dialektkompetenz für Allochthone ein unerreichbares Ziel sei (Z. 13), weshalb er eine Annäherung nicht als Erfolg, sondern stets als Abweichung von einem reinen, mustergültigen Dialekt betrachte. Um nicht mit dieser stetigen Unzulänglichkeit konfrontiert zu sein, entscheidet er sich ganz offensichtlich für den Standard und lässt Dialektgebrauch etwas ganz ureigen Schweizerisches sein.

Diese Entscheidung, Dialekt aufgrund von hoher Ursprünglichkeit und idealisiertem Purismus nicht als Lernziel zu definieren, wird jedoch nicht von allen Lernenden selbst gefällt. So beschreibt Jean, eine Frau mit anglophonem Hintergrund, die seit 29 Jahren in der Schweiz lebt, mit Bedauern, dass Dialekterwerb durch ihre Umgebung gar nicht unterstützt wurde und sie den Eindruck gewann, sich an ein streng gehütetes Geheimnis heranzuwagen:

Ausschnitt 22: „Geheimsprache" Jean (15:25)
(Jea = Jean, Erstsprache: Englisch)

```
01   Jea:    und (--) vielleicht nach zwei JAHren (-) oder vielleicht nur
             anderthAlb (-) habe ich gewAgt-:: (-)
02           ein SCHWEIzerdeutschkurs (-) äh in der migrosklubschule hier
             in bern (-) zu besuchen 20 lektionen.| (-)
03           vielleicht habe ich es zwei MAL (--) gemacht-|
04           ich WEISS nicht;| (---)
05           mein MANN war nicht ganz so zufrieden,|
06           er spricht BERNdeutsch nicht,| (---)
07           und äh (---) die faMIlie und auch unsere NACHbarschaft (-) das (.)
             die waren alle so HILFreich beim deutschlernen;|
08           (--) nicht beim (-) SCHWEIzerdeutsch.|
09           sie haben es nicht GERN gehabt.| (-)
10           es war wie ich (-) ein schweizer äh ein gehEImsprache (-) ver=
             versucht habe (-) hiNEINzudringen.|
11           es war WIRKlich (-) merk (-) bemErkenswert;| (--)
12           dass (-) die waren plötzlich nicht mehr (-) HILFreich,::
13           und hat gesagt (--) am SCHLUSS ist es gekommen;:: (-)
14           bitte (-) KEIN schweizerdeutsch-|
15           es TÖNT nicht gut.| (-)
16           und is und in der familie haben wir vier diaLEKten;| (-)
17           nicht einmal BERNdeutsch;| (-)
18           und ich habe ALles gemischt.| (1.5)
19           und (-) so (-) dann und wir haben (-) kein HUND gehabt und keine
             KINder hier,::
20           und (-) ich spreche (--) bis zu heute (--) KEIN schweizerdeutsch.|
21           aber ich versteh_es SCHON,|
```

In der Äußerung der Sprecherin erscheinen die sprachlichen Ideologien der autochthonen Bevölkerung wieder als zentrales Element. Die Schweizer/-innen im unmittelbaren Umfeld der Zweitsprachlernenden nehmen folglich eine Schlüsselrolle bezüglich der Beurteilung ein, welche Sprache geeignet ist und wer legitime Sprecher/-innen des Dialekts sind (Z. 7–15), und beeinflussen damit, wie sich Allochthone in der Sprachgemeinschaft positionieren können und wahrgenommen werden. Es wird deutlich, dass das Festhalten an der diglossischen Ideologie mit den in weiterer Folge verbundenen Vorstellungen von der Reinheit der Dialekte auch mit einer gewissen Macht verknüpft ist. Ideologien legitimisieren bestehende Beziehungen und Machtverhältnisse durch die Wiederholung von üblichen Verhaltensweisen, in denen diese Machtdifferenzen als selbstverständlich gelten (Fairclough 2001). Demnach erschweren es die Ideale der strikten Trennung, der Hochhaltung des Dialekts als ein spezifisches Deutschschweizer Charakteristikum und der Unverfälschtheit der Dialekte den Allochthonen, sich der Sprachform zu bedienen, die sie als gleichgestellte Sprecher/-innen auszeichnen könnte. Wenngleich die von Jean beschriebene Wahrnehmung natürlich nicht bei allen Zweitsprachbenutzenden zutrifft, sollten Autochthone dennoch ein entsprechendes kritisches Bewusstsein dafür aufbauen, wie sie durch eigenes Sprachverhalten auch die Sprachgebrauchsmöglichkeiten und die in weiterer Folge damit in Zusammenhang stehenden sozialen Positionierungsfragen von mehrsprachigen Personen beeinflussen.

7.3 Einstellungen und Ideologien als Richtungsweiser für Sprachgebrauch

Dialekt und Standard stehen in der Deutschschweiz in einem Gefüge von Normen und Ideologien nebeneinander, das auch auf den Spracherwerb und die Sprachverwendung von Migrantinnen und Migranten starken Einfluss ausübt. Sprachverhalten ist stets der Bewertung ausgesetzt; dass gewisse Ausdrucksweisen geringer geschätzt werden als andere, kann unweigerlich auch auf die Bewertung der sprechenden Personen und das von ihnen Gesagte übergreifen. Ausdrucksformen, die mit impliziten Normen der umgebenden Sprachgemeinschaft konform gehen oder gegen diese verstoßen, sind konsequenzenreich für die soziale Positionierung. So können Verstöße gegen die Spracheinstellungen der autochthonen Sprecher/-innen bewirken, dass Allochthone auch auf der Basis dieses Sprachgebrauchs als sozial nicht gleichgestellte Personen im Lebens- und Sprachraum bewertet werden. Wissen über die Verwendungsmuster von Dialekt und Standard hingegen gibt die Möglichkeit, sich mit anderen stärker zu identifizieren, sich ihrem

Sprachgebrauch anzupassen und damit Empathie und Solidarität auszudrücken (Regan 2010: 22), weshalb die Verwendung der beiden Codes für Migrantinnen und Migranten mehr als nur eine erfolgreiche Übermittlung von Information darstellt.

Der Blick auf die beiden im Input beteiligten Codes wird in der vorliegenden Gruppe von Zweitsprachlernenden vorwiegend in der Form von Einstellungen bezüglich der Dimensionen Wohlklang, Schwierigkeit und Notwendigkeit beobachtbar. Am häufigsten, wenn auch am allgemeinsten äußern sich Zweitsprachbenutzende im Gespräch hinsichtlich der Unterschiede oder beim Thematisieren des Gefallen mit vergleichenden ästhetischen Urteilen: Dialekt/Standard gefällt besser oder Standard/Dialekt klingt „lustig", „aggressiv", „gepflegt", „richtig", „als ob man einen Golfball im Mund hätte" oder Dialekt/Standard ist „musikalisch", „langsam", „heimelig", „schön". Dabei lassen sich neben teilweise individuellen Wahrnehmungsaspekten und Präferenzen auch Muster beobachten, die z. T. bereits für autochthone Sprecher/-innen beschrieben wurden (Berthele 2006). Es könnte nicht nur sozial gelernt, sondern auch in bestimmtem Umfang auf wahrnehmbare Eigenschaften zurückzuführen sein, wenn etwa Dialekt als „langsamer" oder „weicher" und Standard als „aggressiver" oder „peppiger" beschrieben wird. Daneben gibt es Bewertungen zur Schwierigkeit der beiden Codes, im Rahmen derer der Dialekt zwar von manchen durchaus auch als schwierig wahrgenommen wird, der Standard jedoch ausschließlich derartige Zuschreibungen erfährt. Hier scheint sich die gängige Wahrnehmung von der Überlegenheit von Standardvarietäten zu offenbaren (Siegel 2006; Preston 2018). In den Bewertungen zur alltäglichen Relevanz und Notwendigkeit der beiden Codes legen die Zweitsprachbenutzenden ein großes Bewusstsein für die soziale und identitätsbildende Dimension des Dialektgebrauchs in der Deutschschweiz an den Tag (Werlen 2005).

Gleichzeitig verbleiben viele der Einstellungen im Hinblick auf die exakte Beschaffenheit des bewerteten Objekts in einer gewissen Vagheit. Die befragten Personen können nur selten konkrete unterscheidende Merkmale nennen und auch in den früher beschriebenen Aufgaben zu Übersetzungen und Entscheidungen zeigen sich vielfach Schwierigkeiten bei der Differenzierung von Dialekt und Standard. Viele Personen ergänzen ihren beobachtbaren Sprachgebrauch jedoch durch wertvolle Hinweise in Bezug darauf, warum sie bestimmte Sprachgebrauchsweisen an den Tag legen. In anderen Fällen bestehen jedoch keine einfachen Korrelationen zwischen geäußerten Einstellungen und dem tatsächlichen Sprachverhalten, da sich Bewertungsdimensionen oder Einstellungskomponenten sehr unterschiedlich durchzusetzen scheinen, wie dies Kalaja et al. (2018) ansatzweise auch für Lernende im Klassenzimmer anführen.

Zweitsprachbenutzer/-innen nähern sich bei ihrem Blick auf Dialekt und Standard in vielen Fällen dem Blick auf die Varietäten an, der auch bei Autochthonen beobachtet werden kann. So entspricht bei den befragten Zweitsprachbenutzenden auch die wahrgenommene große Distanz zwischen Dialekt und Standard der Einschätzung von Muttersprachler/-innen (Studler 2017). Die Annäherung auf Seiten der Einstellungen erscheint sogar größer als in den tatsächlich beobachteten Sprachgebrauchsmustern, wo nur eine vergleichsweise kleine Zahl von Sprecher/-innen Dialekt tatsächlich favorisiert. Viele offenbaren in den beobachtbaren Daten Mühe damit oder gar kein Bedürfnis danach, die beiden Codes auseinanderzuhalten, oder sie verwenden Standardsprache in alltäglichen Situationen, in denen von Deutschschweizerinnen und Deutschschweizern Dialekt verwendet würde. Die strikte Trennung zwischen Dialekt und Standard beinhaltet verschiedene ideologische Aspekte wie das Hochbewerten der Reinheit der beiden Codes oder die Beurteilung des Dialekts als die Sprachform der In-Group der Schweizer/-innen. Diese Aspekte interagieren auch bei Zweitsprachbenutzenden und können die Ausgangslage für den Erwerb oder Gebrauch von Dialekt und/oder Standard in eine gewisse Schräglage bringen. Die Gewichtung einzelner Komponenten beeinflusst, ob nun eher Dialekt oder Standard oder einfach irgendeine Art von Deutsch das intendierte Ziel von Erwerb und Verwendung ist. Das Mischen von Dialekt und Standard oder die Verwendung einer standardnahen Sprechweise ist zwar in funktionaler und kommunikativer Hinsicht unproblematisch und beeinträchtigt die Interaktion wenig, denn beide Codes werden von Schweizer Personen problemlos verstanden. Es ist jedoch neben anderweitigen Abweichungen von zielsprachlichen Normen auf lautlicher oder grammatischer Ebene ein weiteres Zeichen für Allochthonie, die zu variierender Bewertung der Sprecher/-innen führen kann. Die bewusste oder unbewusste Entscheidung für Dialekt oder Standard oder das Mischen von beidem hat Folgen für die Wahrnehmung und Positionierung von Sprecherinnen und Sprechern als Mitglieder der Sprachgemeinschaft, derer sich manche Sprecher/-innen wie Aylin, Ahmed, Stan oder Jean sehr offensichtlich bewusst sind.

Auf der Basis des Hochhaltens von Purismus- oder Ursprünglichkeitsansprüchen oder auch des möglichen Werts für Zugehörigkeit zur sozialen Gruppe scheinen sich Zweitsprachbenutzende selbst für oder gegen Dialekt zu entscheiden. Solche Lern- und Sprechentscheidungen müssen allerdings auch von der Umgebung mitgetragen werden. Wenn eine Sprachform gegenüber Allochthonen scheinbar unter Verschluss gehalten wird, erschwert dies unter Umständen die Möglichkeit, als ein gleichgestelltes Mitglied der Lebens- und Sprachgemeinschaft betrachtet zu werden. Trotz der Spezifik der Deutschschweizer Situation gelten Erkenntnisse aus der Analyse unter anderen Vorzeichen auch für andere Spracherwerbs- und Sprachhandlungskontexte: Nicht jede funktionale Sprachverwendung öffnet Lernenden alle Türen. Muttersprachliche Normen, die stark von ideologischen Vorstellungen beeinflusst sind, sind jedoch nicht immer das oberste Ziel im ungesteuerten Spracherwerb (Firth & Wagner 2007).

Verschiedene sprachliche Ideologien stecken die Sprachgebrauchsmöglichkeiten für Allochthone unterschiedlich ab. Inwiefern beispielsweise die Entscheidung, Dialekt zu sprechen, bei Allochthonen positiv oder negativ bewertet wird, kann sich interindividuell sehr unterschiedlich gestalten. Zum einen ist es möglich, dass eine Annäherung an Dialektsprechen nicht positiv aufgenommen wird, weil die Unverfälschtheit nicht gesichert ist. Zum anderen kann es als positives soziales Signal interpretiert werden. Im Gegenzug kann eine Ablehnung von Dialektsprechen als mangelnde integrative Orientierung gedeutet werden. Auf der Basis solcher Interpretationen kann soziale Ungleichheit entstehen. Ideologien legitimisieren Machtunterschiede und soziale Ungleichheiten, und das sprachliche Abweichen von impliziten ideologischen oder expliziten präskriptiven Normen stärkt die Position derer, die bereits den Status von legitimen Sprecherinnen und Sprechern haben. Ideologien können für Autochthone ihre Abgrenzung und die Konsolidierung der eigenen Position gegenüber allochthonen Sprecher/-innen rechtfertigen (Fairclough 2001). Es ist deshalb auch auf Seiten der autochthonen Gesprächspartner/-innen wert, sich der mit Ideologien verbundenen Mechanismen bewusst zu werden und ihnen einen kritischen Blick in Bezug auf soziale Hierarchien und ungleich verteilte Mittel und Kräfte zuteil werden zu lassen.

8 Zusammenfassung und Ausblick

Das Nebeneinander von Dialekt und Standard ist ein zentraler Bestandteil des Alltags in der Deutschschweiz. Diese Sprachumgebung bietet eine sehr gute Ausgangslage für eine Untersuchung zum Erwerb von soziolinguistischer Variation, d. h. von der Fähigkeit, Sprache abhängig von den sozialen Bedingungen zu gebrauchen und zu variieren. Die hier vorgelegte Untersuchung widmet sich der Dialekt-Standard-Variation im ungesteuerten Spracherwerb erwachsener Lernender im Deutschschweizer Kontext und beleuchtet die Fragen, wie Zweitsprachbenutzer/-innen mit der im Input vorhandenen Variation zwischen Dialekt und Standard umgehen, in welchem Ausmaß sie die beiden Codes in ihr sprachliches Repertoire integrieren und welche Einstellungen und Ideologien aus der besonderen Situation heraus entstehen, aber auch auf diese rückwirken.

In dieser Arbeit wird Zweitspracherwerb im natürlichen Kontext als ein von sozialer Interaktion bestimmter Prozess betrachtet, in dem der Aufbau von mehrsprachigem Wissen von sprachlichen und sozialen Erfahrungen und kognitiven Mechanismen beeinflusst wird, und verfolgt damit eine Perspektive, wie sie in soziolinguistischen und gebrauchsbasierten Ansätzen bestimmend ist (Beckner et al. 2009; Howard et al. 2013; Ellis 2015; De Vogelaer et al. 2017). Eine solche Perspektive ist keinesfalls neu; bereits Spolsky (1989) hat in seine allgemeine Theorie des Spracherwerbs kognitive ebenso wie soziale Aspekte einbezogen, ebenso wie etwa Gardner (1985) auf die vermittelnde Rolle von sozialen Einstellungen und Motivation sogar im gesteuerten Spracherwerb hingewiesen hat. Der Stellenwert des sozialen Kontexts wurde nach einer langen Phase stark kognitiv ausgerichteter Zweitsprachforschung in den letzten Jahren wieder stärker in den Vordergrund gerückt (Atkinson 2011; Ortega 2011; Hulstijn et al. 2014). Bei einer Untersuchung zum Umgang mit soziolinguistischer Variation im Sinne von Dialekt-Standard-Variation im ungesteuerten Zweitspracherwerbskontext drängt sich eine Herangehensweise auf, die die objektiven Sprachgebrauchsmuster und die subjektiven Einstellungen aufbauend auf den sprachlichen und sozialen Erfahrungen gleichermaßen berücksichtigt.

Für die explorative Erkundung des Aufbaus und Einsatzes von Wissen über die beteiligten Sprachsysteme wurden verschiedene Daten von insgesamt 20 Zweitsprachlernenden mit albanischem, englischem, türkischem und portugiesischem Sprachhintergrund kombiniert: So wurden die Zweitsprachlernenden zunächst im Gespräch mit jeweils einer Standardsprecherin und einer Dialektsprecherin im Hinblick auf ihren Sprachgebrauch beobachtet. Des Weiteren erledigten sie kurze Übersetzungs- und Entscheidungsaufgaben, welche Einblicke in das abseits des Gesprächskontexts abrufbare Dialekt- bzw. Standardwissen und in die

Differenzierungsfähigkeit zwischen den Varietäten geben. Die von den Zweitsprachbenutzenden geäußerten Wahrnehmungen und Einstellungen zur Sprachsituation, zu den beteiligten Codes und ihrem eigenen Sprachgebrauch liefern schließlich zusätzliches Material, um den sozialen und sprachlichen Erfahrungen und den dabei beteiligten Einstellungen sowie Ideologien Rechnung tragen zu können. Die Arbeit verfolgt damit das Ziel, die Interaktion von Standardsprache und alemannischen Dialekten in der Herausbildung von mehrsprachigem Wissen zu erfassen und zu analysieren, inwiefern sich Zweitsprachbenutzer/-innen beim Aufbau und Einsatz dieses Wissens im mehrheitlich ungesteuerten Spracherwerbskontext voneinander unterscheiden.

Die Analysen fördern eine große Bandbreite im Umgang mit Dialekt-Standard-Variation durch Zweitsprachbenutzer/-innen zu Tage. So kann zunächst festgehalten werden, dass vier der teilnehmenden Personen im Gespräch eine Präferenz für Dialekt an den Tag legen, sieben Personen ausgeprägte Standardsprecher/-innen sind und neun Personen die beiden Codes intensiv mischen. Beim Mischverhalten lassen sich jedoch Unterschiede beobachten, in dem Sinne, dass in manchen Fällen Dialekt oder Standard als einbettender Code identifiziert werden kann. In anderen Fällen ist jedoch die Frequenz der direkten Nebeneinanderstellungen innerhalb von Satzteilen so hoch, dass kein präferierter Code bestimmt werden kann, sondern das Mischen über weite Strecken die Interaktionssprache bildet. Diese Alternationen von Dialekt und Standard erscheinen zumeist lokal nicht bedeutungsvoll und folgen keinen offensichtlichen stabilen Mustern.

Im Hinblick auf die Fähigkeit, die variablen Hinweise des Gesprächskontexts im eigenen Sprachverhalten zu berücksichtigen, ist die Beobachtung interessant, dass ein Viertel der Zweisprachbenutzer/-innen das Sprachgebrauchsmuster im Gespräch mit der jeweils anderen Interviewerin verändert. Dabei drehen die Sprecher/-innen ihren Gebrauch von Dialekt und Standard nicht komplett um, sondern passen lediglich die Menge der jeweiligen Codes auf eine Art und Weise an, dass sich signifikant unterschiedliche Frequenzprofile von Dialekt, Standard und Mischungen ergeben. Diese Beobachtung deckt sich mit dem im Zusammenhang mit soziolinguistischer Kompetenz häufig gewonnenen Ergebnis, dass sich Lernende den Mustern der Sprachumgebung häufig nur annähern, sie aber nicht zur Gänze reproduzieren (Howard et al. 2013). Ob es sich beim beobachteten Sprachgebrauch um kurzfristig sozial gesteuerte Anpassungen (Giles et al. 1991) oder implizites Alignment ohne Bewusstsein über die soziale Bedeutung der Variation (Pickering & Garrod 2004) handelt, kann anhand der vorliegenden Daten nicht eindeutig bestimmt werden.

In den elizitierten Aufgabenteilen sollte festgestellt werden, wie gut und differenziert die Personen zwischen den beiden Codes unterscheiden können. So wurde zum einen festgestellt, wie einzelne sprachliche Merkmale – eingebaut in verschiedene dialektale oder standardsprachliche Sätze – im Rahmen einer Übersetzungsaufgabe behandelt werden. Die Ergebnisse zeigen, dass manche Personen trotz einer in der Interviewsituation offensichtlichen Präferenz für Dialekt oder Standard in den Übersetzungssätzen den jeweils anderen Code durchaus produzieren können, und verstärken bei anderen Personen den Eindruck, dass die Differenzierung zwischen Dialekt und Standard Schwierigkeiten bereitet. Wechsel zwischen den Varietäten werden am ehesten bei den lexikalischen Elementen und bei den häufigen lautlichen Kontrasten vollzogen. Das deutet darauf hin, dass Kontraste zwischen konkreten lexikalischen Einheiten besser wahrgenommen und eher realisiert werden können als Kontraste auf morphologischer und syntaktischer Seite. Dass derartige Merkmale nicht in den Aufmerksamkeitsbereich von vielen Zweitsprachbenutzenden gelangen, zeigen zum anderen auch die Ergebnisse der metalinguistischen Bewertungsaufgabe. Bei den Entscheidungen, ob kurze Sätze mit oder ohne eingemischtes Element aus dem jeweils anderen Code besser klingen, verstärkt sich eben dieser Eindruck, dass formale Unterschiede auf morphologischer und syntaktischer Ebene nur selten zur Differenzierung herangezogen werden. Die Fähigkeit, in den anderen Code zu übersetzen, oder differenzierende Merkmale wahrzunehmen und zuweisen zu können, zeugt jedoch bei einigen Lernenden von einer breiteren Sprachkompetenz und zumindest einer partiellen Aneignung von im Input variierenden Elementen. Insgesamt sind jedoch die objektiv bestimmbaren differenzierenden Merkmale (Hove 2008) nur wenigen Zweitsprachbenutzenden in Sprachaufgaben zugänglich.

Die in den Aufgaben elizitierten Daten bereichern die Beobachtungen zu den sprachlichen Repertoires, die auf der Basis der Gespräche beobachtet werden konnten, und helfen, mögliche Gruppen von Zweitsprachbenutzenden noch weiter zu differenzieren: So erweist sich ein Dialektsprecher als sehr kompetent im Umgang mit der Standardsprache, da er sowohl die Übersetzungssätze sehr mühelos erledigt als auch die metalinguistischen Urteile sehr sicher trifft und mit zusätzlichen expliziten Begründungen untermauert. Die anderen drei Dialektsprecher/-innen legen in beiden Aufgaben und ihren Urteilen vergleichsweise deutlich weniger Wissen über den Standard an den Tag. Die sieben Standardsprecher/-innen erreichen bei den Übersetzungen in den Dialekt auch geringe Werte, urteilen jedoch in den Entscheidungsaufgaben überdurchschnittlich treffsicher in Bezug auf beide Codes. Bei den Mischer/-innen ergibt sich auf der Basis der elizitierten Daten eine Differenzierung zwischen einer Gruppe von fünf Personen, die in beiden Aufgabenteilen sehr geringe Werte erreichen, und vier Personen, die ausgeweitete Fähigkeiten besitzen, Dialekt und Standard zu differenzieren.

Diese beobachteten Muster nun wiederum auf die latenten Eigenschaften der untersuchten Sprecher/-innen hin zu untersuchen, lässt die vorgegebene kleine Stichprobe nicht zu, da die einzelnen Faktorenkonstellationen (Sprachhintergrund,

Menge an Sprachunterricht, Geschlecht, Aufenthaltsdauer, Ausbildung, Schweizer Familienkontakte etc.) bei den 20 teilnehmenden Personen zu vielfältig sind. Aufgrund der kleinen verfügbaren Gruppe von Personen mit jeweils sehr unterschiedlichen Lebensgeschichten und der Einschränkung, dass von ihnen keine sprachlichen und kognitiven Fähigkeiten im Allgemeinen erfasst wurden, kann der konkrete Einfluss von vielen internen und externen Faktoren im Spracherwerb nicht untersucht werden. Es können dementsprechend auch keine korrelativen Aussagen gemacht, sondern lediglich die große Bandbreite im Umgang mit Dialekt-Standard-Variation beobachtet und mögliche Zusammenhänge angesprochen werden. Unterstrichen werden soll, dass es in der Untersuchung des ungesteuerten Spracherwerbs absolut notwendig ist, dass die Komplexität und individuelle Variation gewürdigt und berücksichtigt werden (Kinginger 2008: 108) und dass bei den vorgelegten ersten Ergebnissen zum Erwerb von Variation im Deutschschweizer Umfeld nun mit weiteren sorgfältig überlegten Methodenkombinationen an verschiedenen Stellen tiefer geschürft werden soll. So fällt zwar auf, dass sich sämtliche Personen mit Türkisch als Erstsprache unter den Standardsprecherinnen und -sprechern befinden, was eine mögliche und plausible Folge von soziolinguistischer Interferenz (Durrell 1995) in Bezug auf die Standardsprachideologie sein kann. Zur Absicherung wäre hier natürlich eine deutlich größere Stichprobe und eine auf diese Frage hin zugeschnittene Methodik, die die Spracheinstellungen in der Erst- ebenso wie in der Zweitsprache berücksichtigt, notwendig.

Eine mögliche Folge des mangelnden Fokus auf Form für den Erwerb von Variationsmustern kann des Weiteren darin beobachtet werden, dass Sprecher/-innen mit wenig Sprachunterricht und weniger Kontakten zu Autochthonen eher der Gruppe der Mischer/-innen angehören. Die implizite sprachliche Auseinandersetzung im natürlichen Kontext enthält kaum Interaktionen mit Fokussierung auf formale Details (Ellis 2008b). Ohne umfassenderen Einfluss von Sprachkursen – die üblicherweise auf Standard ausgerichtet sind – oder regelmäßiges Feedback von Autochthonen, die auf die Einhaltung der sprachlichen Normen und insbesondere das Differenzieren zwischen Dialekt und Standard Wert legen, scheinen formale Differenzkriterien in den Hintergrund zu rücken. Angesichts der starken kommunikativen Orientierung im natürlichen Kontext ist Dialekt-Standard-Variation eine anspruchsvolle Erwerbsaufgabe. Dies betrifft nicht nur die Fähigkeit, tatsächlich zu variieren, sondern gewissermaßen als Vorstufe auch die Fähigkeit, die Codes zu differenzieren.

Mit einem Fokus auf Relativsätze als Beispiele für konkurrierende Konstruktionen in Dialekt und Standard kann die interessante Interaktion von sozialen, sprachlichen und kognitiven Aspekten im Erwerb von Variation aufgezeigt werden. Relativsätze werden im Standard in ihrer typischen Form durch ein Relativpronomen eingeleitet, das entsprechend seiner Funktion im Relativsatz kasusmarkiert ist und mit dem bezuggenommenen Element in Genus und Numerus übereinstimmen muss. Die Verknüpfung des entsprechenden alemannischen Relativsatzes ist durch den breiten Einsatz von *wo* als Relativadverb, das keine Flexion im Hinblick auf verschiedene grammatische Kategorien verlangt, deutlich einfacher. Die Untersuchung des Gebrauchs von Relativsätzen im Gespräch und in den elizitierten Daten zeigt, dass der Erwerb der konkurrierenden Konstruktionen sowohl vom Zugang zu den Konstruktionen wie von der Komplexität derselben abhängt, da der Gebrauch des dialektalen Anschlusstyps deutlich überwiegt. Im Input der Personen sind *wo*-Relativsätze im Vergleich zu den einzelnen standardsprachlichen Pendants vom Typus her mit einer deutlich höheren Frequenz vertreten, was ihren Erwerb begünstigt (Ellis 2015). Dass nun Erwachsene bei größerer Komplexität eher regularisieren (Hudson Kam & Newport 2009), spricht auch für den Gebrauch des unflektierten Adverbs. Das deutlichere Schema ebenso wie die geringere Komplexität im Vergleich zu den standardsprachlichen Einleitungsformen fördert somit die Verwendung der dialektalen Konstruktion. Diese wird nicht nur von Personen verwendet, die besonders dialektal sprechen. Dass sich schließlich bei den vier Personen, die an der standardsprachlichen Realisierung mit den flektierten Personalpronomen festhalten, vergleichsweise weniger Relativsätze beobachten lassen, ergänzt angesichts der geschilderten Komplexität das Gesamtbild auf plausible Art und Weise.

Die Betrachtungen zu den Einstellungen und Ideologien der Lernenden machen den sprachlichen und sozialen Bezugsrahmen und die möglichen Antriebsfaktoren für den beobachteten Sprachgebrauch verständlicher. Neben einigen individuellen Präferenzen entwickeln Zweitsprachlernende in mancherlei Hinsicht Einstellungen, die denen der Umgebungsgemeinschaft ähnlich sind. So beschreiben sie etwa Dialekt als „langsam", „musikalisch", „einfach" und „grammatiklos", während Standard Attribute wie „aggressiv, „peppig", „schwierig" aufruft und für den Alltag abgesehen vom Zugang zu Schriftlichkeit als weniger zentral betrachtet wird. Insgesamt setzen sich die Zweitsprachlernenden mit den beiden Codes im Gefüge von verschiedenen Sprachideologien auseinander. Vorstellungen von der strikten Trennung der Codes, vom sozialen Integrationswert von Dialekt oder von seiner Reinheit oder Urwüchsigkeit setzen sich in unterschiedlichem Ausmaß bei einzelnen Lernenden durch: So setzen sich die Zweitsprachbenutzer/-innen mit der Wahrnehmung auseinander, dass Dialekt zwar ein ganz typischer und wichtiger Marker für die Zugehörigkeit zur Deutschschweiz darstelle und für die soziale Positionierung eine wesentliche Rolle spiele, dass er allerdings gleichzeitig aufgrund von hohen Purismusansprüchen auch schwer zu erreichen sein kann. Schließlich erscheint insbesondere den Mischerinnen und Mischern die Wahrung der kompletten Getrenntheit im Gegensatz zu autochthonen Personen als nicht bedeutsam. Sie vertreten eine sehr funktionale Haltung, die zu weiten Teilen von den idealisierten Vorstellungen von Autochthonen unberührt bleibt. Sie erreichen ihre kommunikativen Ziele durch den Einsatz jeglicher Fähigkeiten, die ihnen zur Verfügung stehen, ohne muttersprachliche Normen für sich als oberstes Ziel angesetzt zu haben (Firth & Wagner 2007: 768). Dies wiederum unterstreicht die Bedeutung von sozialen Interaktionen und den unterschiedlichen lernerseitigen Zielen auch im Hinblick auf die fortwährend aus- und umgestalteten zweitsprachlichen Identitäten. Lernende besitzen zwar individuell unterschiedliche Voraussetzungen, gestalten aber ihren sprachlichen und sozialen Handlungsraum auch entscheidend mit. Sie besitzen eine aktive Rolle, indem sie Entscheidungen darüber treffen, was sie sprachlich wann und wo gebrauchen möchten (Regan 2010: 34).

Insgesamt zeigen die Ergebnisse auf, dass Erwerb von Variation im ungesteuerten Kontext für Zweitsprachbenutzer/-innen eine Herausforderung darstellt. Eine Umgebung, in der sowohl Dialekt wie auch Standard präsent ist, führt nicht automatisch zur ausbalancierten Aneignung beider Codes. Die Mehrheit der Lernenden entwickelt eine überaus gute Fähigkeit, die Codes zu unterscheiden; eine solche bildet auch die Grundlage dafür, vornehmlich in einem der beiden ohne Alternationen zu kommunizieren. Das Wissen über den jeweils anderen Code wird unterschiedlich stark ausgebaut. Gerade am Beispiel der Mischer/-innen wird jedoch auch deutlich, dass gerade die starke Ausrichtung auf Kommunikation im ungesteuerten Kontext formale Unterschiede als unwesentlich erscheinen lassen kann, umso mehr als die umgebende Sprachgemeinschaft Elemente aus beiden Codes versteht. Ein Sprachgebrauch, der auf einen Code fokussiert oder beide Codes differenzierend miteinbezieht, wird bei ausreichend Kontakt nur aufgrund von verschiedenen Normvorstellungen und Ansprüchen an sich selbst und an die umgebende Gemeinschaft ausgebildet. Die sozialen und sprachlichen Erfahrungen und die dabei entwickelten und wohl laufend umorganisierten Ansichten über Dialekt und Standard bilden die Grundlage für die kognitive Auseinandersetzung mit Sprache und für den Aufbau eines Repertoires, das es den Personen erlaubt, auf sprachlicher und sozialer Seite zu agieren und effizient Bedeutung zu vermitteln.

Um den Anteil, den soziale Faktoren wie Normvorstellungen und Identität beim Erwerb von Mustern und Varianten im Input spielen, genauer zu bestimmen, sind weitere Untersuchungen mit größeren und bezüglich verschiedener unterscheidender Variablen stärker kontrollierten Gruppen von Personen notwendig. Genauere Ergebnisse zu den Fragen, wieviel Kontakt für perzeptuelle Differenzierung notwendig ist, und ob und wie Entwicklungsstadien bei der eigenen Produktion von Varianten (etwa lernbedingte Variation, Übergeneralisierung und Ausdifferenzierung) durchlaufen werden, könnten nur longitudinal angelegte Untersuchungen zu Tage fördern. Auch weitere Analysen zum Transfer von Sprachideologien in mehrsprachigen Kontexten könnten weitere Hinweise für Antriebsfaktoren beim Erwerb von Variation liefern. Schließlich wären weitere Untersuchungen dazu interessant, wie Zweitsprachbenutzer/-innen verschiedene lernersprachliche Verwendungsweisen einschätzen, vor allem aber auch Untersuchungen dazu, wie Autochthone das Sprachverhalten von Allochthonen beurteilen. Bislang ist nicht untersucht worden, wie strikt etwa Dialekt und Standard im Zweitsprachgebrauch tatsächlich getrennt werden müssen, damit Äußerungen von Autochthonen tatsächlich als Dialekt oder Standard identifiziert werden. Ebenfalls unklar ist es, welche soziosymbolischen Assoziationen bei Verstößen gegen implizite Normvorstellungen ausgelöst werden. Entsprechende Erkenntnisse und weiterführende Untersuchungen sowohl zu objektiv beobachtbarem Sprachverhalten wie auch zu subjektiven Spracheinstellungen könnten längerfristig das Verständnis vom Erwerb von Variation im ungesteuerten Kontext und das Zusammenwirken von sprachlichen, kognitiven und sozialen Faktoren verbessern.

Literatur

Adamson, Douglas H. & Vera Regan (1991): The acquisition of community norms by Asian immigrants learning English as a second language: a preliminary study. *Studies in Second Language Acquisition*, 13(1): 1–22.

Aguado, Karin (2012): Language learning aptitude and foreign language learning. In Chan, Wai Meng, Kwee Nyet Chin, Sunil Kumar Bhatt & Izumi Walker (Hrsg.): *Perspectives on Individual Characteristics and Foreign Language Education*. De Gruyter: Boston/Berlin, 51–69.

Ahrenholz, Bernt (2008): Erstsprache – Zweitsprache – Fremdsprache. In Ahrenholz, Bernt & Ingelore Oomen-Welke (Hrsg.): *Deutsch als Zweitsprache*. Baltmannsweiler: Schneider Verlag Hohengehren, 3–16.

Aronin, Larissa & Muiris Ó Laoire (2004): Exploring multilingualism in cultural contexts: Towards a notion of multilinguality. In Hoffmann, Charlotte & Ytsma Jehannes (Hrsg.): *Trilingualism in Family, School and Community*. Clevedon: Multilingual Matters, 11–29.

Atkinson, Dwight (2002): Toward a sociocognitive approach to second language acquisition. *The Modern Language Journal*, 86(4): 525–545.

Atkinson, Dwight (2010): Extended, embodied cognition and second language acquisition. *Applied Linguistics*, 31(5): 599–622.

Atkinson, Dwight (Hrsg.) (2011): *Alternative Approaches to Second Language Acquisition*. Abingdon: Routledge.

Attaviriyanupap, Korakoch (2007): „ich mut hm lesen geles gelies gelies wat lesen". Der Erwerb des Hochdeutschen durch thailändische Immigrantinnen in der Schweiz. Dissertation an der Philosophisch-historischen Fakultät der Universität Bern.

Auer, Peter (1999): From codeswitching via language mixing to fused lects: toward a dynamic typology of bilingual speech. *International Journal of Bilingualism*, 3(4): 309–332.

Auer, Peter (2010): Zum Segmentierungsproblem in der Gesprochenen Sprache. *InLiSt – Interaction and Linguistic Structures*, No. 49, November 2010. URL: http://www.inlist.uni-bayreuth.de/issues/49/InLiSt49.pdf.

Baechler, Raffaela (2016): Inflectional complexity of noun, adjectives and articles in closely related (non-)isolated varieties. In Baechler, Raffaela & Guido Seiler (Hrsg.): *Complexity, Isolation, and Variation*. Berlin/Boston: De Gruyter, 15–46.

Baechler, Raffaela & Guido Seiler (Hrsg.) (2016): *Complexity, Isolation, and Variation*. Berlin/Boston: De Gruyter.

Bailey, Robert & Vera Regan (2004): Introduction: the acquisition of sociolinguistic competence. *Journal of Sociolinguistics*, 8(3): 323–338.

Baker, Colin (1988): *Key Issues in Bilingualism and Bilingual Education*. Clevedon, Philadelphia: Multilingual Matters.

Baßler, Harald & Helmut Spiekermann (2001): Dialekt und Standardsprache im DaF-Unterricht. Wie Schüler urteilen – wie Lehrer urteilen. *Linguistik Online 9(2)*.

Baumgartner, Heinrich & Rudolf Hotzenköcherle (1962–1997): *Sprachatlas der deutschen Schweiz (SDS)*. In Zusammenarbeit mit Konrad Lobeck, Robert Schläpfer, Rudolf Trüb und unter Mitwirkung von Paul Zinsli, herausgegeben von Rudolf Hotzenköcherle, fortgeführt und abgeschlossen von Robert Schläpfer, Rudolf Trüb, Paul Zinsli. Bern/später Basel: A. Francke Verlag.

Bausch, Karl-Richard & Gabriele Kasper (1979): Der Zweitsprachenerwerb: Möglichkeiten und Grenzen der großen Hypothesen. *Linguistische Berichte*, 64: 3–35.

Bayyurt, Yasemin (2010): A sociolinguistic profile of Turkey, Northern Cyprus and other Turkic states in Central Asia. In Ball, Martin J. (Hrsg.): *The Routledge Handbook of Sociolinguistics around the World*. London/New York: Routledge, 117–126.

Becker, Angelika, Norbert Dittmar, Margit Gutmann, Wolfgang Klein, Bert-Olaf Rieck, Gunter Senft, Ingeborg Senft, Wolfram Steckner & Elisabeth Thielicke (1977): *Heidelberger Forschungsprojekt 'Pidgin-Deutsch spanischer und italienischer Arbeiter in der Bundesrepublik': Die ungesteuerte Erlernung des Deutschen durch spanische und italienische Arbeiter; eine soziolinguistische Untersuchung*. Osnabrück: Universität Osnabrück.

Beckner, Clay, Nick C. Ellis, Richard Blythe, John Holland, Joan Bybee, Jinyun Ke, Morten H. Christiansen, Diane Larsen-Freeman, William Croft & Tom Schoenemann (2009): Language is a complex adaptive system: position paper. *Language Learning*, 59(Suppl. 1): 1–26.

Beebe, Leslie M. (1980): Sociolinguistic variation and style shifting in second language acquisition. *Language Learning*, 30(2): 433–447.

Berthele, Raphael (2004): Vor lauter Linguisten die Sprache nicht mehr sehen: Diglossie und Ideologie in der deutschsprachigen Schweiz. In Christen, Helen (Hrsg.): *Dialekt, Regiolekt und Standardsprache im sozialen und zeitlichen Raum*. Wien: Praesens, 111–136.

Berthele, Raphael (2006): Wie sieht das Berndeutsche so ungefähr aus? Über den Nutzen von Visualisierungen für die kognitive Laienlinguistik. In Klausmann, Hubert (Hrsg.): *Raumstrukturen im Alemannischen. Beiträge der 15. Arbeitstagung zur alemannischen Dialektologie Schloss Hofen, Vorarlberg, 19.–21.9.2005*. Graz/Feldkirch: Neugebauer Verlag, 163–176.

Berthele, Raphael (2008): Dialekt-Standard Situationen als embryonale Mehrsprachigkeit. Erkenntnisse zum interlingualen Potenzial des Provinzlerdaseins. *Sociolinguistica – International Yearbook of European Sociolinguistics/Internationales Jahrbuch für europäische Soziolinguistik*, 22(1): 87–107.

Bialystok, Ellen & Michael Sharwood Smith (1985): Interlanguage is not a state of mind: an evaluation of the construct for second language acquisition. *Applied Linguistics*, 6: 101–117.

Birkner, Karin (2008): *Relativ(satz)konstruktionen im gesprochenen Deutsch: syntaktische, prosodische, semantische und pragmatische Aspekte*. Berlin/New York: De Gruyter.

Block, David (2003): *The Social Turn in Second Language Acquisition*. Washington, DC: Georgetown University Press.

Bohnacker, Ute & Christina Rosén (2008): The clause-initial position in L2 German declaratives: transfer of information structure. *Studies in Second Language Acquisition*, 30(4): 511–538.

Brandt, Silke, Holger Diessel & Michael Tomasello (2008): The acquisition of German relative clauses: a case study. *Journal of Child Language*, 35(2): 325–348.

Brdar-Szabó, Rita (2010): Nutzen und Grenzen der kontrastiven Analyse für Deutsch als Fremd- und Zweitsprache. In Krumm, Hans-Jürgen, Christian Fandrych, Britta Hufeisen & Claudia Riemer (Hrsg.): *Deutsch als Fremd- und Zweitsprache. Ein internationales Handbuch. 1. Halbband*. Berlin/New York: De Gruyter, 518–531.

Bremer, Katharina, Peter Broeder, Celia Roberts, Margaret Simonot & Marie-Thérèse Vasseur (1993): Ways of achieving understanding. In Perdue, Clive (Hrsg.): *Adult Language Acquisition: Cross-Linguistic Perspectives. Volume II: The Results*. Cambridge: Cambridge University Press, 153–195.

Bryant, Doreen (2015): Deutsche Relativsatzstrukturen als Lern- und Lehrgegenstand. In Wöllstein, Angelika (Hrsg.): *Das Topologische Modell für die Schule*. Baltmannsweiler: Schneider Verlag Hohengehren, 77–99.

Bucheli Berger, Claudia, Elvira Glaser & Guido Seiler (2012): Is a syntactic dialectology possible? Contributions from Swiss German. In Ender, Andrea, Adrian Leemann & Bernhard Wäelchli (Hrsg.): *Methods in Contemporary Linguistics*. Berlin: De Gruyter, 93–119.

Bucholtz, Mary (2003): Sociolinguistic nostalgia and the authentication of identity. *Journal of Sociolinguistics*, 7(3): 398–416.

Busch, Brigitta (2012): The linguistic repertoire revisited. *Applied Linguistics*, 33(5): 503–523.

Bybee, Joan (2010): *Language, Usage, and Cognition*. Cambridge: Cambridge University Press.

Bybee, Joan & Paul Hopper (2001): Introduction to frequency and the emergence of linguistic structure. In Bybee, Joan & Paul Hopper (Hrsg.): *Frequency and the Emergence of Linguistic Structure*. Amsterdam/Philadelphia: Benjamins, 1–24.

Byrnes, Heidy & Castle Sinicrope (2008): Advancedness and the development of relativization in L2 German: A curriculum-based longitudinal study. In Ortega, Lourdes & Heidi Byrnes (Hrsg.): *The Longitudinal Study of Advanced L2 Capacities*. New York: Lawrence Erlbaum Taylor & Francis, 109–138.

Campbell-Kibler, Kathryn (2010): New directions in sociolinguistic cognition. *University of Pennsylvania Working Papers in Linguistics*, 15(2): 31–39.

Carroll, John B. & Stanley M. Sapon (1959/2002): *Modern Language Aptitude Test (MLAT)*. New York, NY: The Psychological Corporation.

Chambers, J. K. (2009): *Sociolinguistic Theory: Linguistic Variation and Its Social Significance*. Chichester: Wiley-Blackwell.

Chaudron, Craig (2003): Data collection in SLA research. In Doughty, Catherine J. & Michael H. Long (Hrsg.): *The Handbook of Second Language Acquisition*. Malden, MA: Blackwell Publishing, 762–828.

Chevrot, Jean-Pierre & Paul Foulkes (2013): Introduction: Language acquisition and sociolinguistic variation. *Linguistics*, 51(2): 251–254.

Christen, Helen (2000): Standardsprachliche Varianten als stilistische Dialektvarianten? In Häcki Buhofer, Annelies (Hrsg.): *Vom Umgang mit sprachlicher Variation. Soziolinguistik, Dialektologie, Methoden und Wissenschaftsgeschichte*. Tübingen/Basel: Francke, 245–260.

Christen, Helen (2010): Was Dialektbezeichnungen und Dialektattribuierungen über alltagsweltliche Konzeptualisierungen sprachlicher Heterogenität verraten. In Anders, Christina Ada, Markus Hundt & Alexander Lasch (Hrsg.): *Perceptual Dialectology: Neue Wege der Dialektologie*. Berlin/New York: De Gruyter, 269–290.

Christen, Helen (2015): „Die cheibe Zuger" oder: Gibt es Zugerdeutsch? In Schmidlin, Regula, Heike Behrens & Hans Bickel (Hrsg.): *Sprachgebrauch und Sprachbewusstsein. Implikationen für die Sprachtheorie*. Berlin: De Gruyter, 133–154.

Christen, Helen, Elvira Glaser & Matthias Friedli (Hrsg.) (2012): *Kleiner Sprachatlas der deutschen Schweiz*. Frauenfeld/Stuttgart/Wien: Huber.

Christen, Helen, Manuela Guntern, Ingrid Hove & Marina Petkova (2010): *Hochdeutsch in aller Munde. Eine empirische Untersuchung zur gesprochenen Standardsprache in der Deutschschweiz*. Stuttgart: Franz Steiner Verlag.

Clahsen, Harald, Jürgen M. Meisel & Manfred Pienemann (1983): *Deutsch als Zweitsprache. Der Spracherwerb ausländischer Arbeiter*. Tübingen: Narr.

Clark, Herbert H. (1996): *Using Language*. Cambridge: Cambridge University Press.

Clyne, Michael (1968): Zum Pidgin-Deutsch der Gastarbeiter. *Zeitschrift für Mundartforschung*, 35(2): 13–139.

Cook, Vivian J. (1991): The poverty-of-the-stimulus argument and multicompetence. *Second Language Research*, 7(2): 103–117.

Cook, Vivian J. (2002): Background to the L2 user. In Cook, Vivian (Hrsg.): *Portraits of the L2 User*. Bristol, UK: Multilingual Matters, 1–28.

Cook, Vivian J. (2016): Premises of multi-competence. In Cook, Vivian & Lie Wei (Hrsg.): *The Cambridge Handbook of Linguistic Multi-Competence*. Cambridge: Cambridge University Press, 1–25.

Corder, Stephen P. (1967): The significance of learners' errors. *International Review of Applied Linguistics*, 5(4): 161–170.

Culhane, Stephen F. (2004): An intercultural interaction model: acculturation attitudes in second language acquisition. *Electronic Journal of Foreign Language Teaching*, 1: 50–61.

Czinglar, Christine (2019): Der Faktor Alter im Zweitspracherwerb: ein Zusammenspiel individueller und sozialer Einflussfaktoren. In Ender, Andrea, Ulrike Greiner & Margareta Strasser (Hrsg.): *Deutsch im mehrsprachigen Umfeld. Sprachkompetenzen begreifen, erfassen, fördern in der Sekundarstufe*. Seelze/Zug: Klett und Kallmeyer, 287–305.

De Bot, Kees, Wander Lowie & Marjolijn Verspoor (2007): A Dynamic Systems Theory approach to second language acquisition. *Bilingualism: Language and Cognition*, 10(1): 7–21.

de Jong, Willemijn (1986): *Fremdarbeitersprache zwischen Anpassung und Widerstand. Eine ethnolinguistische Studie über Sprache und Arbeitsmigration am Beispiel von Griechinnen und Griechen in der deutschen Schweiz*. Bern/Frankfurt: Lang.

De Vogelaer, Gunther, Jean-Pierre Chevrot, Matthias Katerbow & Aurélie Nardy (2017): Bridging the gap between language acquisition and sociolinguistics: Introduction to an interdisciplinary topic. In De Vogelaer, Gunther & Matthias Katerbow (Hrsg.): *Acquisition of Sociolinguistic Variation*. Amsterdam: Benjamins, 1–41.

De Vogelaer, Gunther & Matthias Katerbow (Hrsg.) (2017): *Acquisition of Sociolinguistic Variation*. Amsterdam: Benjamins.

DeKeyser, Robert (2000): The robustness of critical period effects in second language acquisition. *Studies in Second Language Acquisition*, 22(4): 499–533.

Deprez, Kas & Yves Persoons (1987): Attitudes. In Ammon, Ulrich, Norbert Dittmar & Klaus J. Mattheier (Hrsg.): *Sociolinguistics. An International Handbook of the Science of Language and Society*. Berlin/New York: Mouton de Gruyter, 125–132.

Dewaele, Jean-Marc (2004a): *Vous* or *tu*? Native and non-native speakers of French on a sociolinguistic tightrope. *International Review of Applied Linguistics*, 42(4): 383–402.

Dewaele, Jean-Marc (2004b): Retention or omission of the *ne* in advanced French interlanguage: the variable effect of extralinguistic factors. *Journal of Sociolinguistics*, 8(3): 433–450.

Dewaele, Jean-Marc & Raymond Mougeon (2004): Patterns of variation in the interlanguage of advanced second language learners. *International Review of Applied Linguistics*, 42(4).

Dieth, Eugen (1986): *Schwyzertüütschi Dialäktschrift. Dieth-Schreibung. 2. Ausgabe, herausgeben von Christian Schmid-Cadalbert*. Aarau: Sauerländer.

Dittmar, Norbert (2004): *Transkription. Ein Leitfaden mit Aufgaben für Studenten, Forscher und Laien*. Wiesbaden: Verlag für Sozialwissenschaften.

Dittmar, Norbert & Tiner Özçelik (2006): DaZ in soziolinguistischer Perspektive. In Ahrenholz, Bernt (Hrsg.): *Kinder mit Migrationshintergrund. Spracherwerb und Fördermöglichkeiten*. Freiburg im Breisgau: Fillibach, 303–321.

Dąbrowska, Ewa (2015): Individual differences in grammatical knowledge. In Dąbrowska, Ewa & Dagmar Divjak (Hrsg.): *Handbook of Cognitive Linguistics*. Berlin: De Gruyter Mouton, 649–667.
Dąbrowska, Ewa (2018): Experience, aptitude and individual differences in native language ultimate attainment. *Cognition*, 178: 222–235.
Dörnyei, Zoltán (2009a): Individual differences: interplay of learner characteristics and learning environment. *Language Learning*, 59(Suppl. 1): 230–248.
Dörnyei, Zoltán (2009b): The L2 motivational self system. In Dörnyei, Zoltán & Ema Ushioda (Hrsg.): *Motivation, Language Identity and the L2 Self*. Bristol, UK: Multilingual Matters, 9–42.
Doğançay-Aktuna, Seran (2004): Language planning in Turkey: yesterday and today. *International Journal of the Sociology of Language*, 165: 5–32.
Drummond, Rob (2010): *Sociolinguistic Variation in a Second Language: the Influence of Local Accent on the Pronunciation of Non-Native English Speakers Living in Manchester*. Manchester, UK: Dissertation at the School of Languages, Linguistics and Cultures of the University of Manchester.
Durham, Mercedes (2014): *The Acquisition of Sociolinguistic Competence in a Lingua Franca Context*. Bristol/Blue Ridge Summit: Multilingual Matters.
Durrell, Martin (1995): Sprachliche Variation als Kommunikationsbarriere. In Popp, Heidrun (Hrsg.): *Deutsch als Fremdsprache: an den Quellen eines Faches. Festschrift für Gerhard Helbig zum 65. Geburtstag*. München: iudicium, 417–428.
Eisenberg, Peter (1999): *Grundriss der deutschen Grammatik*. Stuttgart/Weimar: Metzler.
Ellis, Nick C. (2008a): The dynamics of second language emergence: cycles of language use, language change, and language acquisition. *The Modern Language Journal*, 92: 232–249.
Ellis, Nick C. (2014): Cognitive AND social usage. *Studies in Second Language Acquisition*, 36(3): 397–402.
Ellis, Nick C. (2015): Cognitive and social aspects of learning from usage. In Cadierno, Teresa & Søren Wind Eskildsen (Hrsg.): *Usage-Based Perspectives on Second Language Learning*. Berlin/Boston: De Gruyter, 49–73.
Ellis, Rod (1994): *The Study of Second Language Acquisition*. Oxford: Oxford University Press.
Ellis, Rod (2008b): Principles of instructed second language acquisition. *CALdigest*, 1–6.
Ender, Andrea (2012): Variation in a second language as a methodological challenge: knowledge and use of relative clauses. In Ender, Andrea, Adrian Leemann & Bernhard Wälchli (Hrsg.): *Methods in Contemporary Linguistics*. Berlin: De Gruyter, 239–262.
Ender, Andrea (2015): Von Schlössern und Schlüsseln in der Integration – Das Machtgefüge von Dialekt und Standard für den Zweitsprachgebrauch in der Deutschschweiz. In Anreiter, Peter, Elisabeth Mairhofer & Claudia Posch (Hrsg.): *ARGUMENTA. Festschrift für Manfred Kienpointner zum 60. Geburtstag*. Wien: Praesens, 93–110.
Ender, Andrea (2017): What is the target variety? The diverse effects of standard–dialect variation in second language acquisition. In De Vogelaer, Gunther & Matthias Katerbow (Hrsg.): *Acquisition of Sociolinguistic Variation*. Amsterdam: Benjamins, 155–184.
Ender, Andrea (2020): Zum Zusammenhang von Dialektkompetenz und Dialektbewertung in Erst- und Zweitsprache. In Hundt, Markus, Andrea Kleene, Albrecht Plewnia & Verena Sauer (Hrsg.): *Regiolekte – Objektive Sprachdaten und subjektive Sprachwahrnehmung*. Tübingen: Narr, 77–102.

Ender, Andrea (2021): The standard-dialect repertoire of L2 users in German-speaking Switzerland. In Ghimenton, Anna, Aurélie Nardy & Jean-Pierre Chevrot (Hrsg.): *Sociolinguistic Variation and Language Acquisition across the Lifespan*. Amsterdam: Benjamins, 251–275.

Ender, Andrea & Irmtraud Kaiser (2009): Zum Stellenwert von Dialekt und Standard im österreichischen und Schweizer Alltag – Ergebnisse einer Umfrage. *Zeitschrift für Germanistische Linguistik*, 39(2): 266–295.

Ender, Andrea, Gudrun Kasberger & Irmtraud Kaiser (2017): Wahrnehmung und Bewertung von Dialekt und Standard durch Jugendliche mit Deutsch als Erst- und Zweitsprache. *ÖDaF-Mitteilungen*, 33(1): 97–110.

Estes, William K. (1976): The cognitive side of probability learning. *Psychological Review*, 83: 37–64.

Fairclough, Norman (2001): *Language and Power*. London: Longman, 2. Auflage.

Ferguson, Charles A. (1959): Diglossia. *Word*, 15: 325–40.

Firth, Alan & Johannes Wagner (2007): On discourse, communication, and (some) fundamental concepts in SLA research. *The Modern Language Journal*, 91: 757–772. Republication from *The Modern Language Journal* (1997), 81: 285–300.

Fleischer, Jürg (2004): A typology of relative clauses in German dialects. In Kortmann, Bernd (Hrsg.): *Dialectology Meets Typology. Dialect Grammar from a Cross-Linguistic Perspective*. Berlin/New York: De Gruyter, 211–243.

Fleischer, Jürg (2005): Relativsätze in den Dialekten des Deutschen: Vergleich und Typologie. *Linguistik Online*, 24(3): 171–186.

Foster, Pauline, Alan Tonkyn & Gillian Wigglesworth (2000): Measuring spoken language: a unit for all reasons. *Applied Linguistics*, 21(3): 354–375.

French, Leif M. & Suzie Beaulieu (2020): Can beginner L2 learners handle explicit instruction about language variation? A proof-of-concept study of French negation. *Language Awareness*, 29(3-4): 272–285.

Frischherz, Bruno (1997): *Lernen, um zu sprechen – Sprechen, um zu lernen. Diskursanalytische Untersuchungen zum Zweitspracherwerb türkischer und kurdischer Asylwerber in der Deutschschweiz*. Freiburg: Universitätsverlag.

Gardner, R.C., Paul F. Tremblay & Anne-Marie Masgoret (1997): Towards a full model of second language learning: an empirical investigation. *The Modern Language Journal 81(3)*, 344–362.

Gardner, Robert C. (1979): Social psychological aspects of second language acquisition. In Howard, Giles & Robert St. Clair (Hrsg.): *Language and Social Psychology*. Oxford: Blackwell Press, 287–301.

Gardner, Robert C. (1985): *Social Psychology and Second Language Learning: The Role of Attitude and Motivation*. London: Edward Arnold Publishing.

Gardner, Robert C. (2001): Integrative motivation and second language acquisition. In Dörnyei, Zoltán & Richard Schmidt (Hrsg.): *Motivation and Second Language Acquisition*. Hawai'i: University of Hawai'i, 1–19.

Gardner-Chloros, Penelope (2009): *Code-Switching*. Cambridge: Cambridge University Press.

Garrett, Peter (2010): *Attitudes to Language*. Cambridge: Cambridge University Press.

Garrod, Simon & Martin J. Pickering (2009): Joint action, interactive alignment, and dialog. *Topics in Cognitive Science*, 1(2): 292–304.

Gass, Susan (1997): *Input, Interaction, and the Second Language Learner*. Mahwah, N.J.: Lawrence Erlbaum.

Gass, Susan M. & Alison Mackey (2007): *Data Elicitation for Second and Foreign Language Research*. Mahwah, NJ: Lawrence Erlbaum.

Geeslin, Kimberly L. (2018): Variable Structures and Sociolinguistic Variation. In Malovrh, Paul A. & Alessandro G. Benati (Hrsg.): *The Handbook of Advanced Proficiency in Second Language Acquisition*. Malden, Mass: Wiley-Blackwell.

Ghimenton, Anna, Aurélie Nardy & Jean-Pierre Chevrot (Hrsg.) (2021): *Sociolinguistic Variation and Language Acquisition across the Lifespan*. Amsterdam: Benjamins.

Giles, Howard, Justine Coupland & Nikolas Coupland (Hrsg.) (1991): *Contexts of Accommodation: Developments in Applied Sociolinguistics*. Cambridge: Cambridge University Press.

Giles, Howard & Anne Maass (2016): Advances in and prospects for intergroup communication. In Giles, Howard & Anne Maass (Hrsg.): *Advances in Intergroup Communication*. New York, NY: Peter Lang, 1–16.

Giles, Howard & Peter F. Powesland (1975): *Speech Style and Social Evaluation*. London/New York: Academic Press.

Glaser, Elvira (2006): Schweizerdeutsche Dialektsyntax. Zum Syntaktischen Atlas der Deutschen Schweiz. In Klausmann, Hubert (Hrsg.): *Raumstrukturen im Alemannischen. Beiträge der 15. Arbeitstagung zur alemannischen Dialektologie*. Graz/Feldkirch: W. Neugebauer, 85–90.

Glaser, Elvira (Hrsg.) (2021): *Syntaktischer Atlas der deutschen Schweiz (SADS)*. Band 1 (Einleitung und Kommentare, bearbeitet von Elvira Glaser und Gabriela Bart, sowie Claudia Bucheli Berger, Guido Seiler, Sandro Bachmann und Anja Hasse, unter Mitarbeit von Matthias Friedli und Janine Richner-Steiner) und Band 2 (Karten, bearbeitet von Sandro Bachmann, Gabriela Bart und Elvira Glaser, sowie Claudia Bucheli Berger und Guido Seiler). Tübingen: Francke.

Grosjean, François (2001): The bilingual's language modes. In Nicol, Janet L. (Hrsg.): *One mind, Two languages: Bilingual Language Processing*. Malden, Mass.: Blackwell Publishing, 1–22.

Gumperz, John Joseph (1964): Linguistic and social interaction in two communities. *American Anthropologist*, 66(6/2): 137–153.

Gumperz, John Joseph (1982): *Discourse Strategies*. Cambridge: Cambridge University Press.

Haas, Walter (2004): Die Sprachsituation in der deutschen Schweiz und das Konzept der Diglossie. In Christen, Helen (Hrsg.): *Dialekt, Regiolekt und Standardsprache im sozialen und zeitlichen Raum*. Wien: Edition Praesens, 81–110.

Hägi, Sara & Joachim Scharloth (2005): Ist Standarddeutsch für Deutschschweizer eine Fremdsprache? Untersuchungen zu einem Topos des sprachreflexiven Diskurses. *Linguistik Online*, 24(3): 19–47.

Han, ZhaoHong (2004): *Fossilization in Adult Second Language Acquisition*. Clevedon: Multilingual Matters.

Heidelberger Forschungsprojekt „Pidgin-Deutsch" (1975): Zur Sprache ausländischer Arbeiter. Syntaktische Analyse und Aspekte des kommunikativen Verhaltens. *Zeitschrift für Literaturwissenschaft und Linguistik*, 5(18): 78–121.

Herdina, Philip & Ulrike Jessner (2002): *A Dynamic Model of Multilingualism: Perspectives of Change in Psycholinguistics*. Clevedon: Multilingual Matters.

Höhne-Leska, Christel (1975): *Statistische Untersuchungen zur Syntax gesprochener und geschriebener deutscher Gegenwartssprache*. Berlin(-Ost): Akademie Verlag.

Hopper, Paul (1987): Emergent grammar. *Proceedings of the Thirteenth Annual Meeting of the Berkeley Linguistics Society (BLS 13)*, 139–157.

Hotzenköcherle, Rudolf (1984): *Die Sprachlandschaften der deutschen Schweiz*. Herausgegeben von Niklaus Bigler und Robert Schläpfer. Aarau/Frankfurt am Main/Salzburg: Sauerländer.

Hotzenköcherle, Rudolf (1986): *Dialektstrukturen im Wandel. Gesammelte Aufsätze zur Dialektologie der deutschen Schweiz und der Walsergebiete Oberitaliens*. Herausgegeben von Niklaus Bigler und Robert Schläpfer. Aarau/Frankfurt am Main/Salzburg: Sauerländer.

Housen, Alex & Folkert Kuiken (2009): Complexity, accuracy, and fluency in second language acquisition. *Applied Linguistics*, 30(4): 461–473.

Hove, Ingrid (2008): Zur Unterscheidung des Schweizerdeutschen und der (schweizerischen) Standardsprache. In Christen, Helen & Evelyn Ziegler (Hrsg.): *Sprechen, Schreiben, Hören: Zur Produktion und Perzeption von Dialekt und Standardsprache zu Beginn des 21. Jahrhunderts*. Wien: Edition Praesens, 63–82.

Howard, Martin, Raymond Mougeon & Jean-Marc Dewaele (2013): Sociolinguistics and second language acquisition. In Bayley, Robert, Richard Cameron & Ceil Lucas (Hrsg.): *The Oxford Handbook of Sociolinguistics*. Oxford: Oxford University Press, 340–359.

Hudson Kam, Carla L. (2015): The impact of conditioning variables on the acquisition of variation in adult and child learners. *Language*, 91(4): 906–937.

Hudson Kam, Carla L. & Elissa L. Newport (2005): Regularizing unpredictable variation: the roles of adult and child learners in language variation and change. *Language Learning and Development*, 1(2): 151–195.

Hudson Kam, Carla L. & Elissa L. Newport (2009): Getting it right by getting it wrong: when learners change languages. *Cognitive Psychology*, 59: 30–66.

Hufeisen, Britta & Claudia Riemer (2010): Spracherwerb und Sprachenlernen. In Krumm, Hans-Jürgen, Christian Fandrych, Britta Hufeisen & Claudia Riemer (Hrsg.): *Deutsch als Fremd- und Zweitsprache. Ein internationales Handbuch. 1. Halbband*. Berlin/New York: De Gruyter, 738–753.

Hulstijn, Jan H. (2015): *Language Proficiency in Native and Non-native Speakers. Theory and Research*. Amsterdam/Philadelphia: John Benjamins.

Hulstijn, Jan H., Richard F. Young, Lourdes Ortega, Martha Bigelow, Robert DeKeyser, Nick C. Ellis, James P. Lantolf, Alison Mackey & Steven Talmy (2014): Bridging the gap. Cognitive and social approaches to research in second language learning and teaching. *Studies in Second Language Acquisition*, 36: 361–421.

Jarvis, Scott & Aneta Pavlenko (2008): *Crosslinguistic Influence in Language and Cognition*. New York: Routledge.

Jenks, Christopher Joseph (2011): *Transcribing Talk and Interaction: Issues in the Representation of Communication Data*. Amsterdam/Philadelphia: John Benjamins.

Kalaja, Paula, Ana Maria F. Barcelos & Mari Aro (2018): Revisiting research on L2 learner beliefs: Looking back and looking forward. In Garrett, Peter & Josep M. Cots (Hrsg.): *The Routledge Handbook of Language Awareness*. New York: Routledge, 222–237.

Kassambara, Alboukadel (2017): *Practical Guide To Cluster Analysis in R*. STHDA: www.sthda.com.

Keblusek, Lauren, Howard & Anne Maass (2017): Communication and group life: How language and symbols shape intergroup relations. *Group Processes & Intergroup Relations*, 20(5): 632–643.

Keenan, Edward L. & Bernard Comrie (1977): Noun phrase accessibility and universal grammar. *Linguistic Inquiry*, 8: 63–99.

Kellerman, Eric (2000): What fruit can tell us about lexicosemantic transfer: a non-structural dimension to learners' perceptions of linguistic relations. In Muñoz, Carmen (Hrsg.): *Segundas Leguas. Adquisición en el Aula*. Barcelona: Ariel, 21–37.

Kinginger, Celeste (2008): Language learning in study abroad: case studies of Americans in France. *The Modern Language Journal*, 92: 1–124.

Klein, Wolfgang (2000): Prozesse des Zweitspracherwerbs. In Grimm, Hannelore (Hrsg.): *Sprachentwicklung*. Göttingen u.a.: Hogrefe, 537–570.

Klein, Wolfgang & Christine Dimroth (2003): Der ungesteuerte Zweitspracherwerb Erwachsener: Ein Überblick über den Forschungsstand. In Maas, Utz & Ulrich Mehlem (Hrsg.): *Qualitätsanforderungen für die Sprachförderung im Rahmen der Integration von Zuwanderern. Themenheft.* Osnabrück: IMIS 21, 127–161.

Klein, Wolfgang & Clive Perdue (1993): Utterance structure. In Perdue, Clive (Hrsg.): *Adult Language Acquisition: Cross-Linguistic Perspectives. Volume II: The Results*. Cambridge: Cambridge University Press, 3–40.

Klein, Wolfgang & Clive Perdue (1997): The Basic Variety (or: Couldn't natural languages be much simpler?). *Second Language Research*, 13(4): 301–347.

Kolde, Gottfried (1981): *Sprachkontakte in gemischtsprachigen Städten. Vergleichende Untersuchungen über Voraussetzungen und Formen sprachlicher Interaktion verschiedensprachiger Jugendlicher in den Schweizer Städten Biel/Bienne und Fribourg*. Wiesbaden: Franz Steiner.

Kramsch, Claire (Hrsg.) (2002): *Language Acquisition and Language Socialization: Ecological Perspectives*. London: Continuum.

Kristiansen, Gitte & René Dirven (2008): Introduction: Cognitive Sociolinguistics: rational, methods and scope. In Kristiansen, Gitte & René Dirven (Hrsg.): *Cognitive Sociolinguistics: Language Variation, Cultural Models, Social Systems*. Berlin/New York: Mouton de Gruyter, Kapitel 1–17.

Labov, William (1972): Some principles of linguistic methodology. *Language in Society*, 1(1): 97–120.

Lam, Henry & O'Brien Mary Grantham (2014): Perceptual dialectology in second language learners of German. *System*, 46: 151–162.

Lambelet, Amelia & Raphael Berthele (2015): *Age and Foreign Language Learning in School*. Basingstoke: Palgrave MacMillan.

Lantolf, James P. (2011): The sociocultural approach to second language acquisition: sociocultural theory, second language acquisition, and artificial L2 development. In Atkinson, Dwight (Hrsg.): *Alternative Approaches to Second Language Acquisition*. Abingdon: Routledge, 24–47.

Larsen-Freeman, Diane (2011): A complexity-theory approach to second language development and acquisition. In Atkinson, Dwight (Hrsg.): *Alternative Approaches to Second Language Acquisition*. London/New York: Routledge, 48–72.

Leemann, Adrian, Marie-José Kolly & Francis Nolan (2015): It's not phonetic aesthetics that drives dialect preference: the case of Swiss German. In *Proceedings of ICPhS*.

Lehmann, Christian (1984): *Der Relativsatz. Typologie seiner Strukturen, Theorie seiner Funktionen, Kompendium seiner Grammatik*. Tübingen: Narr.

Levshina, Natalia (2015): *How to do Linguistics with R. Data Exploration and Statistical Analysis*. Amsterdam/Philadelphia: John Benjamins.

Li, Xiaoshi (2010): Sociolinguistic variation in the speech of learners of Chinese as a second language. *Language Learning*, 60(2): 366–408.

Lippi-Green, Rosina (1997): *English with an Accent: Language, Ideology, and Discrimination in the United States.* London: Routledge.
Loudermilk, Brandon (2013): Psycholinguistic approaches. In Bayley, Robert, Richard Cameron & Ceil Lucas (Hrsg.): *The Oxford Handbook of Sociolinguistics.* Oxford: Oxford University Press, 132–152.
Mackey, Alison & Susan M. Gass (2005): *Second Language Research. Methodology and Design.* Mahwah, NJ: Lawrence Erlbaum Associates.
Madlener, Karin & Heike Behrens (2015): Konstruktion(en) sprachlichen Wissens: Lernprozesse im Erst- und Zweitspracherwerb. *Arbeitspapier Universität Basel.*
Maitz, Péter (2015): Sprachvariation, sprachliche Ideologien und Schule. *Zeitschrift für Dialektologie und Linguistik,* 82(2): 206–227.
Maitz, Péter & Stephan Elspaß (2011): „Dialektfreies Sprechen – leicht gemacht." Sprachliche Diskriminierung von deutschen Muttersprachlern in Deutschland. *Der Deutschunterricht,* 6: 7–17.
McWhorter, John (2001): The world's simplest grammars are creole grammars. *Language Typology,* 5: 125–166.
Meisel, Jürgen, Harald Clahsen & Manfred Pienemann (1981): On determining developmental stages in natural second language acquisition. *Studies in Second Language Acquisition,* 3: 109–135.
Mitchell, Rosamond & Florence Myles (2004): *Second Language Learning Theories.* London: Hodder Arnold.
Mochizuki, Naoko & Lourdes Ortega (2008): Balancing communication and grammar in beginning level foreign language classrooms: a study of guided planning and relativization. *Language Teaching Research,* 12(1): 11–37.
Montefiori, Nadia (2017): *Präpubertärer Zweitspracherwerb im Deutschschweizer Kontext. Eine empirische Untersuchung der Präpositionalphrase in Dialekt und Hochdeutsch.* Freiburg (CH): Dissertation an der Philosophischen Fakultät der Universität Freiburg.
Muysken, Peter (2000): *Bilingual Speech. A Typology of Code-Mixing.* Cambridge: Cambridge University Press.
Nichols, Johanna (2009): Linguistic complexity: a comprehensive definition and survey. In Sampson, Geoffrey, David Gil und Peter Trudgill (Hrsg.): *Language Complexity as an Evolving Variable.* Oxford: Oxford University Press, 110–125.
Niedzielski, Nancy A. & Dennis R. Preston (2000): *Folk Linguistics.* Berlin/New York: De Gruyter.
Norton, Bonny & Carolyn McKinney (2011): An identity approach to second language acquisition. In Atkinson, Dwight (Hrsg.): *Alternative Approaches to Second Language Acquisition.* Abingdon: Routledge, 73–94.
Odlin, Terence (1989): *Language Transfer. Cross-Linguistic Influence in Language Learning.* Cambridge: Cambridge University Press.
Ortega, Lourdes (2009): *Understanding Second Language Acquisition.* London/New York: Routledge.
Ortega, Lourdes (2011): SLA after the social turn. In Atkinson, Dwight (Hrsg.): *Alternative approaches to second language acquisition.* Abingdon: Routledge, 167–180.
Patocka, Franz (2000): Anmerkungen zum dialektalen Gebrauch attributiver Nebensätze. In Pohl, Heinz-Dieter (Hrsg.): *Sprache und Name in Mitteleuropa. Festschrift für Maria Hornung.* Wien: Praesens Verlag, 303–311.
Perdue, Clive (Hrsg.) (1993): *Adult Language Acquisition: Crosslinguistic Perspectives.* Cambridge: Cambridge University Press.

Petkova, Marina (2011): Zwischen Dialekt und Standardsprache. Code-Hybridisierung in der Deutschschweiz. In Glaser, Elvira, Jürgen E. Schmidt & Natascha Frey (Hrsg.): *Dynamik des Dialekts – Wandel und Variation. Akten des 3. Kongresses der Internationalen Gesellschaft für Dialektologie des Deutschen (IGDD)*. Stuttgart: Steiner Verlag, 241–265.

Petkova, Marina (2012): Die Deutschschweizer Diglossie: eine Kategorie mit fuzzy boundaries. *Zeitschrift für Literaturwissenschaft und Linguistik*, 168: 126–154.

Petkova, Marina (2016): *Multiples Code-Switching: Ein Sprachkontaktphänomen am Beispiel der Deutschschweiz: Die Fernsehberichterstattung zur »Euro 08« und andere Vorkommenskontexte aus interaktionsanalytischer Perspektive*. Heidelberg: Universitätsverlag Winter.

Pickering, Martin J. & Simon Garrod (2004): Toward a mechanistic psychology of dialogue. *Behavioral and Brain Sciences*, 27(2): 169–190.

Plewnia, Albrecht & Astrid Rothe (2009): Eine Sprach-Mauer in den Köpfen? Über aktuelle Spracheinstellungen in Ost und West. *Deutsche Sprache*, 37(2–3): 235–279.

Preston, Dennis R. (2003): Language with an attitude. In Chambers, J. K., Peter Trudgill & Natalie Schilling-Estes (Hrsg.): *The Handbook of Language Variation and Change*. Oxford: Wiley Blackwell, 39–66.

Preston, Dennis R. (2018): Folk linguistics and language awareness. In Garrett, Peter & Josep M. Cots (Hrsg.): *Handbook of language awareness*. London: Routledge, 375–386.

Rash, Felicity J. (1998): *The German Language in Switzerland: Multilingualism, Diglossia and Variation*. Bern: Lang.

Redder, Angelika (2001): Aufbau und Gestaltung von Transkriptionssystemen. In Brinker, Klaus, Gerd Antos, Wolfgang Heinemann & Sven F. Sage (Hrsg.): *Text- und Gesprächslinguistik. 2. Halbband: Gesprächslinguistik*. Berlin/New York: De Gruyter, 1038–1059.

Regan, Vera (1996): Variation in French interlanguage: a longitudinal study of sociolinguistic competence. In Bayley, Robert & Dennis Preston (Hrsg.): *Second Language Acquisition and Linguistic Variation*. Amsterdam: John Benjamins, 177–201.

Regan, Vera (1997): Les apprenants avancés, la lexicalisation et l'acquisition de la compétence sociolinguistique: une approche variationniste. *AILE (Acquisition et Interaction en Langue Étrangère)*, 9: 193–210.

Regan, Vera (2004): The relationship between the group and the individual and the acquisition of native speaker variation patterns: a preliminary study. *International Review of Applied Linguistics*, 42(4): 335–348.

Regan, Vera (2010): Sociolinguistic competence, variation patterns and identity construction in L2 and multilingual speakers. *EUROSLA Yearbook*, 10: 21–37.

Rehner, Katherine (2002): *The development of aspects of linguistic and discourse competence by advanced second language learners of French*. Toronto: Dissertation at the OISE/University of Toronto.

Rehner, Katherine & Raymond Mougeon (1999): Variation in the spoken French of immersion students: to *ne* or not to *ne*, that is the sociolinguistic question. *Canadian Modern Language Review*, 56(1): 124–154.

Rehner, Katherine, Raymond Mougeon & Terry Nadasdi (2003): The learning of sociolinguistic variation by advanced FSL learners: the case of *nous* versus *on* in immersion French. *Studies in Second Language Acquisition*, 25: 127–156.

Riaño, Yvonne (2003): Migration of skilled Latin American women to Switzerland and their struggle for integration. In Yamada, Mutsuo (Hrsg.): *Latin American Emigration: Interregional Comparison among North America, Europe and Japan*, 313–343.

Ris, Roland (1990): Diglossie und Bilingualismus in der deutschen Schweiz: Verirrung oder Chance? In Vouga, Jean-Pierre & Max Ernst Hodel (Hrsg.): *Die Schweiz im Spiegel ihrer Sprachen*. Aarau: Sauerländer, 40–49.

Robinson, Peter (2002): Learning conditions, aptitude complexes and SLA: a framework for research and pedagogy. In Robinson, Peter (Hrsg.): *Individual Differences and Instructed Language Learning*. Amsterdam: Benjamins, 113–133.

Roche, Jörg (2013): *Mehrsprachigkeitstheorie. Erwerb – Kognition – Transkulturation – Ökologie*. Tübingen: Narr.

Romaine, Suzanne (2004): Variation. In Doughty, Catherine & Michael H. Long (Hrsg.): *The Handbook of Second Language Acquisition*. Malden, Mass: Blackwell, 409–435.

Schleef, Erik (2017): Developmental sociolinguistics and the acquisition of T-glottalling by immigrant teenagers in London. In De Vogelaer, Gunther & Matthias Katerbow (Hrsg.): *Acquiring Sociolinguistic Variation*. Amsterdam/Philadelphia: Benjamins, 305–341.

Schleef, Erik (2022): Measuring language attitudes. In Geeslin, Kimberly L. (Hrsg.): *The Routledge Handbook of Second Language Acquisition and Sociolinguistics*. London/New York: Routledge, 212–223.

Schmidt, Richard (1983): Interaction, acculturation, the acquisition of communicative competence. In Wolfson, Ness & Elliot Judd (Hrsg.): *Sociolinguistics and TESOL*. Rowley, MA: Newbury House, 137–174.

Schumann, John (1978): *The Pidginization Process: A Model for Second Language Acquisition*. Rowley, MA: Newbury House.

Selinker, Larry (1972): Interlanguage. *IRAL: International Review of Applied Linguistics in Language Teaching*, 10(3): 209–231.

Selting, Margret, Peter Auer, Dagmar Barth-Weingarten, Jörg Bergmann, Pia Bergmann, Karin Birkner, Elizabeth Couper-Kuhlen, Arnulf Deppermann, Peter Gilles, Susanne Günthner, Martin Hartung, Friederike Kern, Christine Mertzlufft, Christian Meyer, Miriam Morek, Frank Oberzaucher, Jörg Peters, Uta Quasthoff, Wilfried Schütte, Anja Stukenbrock & Susanne Uhmann (2009): Gesprächsanalytisches Transkriptionssystem 2 (GAT 2). *Gesprächsforschung – Online-Zeitschrift zur verbalen Interaktion*, 10: 353–402. URL: http://www.gespraechsforschung-ozs.de/heft2009/px-gat2.pdf (15.5.2014).

Siebenhaar, Beat (1997 unveröffentlicht): Vollständig überarbeitete Neuauflage von Walter Vögeli: Mundart und Hochdeutsch im Vergleich. In Sieber, Peter & Horst Sitta (Hrsg.): *Mundart und Hochdeutsch im Unterricht. Orientierungshilfen für Lehrer*. 2. Auflage. Aarau/Frankfurt am Main/Salzburg: Sauerländer.

Siegel, Jeff (2006): Language ideologies and the education of speakers of marginalized language varieties: Adopting a critical awareness approach. *Linguistics and Education*, 17: 157–174.

Silva, Augusto Soares da (2020): Normative Grammars. In Lebsanft, Franz & Felix Tacke (Hrsg.): *Manual of Standardization in the Romance Languages*. Berlin/Boston: De Gruyter, 679–700.

Soukup, Barbara (2009): *Dialect Use as Interaction Strategy: A Sociolinguistic Study of Contextualization, Speech Perception, and Language Attitudes in Austria*. Wien: Braumüller.

Soukup, Barbara (2015): Zum Phänomen 'Speaker Design' im österreichischen Deutsch. In Lenz, Alexandra N. & Manfred M. Glauninger (Hrsg.): *Standarddeutsch im 21. Jahrhundert. Theoretische und empirische Ansätze mit einem Fokus auf Österreich*. Göttingen: V&R, 59–79.

Spolsky, Bernard (1988): Bridging the gap: a general theory of second language learning. *TESOL Quarterly*, 22(3): 377-396.
Spolsky, Bernard (1989): *Conditions for Second Language Learning: Introduction to a General Theory*. Oxford: Oxford University Press.
Steinig, Wolfgang, D. Betzel, F. J. Geider & A. Herbold (2009): *Schreiben von Kindern im diachronen Vergleich: Texte von Viertklässlern aus den Jahren 1972 und 2002*. Münster: Waxmann.
Studler, Rebekka (2017): Diglossia and bilingualism: High German in German-speaking Switzerland from a folk linguistic perspective. *Revue transatlantique d'études suisses*, 6-7: 39-57.
Tarone, Elaine (2007): Sociolinguistic approaches to second language acquisition research – 1997-2007. *The Modern Language Journal*, 91: 837-848.
Tomasello, Michael (2003): *Constructing a Language: A Usage-Based Theory of Language Acquisition*. Boston, MA: Harvard University Press.
Tomasello, Michael (2008): Konstruktionsgrammatik und früher Erstspracherwerb. In Fischer, Kerstin & Anatol Stefanowitsch (Hrsg.): *Konstruktionsgrammatik I. Von der Anwendung zur Theorie*. 2. Auflage. Tübingen: Stauffenburg, 19-27.
Trofimovich, Pavel, Kim McDonough & Jennifer A. Foote (2014): Interactive alignment of multisyllabic stress patterns in a second language classroom. *TESOL Quarterly*, 48(4): 815-832.
Trudgill, Peter (2009): Sociolinguistic typology and complexity. In Sampson, Geoffrey, David Gil & Peter Trudgill (Hrsg.): *Language Complexity as an Evolving Variable*. Oxford: Oxford University Press, 98-109.
Van Compernolle, Rémi A. (2013): Concept appropriation and the emergence of L2 sociostylistic variation. 17(3): 343-362.
Van Compernolle, Rémi A. (2019): Constructing a second language sociolinguistic repertoire: A sociocultural usage-based perspective. *Applied Linguistics*, 40(6): 871-893.
VanPatten, Bill (2004): Input processing in second language acquisition. In VanPatten, Bill (Hrsg.): *Processing Instruction. Theory, Research, and Commentary*. Mahwah, N.J.: Lawrence Erlbaum, 5-31.
Verspoor, Marjolijn, Wander Lowie & Marijn Van Dijk (2008): Variability in second language development from a dynamic systems perspective. *The Modern Language Journal*, 92(2): 214-231.
Wälchli, Bernhard & Andrea Ender (2013): Wörter. In Auer, Peter (Hrsg.): *Sprachwissenschaft: Grammatik – Kognition – Interaktion*. Stuttgart: J. B. Metzler, 91-136.
Wandruszka, Mario (1979): *Die Mehrsprachigkeit des Menschen*. München: Piper.
Weatherholtz, Kodi, Kathryn Campbell-Kibler & T. Florian Jaeger (2014): Socially-mediated syntactic alignment. *Language Variation and Change*, 26(3): 387-420.
Wei, Li (2018): Translanguaging as a practical theory of language. *Applied Linguistics*, 39(1): 9-30.
Weinert, Regina (2004): Relative clauses in spoken English and German. Their structure and function. *Linguistische Berichte*, 197: 3-51.
Wen, Zhisheng (Edward), Adriana Biedrón & Peter Skehan (2017): Foreign language aptitude theory: yesterday, today and tomorrow. *Language Teaching*, 50(1): 1-31.
Werlen, Iwar (1988): Swiss German dialects and Swiss standard High German. Linguistic variation in dialogues among (native) speakers of Swiss German dialects. In Auer, Peter & Aldo di Luzio (Hrsg.): *Variation and Convergence*. Berlin/New York: De Gruyter, 94-124.

Werlen, Iwar (1998): Mediale Diglossie oder asymmetrische Zweisprachigkeit? Mundart und Hochsprache in der deutschen Schweiz. *Babylonia*, 1: 22–35.

Werlen, Iwar (2005): Mundarten und Identitäten. *Forum Helveticum*, 15: 6–32.

Werlen, Iwar, Barbara Buri, Marc Matter & Johanna Ziberi (2002): *Projekt Üsserschwyz. Dialektanpassung und Dialektloyalität von Oberwalliser Migranten*. Bern: Institut für Sprachwissenschaft.

Wiesinger, Peter (1983): Die Einteilung der deutschen Dialekte. In Besch, Werner, Ulrich Knoop, Wolfgang Putschke & Herbert Ernst Wiegand (Hrsg.): *Dialektologie. Ein Handbuch zur deutschen und allgemeinen Dialektforschung*. Berlin/New York: Mouton de Gruyter, 807–900.

Wippermann, Carsten & Berthold Bodo Flaig (2009): Lebenswelten von Migrantinnen und Migranten. *Aus Politik und Zeitgeschichte*, 5: 3–11.

Wolfram, Walt (2006): Variation and language: overview. In Brown, Keith (Hrsg.): *Encyclopedia of Language & Linguistics*. 2. Auflage. Amsterdam: Elsevier, 333–341.

Wong, Wynnie (2005): *Input Enhancement. From Theory and Research to the Classroom*. Boston: McGraw Hill.

Zanovello-Müller, Myriam (1998): *L'apprendimento del tedesco in emigrazione. Atteggiamenti linguistici di persone italiane in Svizzera*. Bern: Lang.

Zuengler, Jane (1991): Accommodation in native-nonnative interactions: going beyond the "what" to the "why" in second-language research. In Giles, Howard, Justine Coupland & Nikolas Coupland (Hrsg.): *Contexts of Accommodation: Developments in Applied Sociolinguistics*. Cambridge: Cambridge University Press, 223–244.

Anhang

Transkriptionskonventionen

Für die syntaktische Segmentierung wurden nach Foster et al. (2000) Satzteile am Ende mit : : und Äußerungseinheiten mit | markiert (vgl. auch Kapitel 3.3.2 „Transkription"). Angelehnt an GAT2-Basistranskript-Konventionen (Selting et al. 2009) gilt weiters:

Tonhöhenbewegungen:

?	hoch steigend
,	mittel steigend
–	gleichbleibend
;	mittel fallend
.	tief fallend

Pausen:

(.)	Mikropause
(-)	kurze geschätzte Pause bis ca. 0.5 Sekunden
(--)	mittlere geschätzte Pause bis ca. 0.8 Sekunden
(---)	lange geschätzte Pause von etwa einer Sekunde
(1.5)	Dauer einer gemessenen Pause

Sonstiges:

=	schneller, unmittelbarer Anschluss
akZENT	Fokusakzent
und_ähm	Verschleifungen zwischen Einheiten
(lacht)	außersprachliche Handlungen

Gesprächsleitfaden

Begrüßung und Vorstellung / Hinweis Aufnahmegerät / Bitte, einfach zu erzählen...

→ HochD **Herkunft**

1	Wann und wo sind Sie geboren?
2	Wo sind Sie aufgewachsen?

Aus-/Einwanderung

3	Wann sind Sie in die Schweiz gekommen? Wie lange leben Sie schon in der Schweiz?
4	Was waren Ihre Gründe, in die Schweiz zu kommen? Gab es bestimmte Gründe, genau in die Schweiz zu kommen?
5	Wie ging Ihr Umzug vor sich? (Sind Sie alleine hierher gekommen oder mit Familie?)
6	Wie hat Ihre Umgebung in der Heimat darauf reagiert, dass Sie weggingen?
7	Welche Erinnerungen haben Sie an Ihre Anfangszeit in der Schweiz? War es hier so, wie Sie es sich vorgestellt hatten?

→ Dialekt **Ausbildung**

8	Welche Berufsausbildung haben Sie gemacht und wo?
9	Welchen Beruf haben Sie in ... (Ihrer Heimat) ausgeübt?

Sprache am Anfang

10	Haben Sie in ... (Ihrer Heimat) schon Deutsch gelernt?
11	Wo haben Sie Deutsch gelernt? Haben Sie mehr Dialekt oder Hochdeutsch gelernt?
12	Haben Sie Sprachkurse besucht oder besuchen Sie immer noch Deutschkurse? Wieviele und wo?
13	Gab es sprachliche Probleme bei Ihrer Ankunft hier in der Schweiz? Wie haben Sie diese Probleme gelöst?

→ HochD **Familie, Kinder**

14	Sind Sie verheiratet? Wann und wo haben Sie geheiratet?
15	Woher kommt Ihre Frau/Ihr Mann?

→ Dialekt

16	**Zwischenfrage Dialekt: Haben Sie Kinder?**
17	Wann und wo sind Ihre Kinder geboren?
18	War/ist es Ihnen wichtig, Ihren Kindern zu vermitteln, dass Sie aus ... kommen?
19	Wenn Sie Kinder hätten, wie würden Sie mit Ihnen sprechen? Wäre es ihnen wichtig, ihnen zu vermitteln, dass Sie selbst aus ... kommen? Warum?

→ Dialekt **Sprache**

20	Was ist Ihre Muttersprache?
21	Welche Sprachen sprechen/können Sie sonst noch?
22	Wie sprechen Sie mit Ihrer Frau/Ihrem Mann?
23	Wie mit Ihren Kindern?

┄┄► HochD

24	**Zwischenfrage Hochdeutsch**: War das schon immer so?
25	Wie häufig sprechen Sie im Alltag ... (Muttersprache)? Mit wem, wann, wo?
26	Wie gut können Ihre Kinder ... (Muttersprache)?

┄┄► HochD

27	**Zwischenfrage Hochdeutsch**: Wie wichtig ist Ihnen das?
28	Haben Sie das Gefühl, dass sich die Fähigkeiten in Ihrer Muttersprache verändert haben, seit Sie hier in der Schweiz sind?
29	Welche Sprache sprechen Sie mit Ihren ArbeitskollegInnen und Arbeitskollegen?

Spracherwerb und Unterschied HD – Dialekt

(HochD)

30	Wie finden Sie den Unterschied zwischen Dialekt und Hochdeutsch? Eher groß oder eher klein?
31	Was finden Sie typisch Schweizerdeutsch (Berndeutsch / Aargauerisch…)? Was finden Sie typisch Hochdeutsch?
32	Gefällt Ihnen Hochdeutsch?

(Dialekt)

33	**Zwischenfrage Dialekt:** Gefällt Ihnen Schweizerdeutsch?
34	Mit wem sprechen Sie Hochdeutsch?
35	Gibt es Situationen, in denen Sie Hochdeutsch sprechen müssen?
36	Mit wem sprechen Sie Dialekt?
37	Gibt es Situationen, in denen Sie Dialekt sprechen müssen?
38	Gibt es auch in … (Herkunft) so viele Dialekte und eine Standardsprache wie im Deutschen? Sprechen Sie in Ihrer Muttersprache Dialekt?

EINSCHUB: Zuerst Dialekt-HD-, dann HD-Dialekt-Übersetzungen und dann Präferenzen

Wohnen und Hier-Sein

(HochD)

39	Wo wohnen Sie momentan?
40	Wie lange wohnen Sie schon dort/hier? Haben Sie immer dort/hier gewohnt?
41	Wie gut gefällt es Ihnen dort/hier?

(Dialekt)

42	**Zwischenfrage Dialekt**: Haben Sie sich schon überlegt, die Schweiz wieder zu verlassen?
43	Welche Medien nutzen Sie, also Fernsehen, Radio, Zeitung undsoweiter? Wie nutzen Sie Schweizer Medien oder deutsche Medien?
44	Wie nutzen Sie Medien in … (Ihrer Muttersprache)?
45	War/ist es für Sie notwendig, auf Deutsch gut schreiben zu können? War Ihnen das wichtig? Warum? Wofür setzen Sie Ihre schriftlichen Fähigkeiten ein?
46	Sind Sie Schweizerin/Schweizer geworden? Haben Sie vor, Schweizer/in zu werden?

Bekanntenkreis, Freizeit und Kontakte zur „Heimat"

(Dialekt)

47	Haben Sie Verwandte, die auch in der Schweiz leben? Wo? Wie pflegen Sie den Kontakt zu Ihnen?
48	Ist es Ihnen wichtig, hier in der Schweiz Personen aus … (Ihrer Heimat) zu treffen? Warum?
49	Gibt es in Ihrem Bekanntenkreis viele SchweizerInnen oder viele Personen anderer Herkunft? Woher kennen Sie diese? Von der Arbeit…?
50	Was machen Sie in Ihrer Freizeit? Was sind Ihre Hobbies?

(HochD)

51	**Zwischenfrage Hochdeutsch:** Mit wem machen Sie das oder machen Sie das alleine?
52	Sind Sie Mitglied eines Vereins (Sport, Kultur usw.)?
53	Wie pflegen Sie Kontakte zur Heimat, also zu Ihrer Familie und Ihren Bekannten in …? Wie treffen Sie sie, wie oft, wie lange, zu welchen Gelegenheiten?
54	Kommen manchmal Bekannte/Verwandte auf Besuch? Wie regelmäßig fahren Sie dorthin?

(HochD)

55	**Zwischenfrage Hochdeutsch**: Worauf freuen Sie sich am meisten, wenn Sie nachhause fahren?
56	Was vermissen Sie hier in der Schweiz, was Sie in … haben?
57	Was haben Sie hier in der Schweiz, was Sie in … vermissen würden?

Zum Schluss

(HochD)

58	Was können Sie besser, Hochdeutsch oder Dialekt/Schweizerdeutsch?

Bedanken für die Teilnahme!

Ergänzende Ergebnisdarstellungen

Sprachverwendungsmuster

Tab. 9.4: Anzahl der jeweils analysierten Satzteile für die Bestimmung der Anteile von Dialekt, Standard, Mischen und Switchen mit der Dialekt- (D) und Standard-Sprecherin (St)

	James		Joanna		Loren		Stan	
	n=53	n=126	n=91	n=137	n=62	n=187	n=105	n=142
	D	St	D	St	D	St	D	St
Dialekt	0.08	0.01	0.02	0.07	0.74	0.45	0.98	0.97
Standard	0.68	0.82	0.49	0.45	0.06	0.29	0.00	0.00
Mischen	0.09	0.03	0.46	0.44	0.15	0.21	0.02	0.01
Switchen	0.15	0.14	0.02	0.04	0.05	0.05	0.00	0.01

	Jean		Beth		Yagmur		Aylin	
	n=129	n=120	n=115	n=161	n=76	n=150	n=61	n=174
	D	St	D	St	D	St	D	St
Dialekt	0.00	0.00	0.06	0.01	0.03	0.01	0.00	0.00
Standard	0.98	0.96	0.71	0.84	0.91	0.96	0.90	0.91
Mischen	0.00	0.01	0.22	0.12	0.07	0.03	0.10	0.08
Switchen	0.03	0.03	0.01	0.02	0.00	0.01	0.00	0.01

	Ahmed		Hakan		Arbid		Rezart	
	n=71	n=148	n=70	n=123	n=171	n=246	n=103	n=115
	D	St	D	St	D	St	D	St
Dialekt	0.00	0.00	0.00	0.00	0.92	0.79	0.50	0.52
Standard	0.96	0.94	0.81	0.84	0.04	0.09	0.13	0.11
Mischen	0.03	0.05	0.19	0.15	0.04	0.11	0.35	0.36
Switchen	0.01	0.01	0.00	0.01	0.00	0.01	0.03	0.01

	Behar		Milot		Julio		Vitor	
	n=121	n=166	n=83	n=139	n=85	n=185	n=61	n=92
	D	St	D	St	D	St	D	St
Dialekt	0.95	0.90	0.19	0.15	0.28	0.10	0.23	0.21
Standard	0.00	0.04	0.30	0.32	0.23	0.38	0.39	0.47
Mischen	0.03	0.05	0.51	0.53	0.48	0.49	0.31	0.33
Switchen	0.02	0.01	0.00	0.00	0.01	0.02	0.07	0.00

| | Veronica | | Maria-Luisa | | Laura | | Camila | |
| | n=65 | n=155 | n=68 | n=148 | n=101 | n=179 | n=91 | n=231 |
	D	St	D	St	D	St	D	St
Dialekt	0.15	0.11	0.10	0.11	0.42	0.40	0.40	0.37
Standard	0.40	0.39	0.35	0.40	0.16	0.20	0.18	0.19
Mischen	0.45	0.49	0.53	0.46	0.43	0.39	0.42	0.45
Switchen	0.00	0.01	0.01	0.03	0.00	0.02	0.01	0.00

Übersetzungs- und Entscheidungsaufgaben

Tab. 9.5: Ergebnisse der Übersetzungsaufgabe in Richtung Standard und in Richtung Dialekt

| Name | Erstsprache | erreichte Punkte (max. 20) | |
		Ziel: Standard	Ziel: Dialekt
Arbid	Alb	8	11
Rezart	Alb	6	5
Milot	Alb	6	1
Behar	Alb	10	9
James	Eng	11	6
Jean	Eng	14	6
Beth	Eng	13	14
Loren	Eng	10	11
Stan	Eng	18	19
Joanna	Eng	14	8
Julio	Port	6	2
Vitor	Port	6	4
Veronica	Port	8	3
Maria-Luisa	Port	8	1
Laura	Port	9	8
Camila	Port	2	5
Yagmur	Türk	15	10
Aylin	Türk	15	5
Hakan	Türk	11	0
Ahmed	Türk	19	10

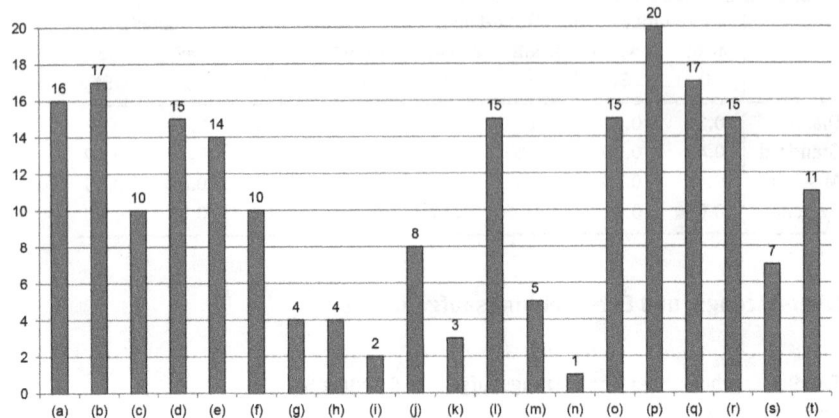

Abb. 9.1: Häufigkeiten der standardsprachlichen Realisierung der 20 kodierten Merkmale bei der Übersetzung in Richtung Standard: (a) Di- vs. Monophthong (ua–u) *Chueche > Kuchen*, (b) Mono- vs. Diphthong (i–ei) *mini > meine*, (c) Mono- vs. Diphthong (ü–eu) *hüt > heute*, (d) Mono- vs. Diphthong (u–au) *Ufgabe > Aufgaben*, (e) Nebentonsilbenrealisierung *i > Schwa* in *miini*, (f) Palatalisierung (sch–st) *chennsch > kennst*, (g) auslautendes -en *Lehrerinne > Lehrerinnen*, (h) auslautendes –en *guete > guten*, (i) Präteritum vs. Perfekt *isch gsi > war*, (j) Artikelrealisierung *d > die*, (k) Artikelrealisierung *de > den*, (l) Artikelrealisierung *e > einen*, (m) Relativsatzverknüpfung *wo > der*, (n) Wortstellung *hei wöue gä > haben geben wollen*, (o) Bewegungsverbverdoppelung *chunnt cho > kommt*, (p) Wochentag *Sunntig > Sonntag*, (q) Bewegungsverb *chunnt > kommt*, (r) Pronomen *i > ich*, (s) Adverb *vilech > vielleicht*, (t) Pronomen *öpper > jemand*.

Anhang — 223

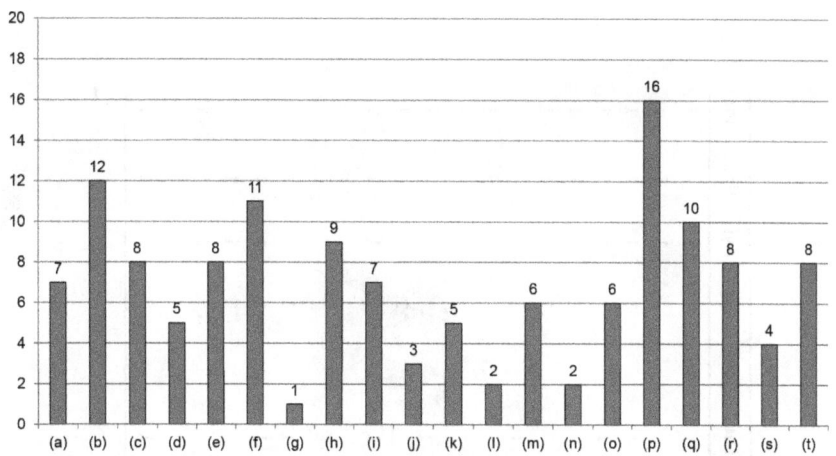

Abb. 9.2: Häufigkeiten der standardsprachlichen Realisierung der 20 kodierten Merkmale bei der Übersetzung in Richtung Dialekt: (a) Di- vs. Monophthong (*uə–u*) *Blume > Blueme*, (b) Mono- vs. Diphthong (*i–ei*) *meine > miini*, (c) Mono- vs. Diphthong (*ü–eu*) *Leute > Lüüt*, (d) Mono- vs. Diphthong (*u–au*) *auf > uf*, (e) Nebentonsilbenrealisierung Schwa > *i* in *meine*, (f) Palatalisierung (*sch–st*) *warst > warsch/bisch gsi*, (g) auslautendes *-en Schülerinnen > Schülerinne*, (h) auslautendes *-en braunen > brune*, (i) Präteritum vs. Perfekt *warst > bisch gsi*, (j) Artikelrealisierung *die > d*, (k) Artikelrealisierung *einen > e*, (l) Artikelrealisierung *dem > em*, (m) Relativsatzverknüpfung *die > wo*, (n) Wortstellung *wollten schenken > hei wöue schänke*, (o) Bewegungsverbverdoppelung *geht > geit/goht go*, (p) Wochentag *Dienstag > Tsiischtig*, (q) Bewegungsverb *geht > geit/goht*, (r) Pronomen *ich > i*, (s) Adverb *vielleicht > vilech*, (t) Pronomen *mier > wir*.

Tab. 9.6: Übersetzungsaufgabe in Richtung Standard – Detailergebnisse

	Arb	Rez	Mil	Beh	Jam	Jea	Bet	Lor	Sta	Joa	Jul	Vit	Ver	Mar	Lau	Cam	Yag	Ayl	Hak	Ahm
1		1	1	1	1	1	1	1	1	1	1	1	1	1	1		1	1	1	1
2	1	1	1	1	1	1	1	1	1	1	1		1	1	1		1	1	1	1
3	1	1						1	1	1							1	1	1	1
4	1			1	1	1	1	1	1	1	1	1		1	1		1	1	1	1
5			1	1	1	1	1	1	1	1	1	1					1	1	1	1
6	1			1	1		1	1		1							1	1	1	1
7									1											1
8						1			1										1	1
9																				1
10		1			1	1	1	1	1	1				1			1		1	1
11									1									1		1
12	1		1		1	1	1	1	1	1		1					1		1	1
13						1	1		1								1		1	1
14									1											
15					1	1	1	1	1	1	1	1	1	1	1		1	1	1	1
16	1	1	1	1	1	1	1	1	1	1	1	1	1	1	1	1	1	1	1	1
17	1	1	1	1	1	1	1	1	1	1	1	1	1				1	1	1	1
18	1			1	1	1	1	1	1	1			1	1		1	1	1	1	1
19	1					1				1								1	1	1
20	1	1			1	1	1	1	1	1					1		1	1	1	1

Tab. 9.7: Übersetzungsaufgabe in Richtung Dialekt – Detailergebnisse

	Arb	Rez	Mil	Beh	Jam	Jea	Bet	Lor	Sta	Joa	Jul	Vit	Ver	Mar	Lau	Cam	Yag	Ayl	Hak	Ahm
1							1	1	1	1										
2	1	1		1	1	1	1	1	1								1			1
3	1				1		1	1	1	1							1			
4							1	1	1				1				1			1
5	1	1		1		1	1	1	1								1			
6	1		1				1	1	1			1					1	1		
7									1											
8	1			1	1	1	1	1	1	1					1		1			1
9	1						1	1	1		1				1			1		
10									1								1			
11				1	1		1	1	1											
12									1						1					
13	1			1			1		1	1					1					
14									1											
15	1			1		1	1	1	1	1	1	1	1		1		1	1		1
16	1	1		1	1		1	1	1	1	1	1	1	1			1			1
17	1	1		1			1	1	1	1		1	1			1	1			1
18	1				1		1	1	1								1			
19	1					1			1						1			1		
20		1					1	1	1	1										1

Tab. 9.8: Ergebnisse der Präferenzaufgabe nach Teilnehmer/-in und Items; 0 = nicht der Zielvarietät entsprechend entschieden; 1 = der Zielvarietät entsprechend entschieden

	Dia1	Dia2	Dia3	Dia4	d.-konform	Std1	Std2	Std3	Std4	std.-konform
Arbid	0	1	1	1	75 %	0	0	1	0	25 %
Rezart	1	1	1	1	100 %	1	1	1	0	75 %
Milot	0	0	1	0	25 %	0	0	0	0	0 %
Behar	0	1	1	1	75 %	0	0	0	0	0 %
James	0	1	1	1	75 %	1	1	1	1	100 %
Jean	1	1	1	1	100 %	1	1	0	1	75 %
Beth	0	1	1	1	75 %	1	1	1	1	100 %
Loren	1	1	1	1	100 %	0	0	0	0	0 %
Stan	1	1	1	1	100 %	1	1	1	1	100 %
Joanna	1	1	1	0	75 %	1	0	1	1	75 %
Julio	0	0	0	1	25 %	0	1	0	0	25 %
Vitor	1	0	0	1	50 %	0	1	1	0	50 %
Veronica	0	1	0	0	25 %	0	0	0	0	0 %
Maria-Luisa	0	1	0	0	25 %	0	0	0	0	0 %
Laura	0	1	1	1	75 %	1	1	1	0	75 %
Camila	1	1	0	1	75 %	0	0	0	0	0 %
Yagmur	0	1	0	1	50 %	1	1	1	1	100 %
Aylin	0	1	1	1	75 %	1	0	0	1	50 %
Hakan	0	0	0	1	25 %	0	0	0	1	25 %
Ahmed	1	1	1	0	75 %	1	1	1	1	100 %

Spracheinstellungen der Teilnehmer/-innen

Tab. 9.9: Geäußerte Einstellungen gegenüber Dialekt und Standard auf den Dimensionen (Wohl-)Klang, Schwierigkeit und Notwendigkeit (C = Cluster entsprechend der Analyse in Abschnitt 5.4, Dim. = Dimension, WK = Wohlklang, SchK = Schwierigkeit, NK = Notwendigkeit)

C	Person	Dim.	Dialekt	Standard
1	Stan	WK	heimelig, aber nicht elegant, sehr musikalisch	sehr gut, viel gepflegter
		SchK	viel einfachere Grammatik	—
		NK	die Sprache der Leute, die hier wohnen	psychologische Distanz
2	Loren	WK	langsamer	richtig, korrekt
		SchK	—	—
		NK	normal	—
2	Arbid	WK	besser	—
		SchK	—	—
		NK	—	ein Muss
2	Behar	WK	—	—
		SchK	einfacher zum Plaudern	schwierig
		NK	—	—
3	Hakan	WK	zum Hören schön	mittlerweile gut
		SchK	schwierig	schwierig
		NK	—	—
3	Jean	WK	immer lieber gehabt, auch wenn ich es nicht sprechen durfte	nicht so schlimm, lustig, peppig
		SchK	—	—
		NK	—	—
3	Aylin	WK	—	Wörter richtig angesprochen
		SchK	—	—
		NK	manchmal möchte ich auch wie alle Dialekt sprechen können	—
3	Yagmur	WK	langsamer	aggressiver
		SchK	—	—

		NK	—	—
3	Ahmed	WK	—	fühl mich wohler, besser
		SchK	—	—
		NK	natürlich	—
3	James	WK	—	—
		SchK	einfacher, Grammatik nicht so wichtig	—
		NK	—	—
3	Beth	WK	Golfball im Mund	Mund viel genauer bewegen
		SchK	—	—
		NK	eigentlich viel wichtiger	nicht ganz so notwendig
4	Vitor	WK	—	keine so lustige Sprache
		SchK	—	ganz schwierig
		NK	—	—
4	Julio	WK	—	—
		SchK	—	—
		NK	—	—
4	Milot	WK	schön, weil hier gelernt	Ton ist anders
		SchK	leichter	—
		NK	für Kontakt mit den Leuten	nicht so wichtig
4	Veronica	WK	—	schöne Sprache, besser, schneller
		SchK	kompliziert, weil mit Hochdeutsch angefangen	—
		NK	praktischer, obwohl ich es nicht spreche	—
4	M.-Luisa	WK	—	—
		SchK	auch kompliziert	sehr kompliziert
		NK	—	—
5	Joanna	WK	gut, sehr schwierige Buchstabenkombinationen	—
		SchK	—	—

		NK	ich gebe mir keine Mühe, es zu sprechen	doch noch wichtig (für Arbeit)
5	Rezart	WK	—	—
		SchK	schwierig	schwierig
		NK	wenn jemand den Kontakt will, dann lernt er es auch	—
5	Laura	WK	—	—
		SchK	—	schwer zum Reden
		NK	normal	ein bisschen komisch
5	Camila	WK	besser, schöner	—
		SchK	—	schwer
		NK	—	—

www.ingramcontent.com/pod-product-compliance
Lightning Source LLC
Chambersburg PA
CBHW050523170426
43201CB00013B/2059